MikroComputer–Praxis

Herausgegeben von
Dr. L. H. Klingen, Bonn, Prof. Dr. K. Menzel, Schwäbisch Gmünd
und Prof. Dr. W. Stucky, Karlsruhe

Dateiverarbeitung mit BASIC

Von Prof. Dr. Klaus Menzel, Schwäbisch Gmünd

Mit 6 BASIC-Programm-Bausteinen jeweils bestehend aus:
BASIC-Programmliste, zeilenweiser Programm-Kommentar,
zeilenweise Variablen-Liste, alphabetische Variablen-Liste,
Benutzungsanleitung und Anwendungsbeispiel

B. G. Teubner Stuttgart 1983

CIP-Kurztitelaufnahme der Deutschen Bibliothek

Menzel, Klaus:
Dateiverarbeitung mit BASIC : mit 6 BASIC-Programm-
Bausteinen jeweils bestehend aus: BASIC-Programmliste,
zeilenweiser Programm-Kommentar, zeilenweise Variablen-
Liste, alphabet. Variablen-Liste, Benutzungsanleitung
u. Anwendungsbeispiel / von Klaus Menzel. —
Stuttgart : Teubner, 1983
   (MikroComputer-Praxis)

ISBN 978-3-519-02513-9   ISBN 978-3-663-01226-9 (eBook)
DOI 10.1007/978-3-663-01226-9

© B. G. Teubner, Stuttgart 1983

Gesamtherstellung: Beltz Offsetdruck, Hemsbach/Bergstraße
Umschlaggestaltung: W. Koch, Sindelfingen

VORWORT

Warum DATEIVERARBEITUNG *mit* BASIC?

Viele Benutzer von Mikrocomputern stellen bald fest, daß den
Anwendungen auch bei eigener Programmierung viel engere Gren-
zen gesetzt sind, als die Werbung der Computerhersteller oft
verspricht. Was kann man nun tun, wenn die bekannten arith-
metischen Beispiele und auch die Spielprogramme allmählich
ihren Reiz verlieren? Fast alle Wege praktischer Anwendungen
im Alltag führen dann zur DATEIVERARBEITUNG.

Professionelle Anwender, die es mit umfangreichen Listen für
Personal, Kunden, Lieferanten, Material u. dgl. täglich zu
tun haben, werden sich teure und leistungsfähige Systeme zur
DATEIVERARBEITUNG leisten müssen, um ihre kommerziellen Ziele
zu erreichen. Für den privaten Anwender mit dem Mikrocomputer
in sparsamer Ausführung, der mehr zum Hobby seine Adressen,
Geburtstage, Schallplattentitel, Buch- oder Fachverzeichnisse
aufnehmen und verarbeiten möchte, ist diese professionelle
Lösung häufig zu aufwendig. Außerdem möchte mancher Hobby-
Anwender nicht nur ein Programm-System verwenden, sondern aus
seinen Interessen heraus selbst in das Programm einsteigen
und es nach seinen Wünschen verändern.

Dazu wird im folgenden eine Konzeption angeboten, die erstens
noch überschaubar ist, zweitens aber für die meisten privaten
Anwendungen ausreichen dürfte. Als Sprache wurde BASIC trotz
seiner bekannten Mängel gewählt. Damit ist das Programm-System
ohne jede Spracherweiterung auf allen Mikrocomputern einsetz-
bar. Für einen praktikablen Einsatz wird jedoch mindestens
ein FLOPPY-LAUFWERK vorausgesetzt. Die meisten Programmteile
ließen sich zwar auch mit einem KASSETTEN-LAUFWERK verwenden,
doch sollte wegen des großen Zeitbedarfes davon abgesehen
werden.

Verwendet wird der auf allen Mikrocomputern verfügbare BASIC-
Standard, auf BASIC-Erweiterungen wird bewußt verzichtet.
Die DISK-Kommandos werden in der CP/M-Version angegeben. Die
Übertragung auf APPLE-DOS 3.3 bzw. COMMODORE-BASIC wird mit

Referenzbeispiele ermöglicht. Auch für andere Sprachvarianten ist eine Anpassung wegen der Ähnlichkeit der Kommandostruktur möglich.

Das Programmsystem ist aus einem Statistik-Programm zur Auswertung empirischer Daten hervorgegangen. Deshalb findet der Leser auch dort übliche Begriffe wie PROBAND(=DATENSATZ) oder ITEM(=Merkmal) im folgenden vor. Der STATISTIK-Baustein ist in einem DATEIVERARBEITUNGSSYSTEM unüblich, kann aber manchmal gute Dienste, etwa bei einer Fragebogen-Auswertung, leisten. Das Programmsystem ist von verschiedenen Benutzergruppen über längere Zeit verwendet worden. Trotz der Behebung aufgetretener Schwächen und Fehler wird das System andere Mängel aufweisen. Vor der Verwünschung des Autors sollte man aber sorgfältig prüfen, ob Bedienungs- oder Datenfehler vorliegen. Am besten verwendet man zum Testen der Bausteine kleinere Test-Dateien mit überschaubaren Daten.

Gegen die vorliegende Konzeption kann man auch grundsätzliche Einwände erheben. So fehlt neben einer aufwendigen Fehlerbehandlung, z.B. bei fehlender oder falscher Diskette, der für professionelle Systeme unverzichtbare schnelle Zugriff auf einzelne Datensätze mittels Suchbegriffen. Der dafür notwendige Aufwand hätte die bescheidene Konzeption gesprengt.

Der Leser findet neben der Beschreibung der sechs Bausteine eine Benutzungsanleitung für jeden der Arbeitsgänge mit einfachen Beispielen. Außerdem wird der Programmablauf durch einen ausreichenden Dialog unterstützt, so daß die Benutzungsanleitung nur in Zweifelsfällen zu Rate gezogen werden muß. Der erfolgreiche Einsatz des Systems wird jedoch in erster Linie von der Sorgfalt des eigenen Datenkonzeptes abhängen.

Für Hinweise auf Denk-, Sach-, Programmier- und Druckfehler ist der Autor jedem Benutzer dankbar.

Dem Verlag B.G.TEUBNER gebührt Dank für die Unterstützung des Projektes in der Reihe MikroComputer-Praxis.

Schwäbisch Gmünd, im Sommer 1983   Klaus Menzel

INHALTSVERZEICHNIS

1 Was ist DATEIVERARBEITUNG ?

DATEIVERARBEITUNG ist ein Teil des Gebietes DATENVERARBEITUNG.
Vom Umfang, aber wahrscheinlich auch von der Bedeutung her,
ist sie das Kernstück der allgemeinen DATENVERARBEITUNG.
Sobald man Informationen in der Form gespeicherter DATEN in
Sammlungen(DATEIEN) anlegen, abrufen und verarbeiten will,
braucht man für den Computereinsatz DATEIVERARBEITUNGSSYSTEME.
Charakteristisch ist dabei, daß man die Daten nicht nur ein
einziges Mal verwendet, wie bei den meisten numerischen Be-
rechnungen, sondern auf externen DATENTRÄGERN wie Disketten
oder Bändern speichert, um sie jederzeit ohne erneute manu-
elle Eingabe wieder verwenden zu können. Mit dem Aufkommen
leistungsfähiger Mikrocomputer ist diese Aufgabe nicht mehr
den großen Computersystemen vorbehalten, sondern für fast
alle Benutzer preiswerter kleiner Systeme zu bewältigen.
Welche Aufgabenstellungen treten nun im einzelnen bei der
DATEIVERARBEITUNG auf? Ausgangspunkt ist stets die Erzeugung
von DATEIEN. Eine DATEI entsteht durch Eingabe und Speicherung
von Informationen mittels des Computers auf einem externen
DATENTRÄGER. Will man z.B. eine DATEI mit Adressen von Personen oder Firmen anlegen, so muß man den Umfang der Daten
je Person bzw. Firma und deren Reihenfolge (Name, Straße,
Postleitzahl, Ort, Vorwahl, Telefon-Nummer usw.) festlegen.
Damit wird eine DATENMASKE definiert, die dann die Eingabe
der Einzeldaten steuert. Unter dem gewählten DATEI-Namen kann
nun jederzeit die Eingabe von STAMMDATEN vorgenommen werden.
Zu dem Baustein GENERIEREN EINER STAMMDATEI gehört dann noch
die Möglichkeit, bereits eingebene Daten zu korrigieren und
zu löschen.

Mit der Generierung von DATEIEN hat man das Rohmaterial für
die eigentliche VERARBEITUNG geschaffen. Ein zentraler Baustein dafür ist die AUSWAHL von Daten nach vorgebenen Suchmerkmalen. Will man z.B. aus der Adressen-Datei alle Personen
bzw. Firmen mit gleicher Postleitzahl auswählen, so wird nach
Vorgabe des Namens der Stammdatei und der Postleitzahl(en)
eine TEILDATEI erzeugt. Zusätzlich kann man den Umfang und

die Reihenfolge der ursprünglichen Stammdatei in der Teildatei
durch entsprechende Angaben verändern. Da man i.a. nach unter-
schiedlichen Suchmerkmalen auswählen oder auch abwählen kann,
besitzt man ein schlagkräftiges Instrument zur Bewältigung
vieler Aufgaben.
Ein Standard-Baustein der DATEIVERARBEITUNG ist das SORTIEREN
von Dateien. Will man z.B. die Adress-Datei nach Personen-
bzw. Firmennamen alphabetisch sortieren, dann gibt man das
Sortiermerkmal entsprechend der DATENMASKE an. Da nach verschiedenen Sortier-Merkmalen gleichzeitig sortiert werden
kann, etwa erstens nach Postleitzahlen, zweitens bei gleicher
Postleitzahl nach Namen usw., lassen sich alle gewünschten
Sortieraufgaben lösen. Selbstverständlich ist die Sortierung
nicht auf Stamm-Dateien beschränkt, sondern auch z.B. bei
Teildateien möglich.
Ein weiterer Baustein erlaubt den (natürlichen) VERBUND
ZWEIER DATEIEN von unterschiedlichem Datenaufbau bezüglich
eines gemeinsamen Merkmales. Nehmen wir an, Sie haben in der
Adress-DATEI alle Adressen von Verwandten und Bekannten abgelegt. Außerdem haben Sie in einer Geburtstags-DATEI nur
die Namen, Vornamen und Geburtstage, also weder Anschriften,
noch Telefon-Nummern abgespeichert. Sie können dann beide
DATEIEN bezüglich des gemeinsamen Merkmals NAMEN verbinden.
Jedem NAMEN der Adress-DATEI werden dann alle Geburtstage
mit dem gleichen NAMEN aus der Geburtstags-DATEI der Reihe
nach "angebunden". Wenn Sie anschließend die VERBUND-DATEI
nach Monaten und Tagen sortieren, erhalten Sie eine DATEI,
die alle Geburtstage fortlaufend über das Jahr mit Anschriften und Telefon-Nummern enthält. Besondere Bedeutung hat der
VERBUND VON DATEIEN, wenn man einerseits den Datenaufbau der
Stamm-DATEIEN nicht zu umfangreich machen möchte und die
einzelnen Daten nicht mehrfach eingeben will.
Die Kombination der Bausteine GENERIEREN, TEILDATEI, SORTIE-
REN und VERBUND erlaubt es, nahezu jede Aufgabenstellung zu
erledigen. Für die Ausgabe der Ergebnisse sind dann noch
möglichst komfortable DRUCK-Programme zweckmässig. Sie sind
entweder bereits in die genannten Bausteine integriert oder

werden in einem eigenen Baustein zusammengefaßt.
Nicht üblich ist die Aufnahme eines STATISTIK-Bausteines in
ein DATEIVERARBEITUNGS-System. Wenn dies im vorliegenden Fall
dennoch geschieht, dann deshalb, um dem Benutzer ein zusätz-
liches Instrument in die Hand zu geben. Man kann damit empi-
rische Daten, etwa aus einer Fragebogenerhebung, statistisch
auswerten. Neben der Ermittlung der absoluten und relativen
Häufigkeiten der erhobenen Items(Merkmale) können Mittelwert,
Streuung/Varianz erhoben werden. Als weitere elementarstatis-
tische Auswertung können Kreuztabellen hergestellt werden.
Die Ausgangsdaten für den STATISTIK-Baustein werden wieder
mit dem Baustein GENERIEREN EINER DATEI erfasst.
Welche Möglichkeiten hat nun der einzelne Benutzer eines
Mikrocomputers, seine Dateiverarbeitungs-Aufgaben zu bewältigen? Der kommerzielle Anwender wird in der Regel ein um-
fangreiches und komfortables DATENBANK-System einsetzen, um
schnell und fehlerfrei zum Ziel zu gelangen. Diese Lösung
setzt meist ein gut ausgestattetes Computer-System voraus.
Für den privaten Hobby-Anwender wird der finanzielle Aufwand
einer professionellen Lösung gemessen an den gewünschten
Anwendungen häufig zu hoch sein. Die billigste Lösung wäre
natürlich die eigene Programmierung. Wirklich billiger ist
diese Lösung aber nur dann, wenn man den erheblichen Zeitaufwand nicht berücksichtigt und überdies nicht nach den
ersten Fehlschlägen wieder aufgibt.
Mit dem vorliegenden DATEIVERARBEITUNGS-System wird ein
Mittelweg gesucht. Es erhebt nicht den Anspruch, ein pro-
fessionelles System zu ersetzen. Der private Anwender kann
damit aber sofort darangehen, eigene Dateien aufzubauen und
Zug um Zug in die Verarbeitung einzusteigen. Wenn man Zeit
und Interesse hat, kann man einzelne Bausteine verbessern
und ausbauen. Für geschickte Programmierer dürfte es dabei
keine großen Probleme geben. Wenn man das System dagegen
nur als 'black box' ansieht, so kann der Einsatz durchaus
auch als Vorbereitung für die spätere Verwendung größerer
DATEIVERARBEITUNGS-Systeme dienen.

Man kann sich die Frage stellen, ob sich die DATEIVERARBEI-
TUNG im privaten Bereich vom Aufwand und dem erzielbaren
Nutzen her überhaupt lohnt. Für diejenigen, die an einem
möglichst vielfältigen Umgang mit ihrem Computer-System in-
teressiert sind, ist die Frage wohl positiv zu beantworten.
Schwieriger ist eine klare Antwort für solche Anwender die
weniger am Instrument Computer, sondern mehr an dessen prak-
tischer Nutzung interessiert sind. Es wird hier wie bei den
meisten technischen Hilfsmitteln sein. Wenn man sich an ihre
Benutzung gewöhnt hat, will man sie nicht mehr entbehren.
Das eigentliche Problem ist wohl auch bei der DATEIVERARBEI-
TUNG der Einstieg. Man muß erst die Durststrecke der DATEN-
Erfassung und der Bedienung eines Programmes überwinden.
Es gibt aber für die Benutzung eines DATEIVERARBEITUNGSSYS-
TEMS noch ein anderes Argument. Der Anwendung privater Mikro-
Computersysteme öffnet sich in allernächster Zeit eine neue
Dimension. Das gerade in der Einführung befindliche Informa-
tionssystem BILDSCHIRMTEXT(Btx) ist der erste Schritt zur
Anbindung des eigenen Heimcomputers an viel größere DATEN-
Systeme. Man wird so nicht nur den Zugang zu großen DATEN-
Banken, sondern auch die Möglichkeit der Kommunikation mit
allen Teilnehmern des DATEN-Netzes erhalten. Der Umgang mit
einem eigenen (kleinen) DATEIVERARBEITUNGSSYSTEM kann dann
als Vorbereitung zu einer wirksamen Nutzung großer Systeme
angesehen werden.
Eine ähnliche Argumentation gilt auch für die Verwendung des
Computers im Schulunterricht. Der Lehrer sollte das Thema
DATEIVERARBEITUNG weniger unter dem Aspekt Schulverwaltung
sehen. Vielmehr sollte gesehen werden, daß alle Schüler in
Beruf und Familie später mit den verschiedensten Formen der
DATEIVERARBEITUNG praktisch zu tun haben werden. Neben der
Kenntnis einer Programmiersprache und der Methoden der DATEN-
VERARBEITUNG wird vor allem der praktische Umgang mit großen
PROGRAMM-Systemen(DATEI-, TEXT- und GRAFIK-VERARBEITUNG) zur
Allgemeinbildung eines Schülers gehören. Die Bedeutung der
eigenen Programmierung dürfte dagegen nicht nur bei der Ver-
wendung der großen Computer-Systeme stark zurückgehen.

2 Gesamtkonzept

Das vorgelegte DATEIVERARBEITUNGS-System enthält sechs
größere BAUSTEINE
          GENERIEREN EINER DATEI
          TEILDATEI EINER DATEI
          SORTIEREN EINER DATEI
          VERBINDEN VON DATEIEN
          FORMATIERTE DATEIAUSGABE
          STATISTISCHE AUSWERTUNG

mit einem einheitlichen DATEIKONZEPT.
Die nun folgende kurze Beschreibung des Gesamtkonzeptes ist
im Prinzip für die Anwender entbehrlich, die das System nur
als 'black box' benutzen wollen. Die Erläuterungen können
aber zum Verständnis der äußeren DATEIORGANISATION beitragen.
Benutzern, die früher oder später das System für ihre Zwecke
anpassen und verbessern wollen, wird der Einstieg erleichtert.
Eine Einzelbeschreibung der BAUSTEINE und eine Benutzungsanleitung wird zusätzlich in den folgenden Kapiteln gegeben.

Jede DATEI besteht aus einer Anzahl von DATENSÄTZEN(Records).
Das DATEIKONZEPT sieht für jeden DATENSATZ eine feste Anzahl
von Zeichen vor, die für jede DATEI vom Benutzer vorgegeben
werden muß. Jeder DATENSATZ enthält DATEN eines PROBANDEN.
Die Aufteilung des DATENSATZES in einzelne ITEMS(Merkmale)
wird vom Benutzer mit einer DATENMASKE vereinbart und gilt
für alle PROBANDEN in einer bestimmten DATEI.
Angenommen, wir möchten eine kleine Telefon-DATEI anlegen.
Dann könnte der Aufbau des DATENSATZES wie folgt aussehen:
     ITEM 1   VORNAME mit 15 Stellen(Zeichen)
     ITEM 2   NAME   mit 20 Stellen
     ITEM 3   VORWAHL mit 5 Stellen
     ITEM 4   NUMMER mit 10 Stellen.

Jeder DATENSATZ für einen PROBANDEN weist dann 50 Stellen auf.
Nach der Anlage einer DATEI TELEFON mit dem Baustein GENERIE-
REN EINER DATEI würde ein konkreter DATENSATZ so aussehen:
     KLAUS__________MENZEL_______________Ø717181988_____

Die Striche ___ sollen die Leerstellen im DATENSATZ andeuten.
Man sieht, daß bei einem DATENSATZ mit fester Länge i.a.
Lücken auftreten, also eigentlich Platz verschenkt wird.
Der Hauptvorteil der festen Stellenzahl besteht aber darin,
daß man auf jedes einzelne ITEM(Merkmal) schnell und einfach
zugreifen kann. Wollte man redundante Leerstellen vermeiden,
so müßte man beim Zugriff auf einen DATENSATZ die DATEI stets
von vorn SATZ für SATZ durchlesen.
Der Leser kann sich jede DATEI wie ein Regal mit einer fest-
gesetzten Breite vorstellen. Jedem Fach des Regals entspricht
ein DATENSATZ, wobei in allen Fächern feste Markierungen an-
gebracht sind, an denen von oben nach unten immer das gleiche
Merkmal abgelegt wird.
Mit dieser Festlegung haben wir ein relationales DATEI-Modell
vor uns. Jeder DATENSATZ mit N verschiedenen Merkmalen/Items
kann als N-stellige Relation aufgefaßt werden. Solche DATEI-
Modelle finden eine zunehmende Verwendung, weil sie bezüglich
der DATEIVERARBEITUNG viele angenehme Eigenschaften besitzen.
Auf andere Konzepte kann hier nicht eingegangen werden. Der
Leser findet dazu Literaturhinweise aus Seite 233.
Wie wird nun die einzelne DATEI vom System verwaltet?
Jede DATEI erhält einen Namen, den der Benutzer vorgibt. Man
kann für jede DATEI neben der Stellenzahl für jedes ITEM
eine Bezeichnung als ITEM-NAMEN vereinbaren. Die einzelnen
ITEMS können dann sowohl unter ihrer lfd. ITEM-NUMMER, wie
auch unter dem ITEM-NAMEN angesprochen werden.
Neben der eigentlichen DATEI mit den PROBANDEN-DATEN legt das
System jweils eine PARAMETER-DATEI mit der Anzahl der Probanden, der DATENMASKE und der ITEM-NAMEN an. Man erkennt sie an
dem + hinter dem DATEI-Namen. Diese PARAMETER-DATEI ist notwendig, weil man die eigentliche DATEI erst lesen kann, wenn
die Länge des DATENSATZES verfügbar ist.
Die Länge des DATENSATZES ist auf 255 Zeichen durch den Eingabepuffer beschränkt. Normalerweise dürfte das ausreichen,
zumal man Merkmale auf verschiedene DATEIEN aufteilen und
dann geeignet VERBINDEN kann. Die Anzahl der DATENSÄTZE ist
nicht beschränkt, weil man mehrere Disketten nacheinander

verarbeiten kann. Nach der Abarbeitung einer DATEI fragt das
System nach einer möglichen Anschluß-DATEI. Nach einem Wechsel der Diskette oder des Laufwerkes kann man den Arbeitsgang unter den gleichen Bedingungen dann fortsetzen. Deshalb
ist es auch nicht notwendig, alle PROBANDEN selbst bei aus-
reichendem Speicherplatz auf einer Diskette zu erfassen.
Das Überlaufen einer Diskette beim Erzeugen von DATEIEN wird
nicht aufgefangen. Da die DATEIEN immer in Abschnitten auf
die Diskette geschrieben werden, bleiben zwar alle DATEN bis
auf den letzten Abschnitt erhalten. Man sollte sich aber zur
Vermeidung von Fehlern dennoch stets vergewissern, daß auf
der jeweiligen Diskette noch ausreichender Speicherplatz verfügbar ist.
Die Länge der Arbeitsbereiche innerhalb der Programme ist
knapp bemessen, um Bereichsüberschreitungen für eine 48-k-
Version des Computer-Speichers zu vermeiden. Die Längen
können durch Setzen der entsprechenden Platzhalter am Anfang
jedes BAUSTEINES verändert und damit an die vorhandene Größe
des Programm-Speichers angepaßt werden.
Zeitprobleme treten immer dann auf, wenn häufig auf die Diskette zugegriffen wird. Das System versucht deshalb, die
DATEN immer abschnittsweise zu lesen oder zu schreiben. Bei
der Eingabe von PROBANDEN wird nicht jeder DATENSATZ einzeln
auf die Diskette gebracht, sondern zunächst ein Speicherblock
im Computer aufgefüllt und dann komplett auf die Diskette geschrieben. Beim BAUSTEIN SORTIEREN EINER DATEI kommt zu dem
ohnehin hohen Zeitaufwand beim Sortieren ein erheblicher Mehraufwand, falls die DATEI nicht insgesamt im Arbeitsbereich des
Computers Platz findet. Man überlege deshalb immer, ob man
nicht die DATEI in kleinere Teildateien aufteilt, diese dann
getrennt sortiert und anschließend zu einer Gesamtdatei durch
MISCHEN zusammenfügt.
Bei den AUSGABE-Programmteilen wird für die Präsentation der
Ergebnisse die Alternative Bildschirm(TV) und DRUCKER angeboten. Man kann auch zunächst die Bildschirm-AUSGABE wählen
und bei zufriedenstellendem Ablauf anschließend die Drucker-
AUSGABE vornehmen.

Welche Informationen braucht das System vom Benutzer?
Wie bereits erwähnt, muß der Anwender beim Anlegen einer
DATEI deren Namen, Reihenfolge, Stellenzahl und ggf. Namen
der ITEMS/Merkmale und natürlich die PROBANDEN-DATEN vorgeben. Darüber erhält man im Baustein GENERIEREN EINER DATEI
eine Protokoll-LISTE. Fehler und Mängel im Aufbau des DATEN-
SATZES(DATENMASKE) können später nicht mehr korrigiert werden.
Um das aufwendige Neuanlegen einer DATEI zu vermeiden, muß
man sich also den Aufbau des DATENSATZES sorgfältig überlegen
und lieber Reserven für spätere Überlegungen vorsehen.
In den VERARBEITUNGS-Gängen müssen neben dem NAMEN der DATEI
dem System zwei Arten von Angaben gemacht werden. Die erste
Art besteht aus ITEM-Nummern oder ITEM-Namen, damit das System einzelne ITEMS innerhalb des DATENSATZES für die VERAR-
BEITUNG einsetzen kann (Bsp. Erzeugen einer TEILDATEI nach
einzelnen Merkmalen eines oder mehrerer ITEMS). Dies ist die
i.a. häufigste Art der Systemsteuerung. Außerdem wird in
manchen Fällen die NUMMER eines oder mehrerer PROBANDEN anzugeben sein. Dabei handelt es sich immer um die NUMMER des
zugehörigen DATENSATZES innerhalb der DATEI (Bsp. LÖSCHEN
oder KORREKTUR eines PROBANDEN). In anderen Fällen ist die
Angabe eines Abschnittes innerhalb einer DATEI durch die
Angabe zweier PROBANDEN-NUMMERN erforderlich. Der Benutzer
muß dabei also die korrekte Position eines PROBANDEN innerhalb der DATEI kennen. In allen Fällen, in denen Änderungen
in einer DATEI bezogen auf einen genannten PROBANDEN gewünscht werden, gibt das System zur Sicherheit den Inhalt des
betr. DATENSATZES zur Kontrolle auf dem Bildschirm aus. Bei
Irrtum kann dann die PROBANDEN-NUMMER geändert werden.
Eine Protokollierung des Arbeitsdialoges wie bei professionellen Systemen ist nicht vorgesehen. Der Benutzer muß bei
sachgerechter Vorbereitung den Arbeitsablauf ohnehin vorher
schriftlich festlegen. Eine gute Hilfe können dabei Ablauf-
Formulare sein, in die man für den jeweiligen Baustein den
vorgesehnen Ablauf zunächst einträgt und im Dialog-Verlauf
anfallende Informationen jeweils nachträgt.

Auf die Gründe und die Probleme der Programmierung in BASIC
wurde schon hingewiesen. Von den Möglichkeiten einer Pseudo-
Strukturierung der Programme, wie etwa bei LÖTHE(s.S.233) beschrieben, konnte wegen der Speicherplatzprobleme leider kein
Gebrauch gemacht werden. Um dem Leser die Lesbarkeit und damit die Änderung der Programme zu erleichtern, wurde der folgende Weg beschritten.
Zunächst ist das Rahmenprogramm und jeder der sechs BAUSTEINE
in sich abgeschlossen. Der Parameter- und Daten-Transfer wird
immer über die Speicherung auf einer Diskette vorgenommen.
Die Trennung der einzelnen BAUSTEINE, die in erster Linie
schon durch die Speichergröße im Computer notwendig wird,
erfordert dann die Wiederholung von Programmteilen in den
verschiedenen BAUSTEINEN. Hierbei wurde eine weitgehende
Identität der verwendeten Variablen-Namen angestrebt. Jeder
Teil des Programmes wird jedoch auch bei Wiederholung beschrieben.
Die wichtigste Erleichterung für das Programmlesen besteht
jedoch darin, daß innerhalb der einzelnen BAUSTEINE nochmals
Pseudo-BLÖCKE gebildet werden. Die BLÖCKE werden äußerlich
durch die Zeilennumerierung voneinander getrennt. Wichtiger
ist aber die funktionelle Abgeschlossenheit dieser BLÖCKE.
Ein Ausgang aus jedem BLOCK ist auf GOSUB und RETURN be-
schränkt, so daß die notwendigen Verzweigungen innerhalb des
Programmes übersichtlicher werden. Bei Änderungen einzelner
Programmteile sollte man die GOSUB/RETURN-Struktur beachten
und möglichst aufrechterhalten.
Die Trennung der Pseudo-BLÖCKE wird noch dadurch unterbaut,
daß die BLÖCKE bei der synchronen Kommentierung eine Funk-
tionsbezeichnung erhalten haben und innerhalb eines BAUSTEINS
durchnumeriert sind.
Jedem BAUSTEIN wird eine Liste der Pseudo-BLÖCKE(Haupt- und
Unterprogramme) vorangestellt. Außerdem werden die Funktions-
bezeichnungen der Unterprogramme in der Kommentierung der
Programme verwendet.
Der Programmumfang der BAUSTEINE ist auf eine interne Größe
von 48 k bytes abgestellt. Näheres siehe Kap. 4 bis 9.

Jeder der BAUSTEINE ist in sich abgeschlossen. Er besteht
aus einem HAUPTPROGRAMM und einer Anzahl von UNTERPROGRAMMEN.
Jedes UNTERPROGRAMM ist als Pseudo-BLOCK bezüglich der Zei-
lennummern in sich abgeschlossen. Er wird während des Ablaufes nur über GOSUB-Anweisungen oder RETURN wieder verlassen.
Auf eine grafische Gliederung der einzelnen BASIC-Anweisungen
mußte aus Speicherplatzgründen verzichtet werden. Innerhalb
der BASIC-Anweisungen wurden zur besseren Lesbarkeit jedoch
vermeidbare Leerzeichen verwendet. Der Leser muß bei der Ver-
wendung/Codierung selbst entscheiden, ob er zur Speicherer-
sparnis diese Leerzeichen -soweit möglich- entfernen will.
Alle Anweisungen, in denen die Belegung einer Variablen durch
Zuweisung, Eingabe oder Laden von der Diskette verändert werden, haben nur 1 Leerzeichen nach der zugehörigen Zeilennum-
mer, alle anderen Anweisungen dagegen 2 Leerzeichen.
Für jeden BAUSTEIN wird eine Referenzliste aller verwendeten
Variablen sowohl in alphabetischer wie in zeilenweiser Reihenfolge angegeben. Für jede Anweisung, in der die Variable verändert wird, findet sich ein Eintrag in beiden Listen.
Die Fehlerbehandlung in den BAUSTEINEN beschränkt sich auf
direkt erkennbare Eingabe-Fehler. Bedienungsfehler, wie eine
nicht existierende DATEI oder offenes Schloß am Laufwerk be-
wirken einen Abbruch, so daß man den betr. Arbeitsgang dann
wiederholen muß.
Große Schwierigkeiten bereitet das Fehlen einer einheitlichen
DATEI-Sprache(FLOPPY-DISK-Befehle). Am geeignetsten erschien
die Formulierung in MICROSOFT-BASIC(MBASIC von CP/M). Damit
wird zwar eine systemunabhängige Darstellung möglich, leider
gehört aber CP/M nicht zur Standardausstattung der meisten
Mikrocomputer.
Die Anpassung der FLOPPY-DISK-Befehle an die Systemfamilien
APPLE und COMMODORE wird in Kapitel 10 im einzelnen näher
beschrieben. Auch für andere Systeme ist die Umstellung mit
den in Kapitel 10 gemachten Erläuterungen möglich.
Für jeden der sechs BAUSTEINE wird außerdem eine ausführliche
Benutzungsanleitung angegeben.

3 BAUSTEIN-Konzept

Das DATEIVERARBEITUNGS-System besteht aus sechs voneinander
unabhängigen BAUSTEINEN. Dieses Konzept wird schon durch den
Umfang des Arbeitsspeichers kleinerer Computer-Systeme nötig.
Es besitzt jedoch den Vorteil, daß sich der Benutzer die einzelnen BAUSTEINE unabhängig voneinander zugänglich machen
und sie seinem System und seinen Bedürfnissen der Reihe nach
anpassen kann.
Die einzelnen BAUSTEINE arbeiten völlig unanbhängig voneinander. Die notwendige Datenübergabe erfolgt stets über die
Diskette mit Hilfe des einheitlichen DATEI-Konzeptes. Die
einzelnen BAUSTEINE können sich gegenseitig über ein gemeinsames BAUSTEIN-Menue aufrufen, so daß ein kontinuierlicher
Arbeitsablauf gesichert ist. Nach dem Starten des DATEIVER-
ARBEITUNGS-Systems erscheint folgendes Menue:

```
DATEIPROGAMME MENZEL

   WAEHLEN SIE AUS:

    - DATEIMENUE -

GENERIEREN EINER DATEI  1

  TEILDATEI EINER DATEI    2

  SORTIEREN EINER DATEI    3

  VERBUND ZWEIER DATEIEN   4

  FORMATIERTE DATEIAUSGABE   5

*STATISTISCHE AUSWERTUNG    7

     BEENDEN          9

WELCHES PROGRAMM??
```

Jetzt kann man jeden BAUSTEIN unter der angegeben Ziffer
von der Diskette laden und Arbeitsgänge im gewählten BAUSTEIN
ausführen. Nach deren Erledigung kann man aus dem BAUSTEIN
mit dem Arbeitsgang PROGRAMM WAEHLEN einen anderen BAUSTEIN

aufrufen und nach dessen Verwendung einen weiteren ·BAUSTEIN
und so fort. Manchmal ist es auch notwendig, den gleichen
BAUSTEIN nochmals anzufordern, z.B. wenn man den Namen der
bearbeiteten DATEI wechseln will oder die LÖSCHUNG der Variablen notwendig ist.
Nach jedem Aufruf eines BAUSTEINS wird als erstes immer eine
DRIVE-Wahl angeboten. Man kann also dann die Diskette wechseln, um eine bestimmte DATEI bearbeiten zu können. Falls nur
ein Laufwerk zur Verfügung steht, kann man die DRIVE-Abfrage
aus dem Programm entfernen, weil das jeweils anschließende
Katalog-Angebot für die DATEI-Namen ebenfalls einen Wechsel
der Diskette (im selben Laufwerk) möglich macht. Die BAUSTEINE
werden dagegen immer von dem Laufwerk abgerufen, welches das
System startet. Vor Aufruf des Arbeitsganges 7 PROGRAMM
WAEHLEN der einzelnen BAUSTEINE muß also stets die Programm-
Diskette in das betr. Laufwerk eingelegt werden.

Das Rahmenprogramm zum Laden der BAUSTEINE lautet

```
100    HOME
110    PRINT "DATEIPROGAMME MENZEL"
120    PRINT : PRINT "   WAEHLEN SIE AUS:"
130    PRINT : PRINT "     - DATEIMENUE -"
140    PRINT : PRINT "GENERIEREN EINER DATEI   1"
150    PRINT : PRINT "  TEILDATEI EINER DATEI      2"
160    PRINT : PRINT "  SORTIEREN EINER DATEI      3"
170    PRINT : PRINT "  VERBUND ZWEIER DATEIEN    4"
180    PRINT : PRINT " FORMATIERTE DATEIAUSGABE     5"
190    PRINT : PRINT "*STATISTISCHE AUSWERTUNG        7"
200    PRINT : PRINT "       BEENDEN             9"
210    PRINT : PRINT "WELCHES PROGRAMM?";
220    INPUT P
230    ON P GOTO 1000,2000,3000,4000,5000,9000,7000,9000,9000
240    GOTO 100
1000   RUN " GENERIEREN"
2000   RUN " TEILDATEI"
3000   RUN " SORTIEREN"
4000   RUN " VERBINDEN"
5000   RUN " FORMULAR"
7000   RUN " STATISTIK"
9000   NEW : END
```

Eine Kommentierung des Programmes ist nicht erforderlich.
Es ist auch problemlos, weitere (eigene) Programm-BAUSTEINE
in das Rahmenprogramm einzubauen.

4 GENERIEREN EINER DATEI

4.1 Überblick

Hierbei handelt es sich um den Grund-BAUSTEIN des Systems.
Er dient zur Erzeugung von Stamm-DATEIEN durch die direkte
Eingabe von DATEN einzelner PROBANDEN über die Tastatur.
Die Originaldaten der erzeugten Stamm-DATEIEN können dann
mittels anderer BAUSTEINE verarbeitet werden und liefern
dann sekundäre DATEIEN, die ihrerseits wieder verarbeitet
werden können.
Der erste Schritt für die Erzeugung einer Stamm-DATEI ist
die Festlegung des DATEN-Formates in einer DATENMASKE. Mit
dem Arbeitsgang Ø NEUE DATEI/MASKE kann die Reihenfolge,
die Länge und die Bezeichnung der gewünschten ITEMS/Merkmale
festgelegt werden. Zur Erleichterung des Arbeitsganges ist
die Übernahme der DATENMASKE einer bereits bestehenden DATEI
und die Korrektur fehlerhafter Eingaben möglich. Von der erzeugten DATENMASKE kann dazu ein Protokoll auf dem Bildschirm
oder einem Drucker ausgegeben werden.
Der Hauptarbeitsgang zur DATEN-Eingabe 1 PROBANDEN EINGEBEN
erzeugt die einzelnen DATENSÄTZE. Dazu erzeugt das Programm
auf dem Bildschirm ein Eingabeschema mit Angabe der ITEM-Nr.,
des ITEM-Namens und der ITEM-Länge. Der Benutzer gibt die
DATEN itemweise ein. Bei Erreichen der vereinbarten Länge
wird automatisch zum folgenden ITEM übergegangen. Während der
Eingabe ist eine Korrektur innerhalb eines PROBANDEN möglich.
Mit dem Arbeitsgang 2 KORREKTUR ist eine nachträgliche Änderung oder Ergänzung der DATEN einzelner PROBANDEN möglich.
Damit können nicht nur erst später erkannte Fehleingaben be-
hoben werden, sondern auch DATEN aktualisiert werden, z. B.
Änderung einer Anschrift, Telefon-Nr. usw.
Die Ausgabe von DATENSÄTZEN kann mit dem Arbeitsgang 3 AUSGABE
auf dem Bildschirm oder dem Drucker erfolgen. Der Benutzer
kann dabei den DATEI-Abschnitt bestimmen, den er sehen möchte.
Die Ausgabe erfolgt in der Rohform ohne Zwischenräume zwischen
den einzelnen ITEMS. Diese Form dient in erster Linie der Kontrolle der eingebenen DATEN und der Dokumentation in kompakter

Form. Eine formatierte Ausgabe mit geeigneter Reihenfolge der
ITEMS kann mit dem BAUSTEIN FORMATIERTE DATEIAUSGABE vorgenommen werden.
Der Arbeitsgang ANBINDEN erlaubt, zwei DATEIEN mit identischer
DATENMASKE zu einer DATEI zusammenzubinden. Das kann nützlich
sein, wenn die DATEN-Erfassung auf verschiedenen Disketten
vorgenommen wurde. Außerdem kann man mit diesem Arbeitsgang
auch DATEIEN kopieren. Dazu muß man zunächst die DATENMASKE
mit dem Arbeitsgang NEUE DATEI/MASKE kopieren und danach an
die leere DATEI die zu kopierende DATEI anbinden. Falls das
unter dem gleichen DATEI-Namen erfolgen soll, dürfen Quell-
und Ziel-Drive nicht identisch sein, anderenfalls muß man den
Namen ändern.
Mit dem Arbeitsgang VERGLEICHEN kann die Identität zweier
DATEIEN geprüft werden. Das kann sinnvoll sein, wenn man nicht
sicher ist, welche Korrekturen in einer STAMMDATEI vorgenommen
worden sind. Die Abweichungen werden mit der PROBANDEN-Nr.
jeweils genannt. Die Prüfung kann auch abschnittsweise unter
Angabe der Anfangsposition innerhalb der Original-DATEI durch-
geführt werden.
Die Entfernung von PROBANDEN aus einer DATEI ist mit dem Arbeitsgang PROBANDEN LÖSCHEN möglich. Dazu muß die zugehörige
PROBANDEN-Nummer eingegeben werden. Zur Sicherheit wird der
betr. DATENSATZ ausgegeben und eine Freigabe der Löschung ver-
langt. Man beachte, daß die Reihenfolge der PROBANDEN durch
einen Löschvorgang verändert wird, da die Lücke stets durch
den letzten DATENSATZ aufgefüllt wird. Mehrere Löschungen
nehme man deshalb immer vom Ende her, also in umgekehrter
Reihenfolge der PROBANDEN-Nummern, vor.
Um ohne direkte Kommandos einen anderen BAUSTEIN zu laden und
zu starten, kann man den Arbeitsgang PROGRAMM WÄHLEN verwenden,
dabei kann man dann auch den DATEI-Namen ggf. wechseln.
Wenn man in den DATEIEN ein Tages-DATUM mitführen möchte, so
steht dafür ein DATEI-Parameter RE (=Reserve) zur Verfügung.
Man muß das DATUM dann lediglich an passender Stelle numerisch
lesen (oder umwandeln) und mit den anderen Parametern ausgeben.

4.2 Programm (GENERIEREN EINER DATEI)

1   Hauptprogramm
2   Katalog DATEI-Namen anbieten
3   DATENMASKE / DATEI-Parameter generieren
4   DATENSÄTZE abfragen und wegschreiben
5   DATENSATZ für einen PROBANDEN eingeben
6   DATENSATZ korrigieren
7   ITEM-Nummer abfragen oder bestimmen
8   DATENSÄTZE ausgeben / ausdrucken
9   DATENBLOCK von Diskette laden
10   DATENMASKE ausgeben
11   DATEI anbinden / vergleichen
12   PROBANDEN löschen
13   Aufruf DATEI-Menue
14   BEENDEN

1   Hauptprogramm (GENERIEREN EINER DATEI)

Zeile   Wirkung

100   Löschen des Bildschirms
110   Ausgabe des BAUSTEIN-Namens
120   Kennzeichen P$ für Parameter-DATEI setzen:
             Länge BL des DATENBLOCKS setzen:
             Maximale Länge LP des DATENSATZES setzen:

130   Arbeitsbereich(DATENBLOCK) B$(LP) dimensionieren:
             Feld für ITEM-Namen MN$(LP) dimensionieren:
             Feld für ITEM-Längen L%(LP) dimensionieren
140   UP Katalog DATEI-Namen anbieten:
             DRIVE-Zeichen auf D$ übertragen
150   Namen der STAMMDATEI abfragen

160-250   BAUSTEIN-Menue ausgeben

260   Ziffer für Operation abfragen
270   Für V>Ø DATEI-Parameter laden
280   Verzweigung auf gewählte Operation(UP)
290   Rückkehr zur Katalogisierung bei V=Ø oder V=10
300   Rückkehr in die Menue-Ausgabe
310   Rückkehr bei unzulässiger Operation

2   Katalog DATEI-Namen anbieten

400   String SP$ mit 2 Zwischenräumen setzen
410   String SP$ auf 128 Zwischenräume bringen
420   Funktion AS zur Ermittlung der Stellenzahl
             des ITEMS X (=Zeichen X in Maske M$) definieren
430   Drive-Zeichen abfragen
440-450   Katalog-Option mit A$ abfragen
460   Rücksprung, falls A$ kein Zwischenraum(SPACE)
470   DATEI-Namen in Drive DX$ auflisten
480   Rückkehr zur Katalog-Option

1 Hauptprogramm

```
100   HOME
110   PRINT "GENERIEREN EINER DATEI(83 CP/M)"
120 P$ = "+": BL = 50: LP = 255
130   DIM B$(BL), MN$(LP), L%(LP)
140   GOSUB 400: D$ = DX$
150   PRINT : PRINT: INPUT " NAME DER STAMMDATEI?";F$
160   PRINT: PRINT "   * MENUE-GENERIEREN *"
170   PRINT : PRINT " 0 NEUE DATEI/MASKE"
180   PRINT " 1 PROBANDEN EINGEBEN(ENDE=/)"
190   PRINT " 2 KORREKTUR"
200   PRINT : PRINT " 3 AUSGABE"
210   PRINT : PRINT " 4 ANBINDEN"
220   PRINT " 5 VERGLEICHEN"
230   PRINT " 6 PROBANDEN LOESCHEN"
240   PRINT " 7 PROGRAMM WAEHLEN"
250   PRINT : PRINT " 9 BEENDEN"
260 PRINT : INPUT "WELCHE OPERATION?";V
270   IF V > 0 THEN  GOSUB 790
280   ON V + 1 GOSUB 500,1000,2000,3000,4000,4000,6000,7000,310,
                                                    9000,3000
290   IF V = 0 OR V = 10 THEN 140
300   GOTO 160
310   RETURN
```

2 Katalog DATEI-Namen anbieten

```
400 SP$ = "   "
410   FOR J = 1 TO 6: SP$ = SP$ + SP$: NEXT
420   DEF  FN AS(X) = ASC(MID$(M$,X,1)) -7*INT(ASC(MID$(M$,X,1))
                                                    /65) - 48
430 PRINT : INPUT "DISKETTE IN DRIVE?";DX$
440   PRINT : PRINT "KATALOG (=ZWR)?";
450 GET A$: IF A$ = "" THEN 450
460   IF A$ < > CHR$(32) THEN RETURN
470   RESET: FILES DX$ + ":" + "*.*"
480     GOTO 440
```

3 DATENMASKE / DATEI-Parameter generieren

Zeile	Wirkung
500-510	Freigabe DATEI F$ abfragen
520	Rücksprung bei Nichtfreigabe der DATEI F$
530	Kopieren einer DATENMASKE abfragen
540	Sprung zur Eingabe einer DATENMASKE
550	Übergabe Drive- und DATEI-Namen (Depot)
560	UP Katalog DATEI-Namen:
	Drive-Name auf D$ übertragen
570	DATEI-Name zum Kopieren abfragen
580	DATEI-Parameter der Kopier-DATEI laden
590	Rückgabe Drive- DATEI-Name der Stamm-DATEI
	Sprung zur Ausgabe der DATEI-Maske
600	ITEM-Nr. J auf Anfang setzen:
	String M$ löschen
610	Eingabeüberschrift ausgeben
620	ITEM-Nr. ausgeben
630	ITEM-Länge L und Name MN$(J) abfragen
640	Ende-Zeichen / liefert Sprung zur Ausgabe
650	Sprung zur Zeichenbildung, falls Länge M>9
660	Anpassung an ASCII-Nr., falls Länge L<10
670	Zeichen für ITEM-Länge A$ bilden
680	Zeichen A$ an Stelle J der DATENMASKE M$ setzen
690	ITEM-Nr. erhöhen: Rücksprung zur Eingabe
700	PROBANDEN-Zahl auf Anfang: Länge M$ auf ML setzen:
	UP Ausgabe der DATEIMASKE
710	UP Korrektur der DATEIMASKE
720	Rücksprung zur Eingabe DATEIMASKE(=Korrektur)
730	Parameter-DATEI in DRIVE D$ öffnen
740	Parameter und DATENMASKE auf Diskette schreiben
750	Schleife für ITEM-Namen eröffnen
760	ITEM-Name Nr. J auf Diskette schreiben
770	Wiederholung ITEM-Name
780	Parameter-DATEI schließen
790	Sprung AUSGABE DATEI-Parameter bei Wiederholung
800	Parameter-DATEI zum Lesen in DRIVE D$ öffnen
810	Parameter und DATENMASKE von Diskette laden
820	Gesamtstellenzahl auf Anfang setzen:
	Länge der DATENMASKE übertragen
830	Schleife für alle ITEMS eröffnen
840	ITEM-Name Nr. J von Diskette laden
850	Stellenzahl ITEM-Nr. J speichern
860	Gesamtstellenzahl aufbauen
870	Wiederholung ITEM
880	Parameter-DATEI schließen
890-920	DATEI-Parameter ausgeben
930	Freien Speicherplatz ausgeben
940	Zeiger für Programm-Wiederholung aktiv setzen
950	Überlänge der DATENMASKE anzeigen, falls Gesamt-
	stellenzahl größer als maximale Pufferlänge LP
960	Rückkehr

3 DATENMASKE / DATEI-Parameter generieren

```
500  PRINT : PRINT "IST "F$" F R E I G E G E B E N (=1)?";
510 INPUT A$
520  IF A$ < > "1" THEN RETURN
530 PRINT :  INPUT "MASKE/ITEM-NAMEN KOPIEREN(=1)?";A$
540  IF A$ <  > "1" THEN 600
550 X$ = D$: B$ = F$
560  GOSUB 430: D$ = DX$
570 PRINT :  INPUT "VON WELCHER DATEI?";F$
580  GOSUB 800
590 D$ = X$: F$ = B$: GOTO 700
600 J = 1: M$ = ""
610  PRINT : PRINT "ITEM LAENGE,NAME (ENDE=0,/)"
620  PRINT J TAB( 6);
630 INPUT L,MN$(J)
640  IF MN$(J) = "/" THEN 700
650  IF L > 9 THEN 670
660 L = L - 7
670 A$ =  CHR$ (L + 55)
680 M$ =  MID$(M$,1,J-1) + A$ +  MID$(M$,J+1, LEN(M$) -J+1)
690 J = J + 1: IF J >  LEN (M$) THEN 620
700 P = 1: ML =  LEN (M$): GOSUB 3000
710  GOSUB 2500
720  IF J > 0 AND J <= ML THEN 610
730  OPEN"O",#1,D$+": "+LEFT$(F$,10)+P$
740  PRINT#1,RE,P,M$
750  FOR J = 1 TO ML
760  PRINT#1,MN$(J)
770  NEXT
780  CLOSE#1
790  IF PW = 1 AND V > 0 THEN 890
800 OPEN"I",#1,D$+": "+LEFT$(F$,10)+P$
810 INPUT #1,RE,P,M$
820 I = 0: ML =  LEN (M$)
830  FOR J = 1 TO ML
840 INPUT #1,MN$(J)
850 L%(J) =  FN AS(J)
860 I = I + L%(J)
870  NEXT
880 CLOSE#1
890  PRINT : PRINT "DATEI: "F$
900  PRINT : PRINT " ANZAHL DER PROBANDEN:";P - 1
910  PRINT "    ANZAHL DER STELLEN:"; I
920  PRINT "     ANZAHL DER ITEMS:";ML
930  PRINT: PRINT"FREIER SPEICHER="FRE(0): PRINT
940 PW = 1
950  IF I > LP THEN PRINT"DATENSATZ ZU  L A N G !!"
960  RETURN
```

4 DATENSÄTZE abfragen und wegschreiben

Zeile	Wirkung
1000	Zeiger B1 auf Blockanfang setzen
1010	Eingabeschleife für BL PROBANDEN eröffnen
1020	ITEM-Nr. JØ, Stellenzahl S, String EØ auf Anfang
1030	UP Eingabe DATENSATZ für einen PROBANDEN
1040	Sprung auf Block schreiben, falls Ende-Zeichen /
1050	Block-Zeiger B1 erhöhen: Eingabestring EØ in Block BØ(B1) einschreiben
1060	Wiederholung Eingabe
1070	Sprung zur Ausgabe DATEI-Parameter
1080	DATEI FØ in DRIVE DØ öffnen
1090	Puffer der Länge I vereinbaren
1100	Schleife für B1 DATENSÄTZE eröffnen
1110	DATENSATZ in Puffer setzen und wegschreiben
1120	Wiederholung DATENSATZ
1130	DATEI FØ schließen
1140	Anzahl der PROBANDEN um BLOCK-Länge erhöhen
1150	Rücksprung BLOCK-Laden, falls BLOCK voll ist
1160	UP DATEI-Parameter ausgeben
1170	Rückkehr

5 DATENSATZ für einen PROBANDEN eingeben

Zeile	Wirkung
1400-1410	Eingabeüberschrift ausgeben
1420	Eingabeschleife für je ein ITEM eröffnen
1430	ITEM-Länge LI aus L%(J) übertragen
1440	ITEM-Nr., ITEM-Name und ITEM-Länge ausgeben
1450	Sprung ans Schleifenende, falls ITEM-Länge LI=Ø
1460	Eingabeschleife für je ein Zeichen eröffnen
1470	Zeichen ohne Return als YØ abfragen
1480	Komma und Doppelpunkt als Zeichen ablehnen
1490	Zwischenraum oder Return als 1.Zeichen von ITEM 1 ablehnen(Leerstellen am Stringanfang verschwinden)
1500	Rücksprung, falls Ende-Zeichen / am ITEM-Anfang
1510	Sprung bei Return zum Auffüllen mit Leerstellen
1520	Sprung, falls kein Backspace(=Korrektur) am Anfang
1530	Rücksprung zur Eingabezeile, ITEM-Nr. J=1
1540	ITEM-Nr. J erniedrigen(=Rückkehr zum ITEM-Vorgänger)
1550	Eingabestring EØ um Länge L%(J) verkürzen
1560	Bisherige Gesamtlänge S um L%(J) verkürzen: Rücksprung zur Eingabe von ITEM Nr. J
1570	Eingabezeichen YØ an String EØ anhängen
1580	Eingabezeichen YØ ausgeben
1590	Wiederholung Eingabe eines Zeichens
1600	Eingabestring EØ mit Leerstellen auffüllen
1610	Gesamtlänge S um ITEMlänge LI erhöhen
1620	Wiederholung Eingabe eines ITEMS
1630	Rücksprung

4 DATENSÄTZE abfragen und wegschreiben

```
1000 B1 = 0
1010  FOR PN = P TO P + BL - 1
1020 JO = 1: S = 0: E$ = ""
1030  GOSUB 1400
1040  IF Y$ = "/" AND J1 = 1 THEN 1070
1050 B1 = B1 + 1: B$(B1) = E$
1060  NEXT PN
1070  IF B1 = 0 THEN 1160
1080  OPEN"R",#1,D$ + ":" + F$,I + 1
1090  FIELD#1, I AS B$
1100  FOR K = 1 TO B1
1110  LSET B$ = B$(K): PUT#1, P + K - 1
1120  NEXT K
1130  CLOSE #1
1140 P = P + B1
1150  IF B1 = BL THEN 1000
1160  GOSUB 730
1170  RETURN
```

5 DATENSATZ für einen PROBANDEN eingeben

```
1400  PRINT : PRINT "PROBAND: "PN TAB( 20)"DATEI: "F$: PRINT
1410  PRINT "IT. " TAB(6)"NAME" TAB(17)"LAENGE EINGABE (ENDE=/)"
1420  FOR J = JO TO ML
1430 L = L%(J)
1440  PRINT J TAB(6) LEFT$ (MN$(J),10) TAB(17)L TAB(21)":";
1450  IF L = 0 THEN 1610
1460  FOR J1 = 1 TO L
1470 GET Y$: IF Y$ = "" THEN 1470
1480  IF Y$ =  CHR$ (44) OR Y$ =  CHR$ (58) THEN 1470
1490  IF J * J1 = 1 AND (Y$ = " " OR Y$ = CHR$(13)) THEN 1470
1500  IF Y$ = "/" AND J1 = 1 THEN  RETURN
1510  IF Y$ =  CHR$ (13) THEN 1600
1520  IF Y$ <  > CHR$ (8) OR J1 > 1 THEN 1570
1530  PRINT : IF J = 1 THEN 1440
1540 J = J - 1
1550 E$ =  MID$ (E$,1, LEN (E$) - L%(J))
1560 S = S - L%(J): GOTO 1430
1570 E$ = E$ + Y$
1580  PRINT Y$;
1590  NEXT J1
1600 E$ = E$ +  MID$ (SP$,1,L - J1 + 1)
1610  PRINT: S = S + L
1620  NEXT J
1630  RETURN
```

6 DATENSATZ korrigieren

Zeile	Wirkung
2000	ITEM-Zeiger auf Anfang:PROBANDEN-Nr. abfragen
2010	Rückkehr, falls Ende-Zeichen vorliegt
2020	Rücksprung zur Abfarge, falls Nr. zu groß ist
2030	DATEI F$ in Drive D$ öffnen
2040	Puffer der Länge I vereinbaren
2050	DATENSATZ PN laden und auf E$ übertragen
2060	DATEI schließen
2070-2080	DATENSATZ für PROBAND PN ausgeben
2090	UP ITEM-Nr. abfragen oder bestimmen
2100	Sprung DATENSATZ schreiben, falls Korrekturende
2110	Rücksprung zur Abfrage, falls Nr. unzulässig
2120	Anfangsposition ITEM Nr. J auf negativen Anfang
2130	Schleife für ITEM Nr. 1 bis J eröffnen
2140	Anfangsposition ITEM Nr. J aufbauen
2150	Wiederholung ITEM-Nr.
2160	DATENSATZ in A$ deponieren
2170	DATENSATZ bis ITEM Nr. J-1 abschneiden
2180	ITEM-Nr. auf J0 übertragen
2190	UP DATENSATZ für einen PROBANDEN eingeben
2200	Rest des DATENSATZES anfügen
2210	Rücksprung DATENSATZ ausgeben
2220	DATEI F$ in Drive D$ öffnen
2230	Puffer der Länge I vereinbaren
2240	DATENSATZ in Puffer setzen: Puffer auf Diskette schreiben
2250	DATEI schließen
2260	Rücksprung zur PROBANDEN-Abfrage

7 ITEM-Nummer abfragen oder bestimmen

Zeile	Wirkung
2500	ITEM (Nummer oder Name) abfragen
2510	Antwort in Zahl umwandeln
2520	Rückkehr, falls ENDE=0 eingegeben
2530	Rückkehr, falls ITEM-Nr. unzulässig
2540	Prüfschleife für ITEM-Namen eröffnen
2550	Prüfung, ob Abfrage mit ITEM-Namen identisch
2560	Wiederholung ITEM-Name
2570	Negatives Suchergebnis anzeigen
2580	Rücksprung zur Abfrage der ITEM-Nr.

6   DATENSATZ korrigieren

```
2000 JO = 0: PRINT : INPUT "WELCHER   PROBAND (ENDE=0)?";PN
2010  IF PN = 0 THEN  RETURN
2020  IF PN > P - 1 THEN 2000
2030 OPEN"R",#1,D$ + ":" + F$,I + 1
2040 FIELD#1, I AS B$
2050 GET#1,PN: E$ = B$
2060 CLOSE#1
2070  PRINT: PRINT "PROBAND ";PN
2080  PRINT LEFT$(E$,I)
2090  GOSUB 2500
2100  IF JO > 0 AND J = 0 THEN 2220
2110  IF J <= 0 OR J > ML THEN 2000
2120 S = -L%(J)
2130  FOR K = 1 TO J
2140 S = S + L%(K)
2150  NEXT
2160 A$ = E$
2170 E$ =  MID$ (E$,1,S)
2180 JO = J
2190  GOSUB 1400
2200 E$ = E$ +  MID$ (A$,S + 1,I - S)
2210  GOTO 2070
2220  OPEN"R",#1,D$ + ":" + F$,I + 1
2230  FIELD#1, I AS B$
2240  LSET B$ = E$: PUT#1,PN
2250  CLOSE#1
2260  GOTO 2000
```

7   ITEM-Nummer abfragen oder bestimmen

```
2500 PRINT : INPUT "WELCHES ITEM AENDERN (ENDE=0)?";A$
2510 J =  VAL (A$)
2520  IF A$ = "0" THEN  RETURN
2530  IF J > 0 AND J <  = ML THEN  RETURN
2540  FOR J = 1 TO ML
2550  IF MN$(J) = A$ THEN  RETURN
2560  NEXT J
2570  PRINT : PRINT A$" EXISTIERT NICHT"
2580  GOTO 2500
```

8 DATENSÄTZE ausgeben/ausdrucken

```
Zeile                       Wirkung
3000        Ausgabeart abfragen
3010        Rückkehr, falls Ende-Zeichen (2) vorliegt
3020        Sprung zur Ausgabe der DATENMASKE
3030        AUSGABE-Abschnitt abfragen
3040        Rücksprung Abfrage, falls Abschnitt unzulässig ist
3050        DATEI-Name, DRIVE-Zeichen übertragen:
            Anzahl der Trennzeilen Null setzen
3060        Bildschirm löschen: Leerzeilen bei DRUCK abfragen
3070        Anzahl der Zeilen je DATENSATZ bilden
3080        Anzahl der DATENSÄTZE pro Seite(60 Zeilen) bilden
3090        PROBANDEN-Nr., BLOCK-Zeiger auf Anfang setzen
3100        Sprung, falls letzte Seite noch nicht vorliegt
3110        Anzahl DATENSÄTZE der letzten Seite bilden
3120        Sprung, falls keine DRUCKER-Ausgabe gewünscht ist
3130-3140   Ausgabe Bildschirm bzw. DRUCKER Überschrift
3150        Schleife für eine Seite eröffnen
3160        Sprung DATENBLOCK laden, falls 1.DATENSATZ (Seite)
3170        Bildschirm-Ausgabe PROBANDEN-Nummer
3180        Schleife für einen DATENSATZ eröffnen
3190        Sprung, falls keine DRUCKER-Ausgabe gewünscht ist
3200-3210   DRUCKER- bzw. Bildschirm-AUSGABE (Zeile)
3220        Wiederholung Druck-Zeile
3230        Zeiger im DATENBLOCK erhöhen
3240        Abbruch bei reiner TV-AUSGABE abfragen
3250        Rücksprung zur Ausgabeart, falls /-Zeichen(TV)
3260        Leerzeile bei DRUCKER-Ausgabe, falls geüwnscht
3270        Wiederholung DATENSATZ
3280        Seitenvorschub bei DRUCKER-Ausgabe
3290        PROBANDEN-Zähler auf Anfang nächste Seite setzen
3300        Rücksprung AUSGABE, falls Ende nicht erreicht
3310        Rücksprung Ausgabeart abfragen
```

9 DATENBLOCK von Diskette laden

```
3500        Zähler auf Anfang setzen
3510        DATEI X$ in DRIVE DZ$ öffnen
3520        Puffer der Länge I als B$ vereinbaren
3530        Sprung Ende Laden, falls Abschnitt leer ist
3540        DATENSATZ Nr. X in Puffer laden
3550        Abschnittsanfang und BLOCK-Zähler erhöhen
3560        Puffer in DATENBLOCK an Platz J übertragen
3570        Rücksprung Laden, falls BLOCK noch nicht voll ist
3580        DATEI X$ schließen
3590        Rückkehr
```

8 DATENSÄTZE ausgeben/ausdrucken

```
3000 PRINT: INPUT "AUSGABE: TV=0   DRUCKER=1   OHNE=2: ?"; OU
3010  IF OU > 1 THEN  RETURN
3020  IF V = 0 OR V = 10 THEN 3700
3030 PRINT: INPUT "PROBAND X BIS PROBAND Y: X, Y?"; X, Y
3040  IF X > Y OR Y > P - 1 OR X <= 0 THEN 3000
3050 X$ = F$: DZ$ = D$: L = 0: SP = 80:   PRINT
3060 IF OU=1 THEN INPUT"ANZAHL DRUCKSPALTEN, LEERZEILE?"; SP, L
3070 Z =  INT ((I - 1) / SP)  + 1
3080 ZL = 60/(Z + SGN(L)) - 1
3090 A = X: J = 0: J1 = 0
3100  IF (Y - A + 1) * (Z + SGN(L)) > 60 THEN 3120
3110 ZL = Y - A
3120  HOME: IF OU = 0 THEN 3140
3130 LPRINT "DATEI : "F$ TAB(25)"PROBAND "A" BIS "A+ZL: LPRINT
3140  PRINT "DATEI : "F$ TAB(25)"PROBAND "A" BIS "A+ZL: PRINT
3150  FOR JD = 0 TO ZL
3160  IF J = J1 THEN  GOSUB 3500
3170  PRINT "PROBAND " A + JD
3180  FOR K = 1 TO Z
3190  IF OU = 0 THEN 3210
3200 LPRINT  MID$ (B$(J1 + 1), SP * (K - 1) + 1, SP)
3210  PRINT  MID$ (B$(J1 + 1), SP * (K - 1) + 1, SP)
3220  NEXT
3230 J1 = J1 + 1
3240  IF OU = 0 THEN  GET A$: IF A$ = "" THEN 3240
3250  PRINT: IF OU = 0 AND A$ =  CHR$ (47) THEN  RETURN
3260  IF OU = 1 AND L <> 0 THEN LPRINT
3270  NEXT JD
3280  IF OU = 1 THEN LPRINT CHR$(12)
3290 A = A + ZL + 1
3300  IF A < Y THEN 3100
3310  GOTO 3000
```

9 DATENBLOCK von Diskette laden

```
3500 J = 0: J1 = 0
3510 OPEN"R", #1, DZ$ + ":" + X$, I + 1
3520 FIELD#1,  I AS B$
3530  IF X > Y THEN 3580
3540 GET#1, X
3550 X = X + 1: J = J + 1
3560 B$(J)=B$
3570  IF J < BL THEN 3530
3580 CLOSE#1
3590  RETURN
```

10 DATENMASKE ausgeben

Zeile	Wirkung
3700	Bildschirm löschen
3710-3750	Überschrift mit DATEI-Namen ausgeben
3760	Schleife für Ausgabe ITEM-Länge u. -Namen eröffnen
3770	Ausgabe für ITEM Nr. J auf Drucker
3780	Ausgabe für ITEM Nr. J auf Bildschirm
3790-3800	Unterbrechung nach je 10 Zeilen(Bildschirm)
3810	Wiederholung für Ausgabezeile
3820	Seitenvorschub, falls Drucker-Ausgabe
3830	Rücksprung zur Ausgabe-Abfrage

11 DATEI anbinden/ vergleichen

Zeile	Wirkung
4000	UP Drive-Abfrage: Drive-Zeichen auf DZ$ übertragen
4010	Name der DATEI für Anbindung/Vergleich abfragen
4020-4040	DATEI-Parameter der 2.DATEI laden
4050	Anzahl der PROBANDEN der 2.DATEI ausgeben
4060	Sprung, falls Parameter der 2.DATEI zulässig
4070	Ausgabe bei verschiedenen DATENMASKENßRückkehr
4080	Abfrage des Abschnittes für Anbinden/Vergleich
4090	Rücksprung zur Abfrage, falls Abschnitt unzulässig
4100	Name der 2.DATEI auf X$ übertragen
4110	Sprung, falls Anbindung gefordert
4120	Abfrage Vergleichsbeginn ab PROBAND PX der 1.DATEI
4130	Rücksprung zur Abfrage, falls PX unzulässig
4140	UP DATENBLOCK aus 2.DATEI von Diskette laden
4150	Sprung ans Ende, falls DATENBLOCK leer ist
4160	DATEI F$ in DRIVE D$ öffnen
4170	Puffer der Länge I als B$ vereinbaren
4180	Schleife für J DATENSÄTZE eröffnen
4190	Sprung, falls Arbeitsgang VERGLEICHEN vorliegt
4200	DATENSATZ in Puffer, Puffer in DATEI setzen
4210	Anzahl der PROBANDEN erhöhen:Sprung ans Ende
4220	DATENSATZ Nr. PX in Puffer laden von DATEI F$
4230	Sprung, falls DATENSÄTZE identisch sind
4240	Abweichung bei PROBAND PX anzeigen
4250-4260	Abfrage, ob Vergleich fortgesetzt werden soll
4270	Vergleich abbrechen, falls kein ZWR vorliegt
4280	PROBANDEN-Nr. in 1.DATEI erhöhen
4290	Wiederholung DATENSATZ
4300	1.DATEI schließen: Rücksprung DATENBLOCK laden
4310	Ende ANBINDEN/VERGLEICHEN anzeigen
4320	1.DATEI schließen
4330	UP DATEI-Parameter auf Diskette schreibe
4340	Rückkehr

10   DATENMASKE ausgeben

```
3700  HOME
3710   IF OU = 0 THEN 3740
3720 LPRINT "DATEI: "F$" DATENMASKE"
3730 LPRINT: LPRINT "ITEM    LAENGE      NAME"
3740   PRINT:PRINT"DATEI: "F$" DATENMASKE"
3750   PRINT : PRINT "ITEM    LAENGE      NAME"
3760   FOR J = 1 TO ML
3770   IF OU = 1 THEN LPRINT J TAB(8) FN AS(J) TAB(18)MN$(J)
3780   PRINT J TAB( 8) FN AS(J) TAB( 18)MN$(J)
3790   IF OU = 1 OR J <> 10 *  INT (J / 10) THEN 3810
3800 GET A$: IF A$ = "" THEN 3800
3810   NEXT
3820   IF OU = 1 THEN LPRINT CHR$(12)
3830 PW = 0: GOTO 3000
```

11   DATEI anbinden/ vergleichen

```
4000   GOSUB 430: DZ$ = DX$: PRINT
4010   PRINT : INPUT "ANBINDEN /VERGLEICHEN DATEI?"; Z$
4020 OPEN"I", #1, DZ$+": "+LEFT$(Z$, 10)+P$
4030 INPUT #1, RE, PZ, MZ$
4040 CLOSE#1
4050   PRINT : PRINT "DATEI "Z$" HAT "PZ - 1" PROBANDEN"
4060   IF PZ > 1 AND MZ$ = M$ THEN 4080
4070   PRINT : PRINT "DATENMASKEN SIND VERSCHIEDEN!": RETURN
4080 PRINT : INPUT "VON PROBAND X BIS Y: X, Y?"; X, Y
4090   IF X > Y OR Y > PZ - 1 THEN 4080
4100 X$ = Z$
4110   IF V = 4 THEN 4140
4120 PRINT : INPUT "VERGLEICH AB ORIG. -PROB. X?"; PX
4130   IF PX + Y - X + 1 > P OR PX > P - 1 THEN 4070
4140   GOSUB 3500
4150   IF J = 0 THEN 4310
4160   OPEN"R", #1, D$ + ": " + F$, I + 1
4170   FIELD#1, I AS B$
4180   FOR JD = 1 TO J
4190   IF V = 5 THEN 4220
4200   LSET B$ = B$(JD): PUT#1, P
4210 P = P + 1: GOTO 4290
4220 GET#1, PX
4230   IF B$ = B$(JD) THEN 4280
4240   PRINT: PRINT "ABWEICHUNG BEI ORIGINAL-PROBAND NR.  "; PX
4250   PRINT: PRINT "WEITER (=ZWR)?";
4260 GET A$: IF A$ = "" THEN 4260
4270   PRINT: IF A$ < > CHR$ (32) THEN 4310
4280 PX = PX + 1
4290   NEXT JD
4300 CLOSE#1: GOTO 4140
4310   PRINT : PRINT "ANBINDUNG/VERGLEICH BEENDET!"
4320 CLOSE#1
4330   IF V = 4 THEN GOSUB 730
4340   RETURN
```

12 PROBANDEN löschen

Zeile	Wirkung
6000	PROBANDEN-Nummer abfragen
6010	Rücksprung Abfrage, falls Eingabe unzulässig ist
6020	Sprung zur Löschung, falls PROBAND zulässig ist
6030	UP DATEI-Parameter auf Diskette schreiben
6040	DATEI F$ in DRIVE D$ öffnen
6050	Puffer der Länge I als B$ vereinbaren
6060	DATENSATZ PN in Puffer laden und auf E$ setzen
6070-6080	DATENSATZ PN ausgeben
6090-6110	Freigabe der Löschung abfragen
6120	Letzten DATENSATZ der DATEI F$ laden
6130	Letzten DATENSATZ an Stelle PN der DATEI setzen
6140	Anzahl der PROBANDEN reduzieren
6150	DATEI F$ schließen
6160	Rücksprung zur PROBANDEN-Abfrage

13 Aufruf DATEI-Menue

7000	DATEI-Menue laden und starten

14 BEENDEN

9000	Arbeitsende

12 PROBANDEN löschen

```
6000   PRINT : INPUT "WELCHER PROBAND(ENDE=0)?";PN
6010   IF PN < 0 OR PN >= P THEN 6000
6020   IF PN > 0 THEN 6040
6030   GOSUB 730: RETURN
6040 OPEN"R",#1,D$ + ":" + F$,I + 1
6050 FIELD#1, I AS B$
6060 GET#1,PN:  E$ = B$
6070   PRINT : PRINT "PROBAND ";PN
6080   PRINT E$
6090   PRINT : PRINT "PROBAND L O E S C H E N (=L)?";
6100 GET A$:  IF A$ = "" THEN 6100
6110   PRINT: IF A$ <> "L" THEN 6150
6120 GET#1,P - 1
6130   IF P > 1 THEN PUT#1,PN
6140 P = P - 1
6150 CLOSE#1
6160   GOTO 6000
```

13 Aufruf DATEI-Menue

```
7000   RUN "DATEI"
```

14 BEENDEN

```
9000   END
```

4.3 Zeilenweise Liste der Variablen

1   Hauptprogramm

0120	BL	LAENGE DES DATENBLOCKS
0120	LP	MAXIMALE LAENGE DATENSATZ
0120	P$	KENNZEICHEN PARAMETER-DATEI
0130	B$(BL)	DATENBLOCK
0130	L%(LP)	FELD FUER ITEM-LAENGEN
0130	MN$(LP)	FELD FUER ITEM-NAMEN
0140	D$	ZEICHEN FUER AKTUELLEN DRIVE
0150	F$	NAME STAMMDATEI/EINGABE
0260	V	GEWAEHLTE OPERATION

2   Katalog DATEI-Namen anbieten

0400	SP$	STRING FUER LEERSTELLEN/ANFANG
0410	SP$	STRING FUER LEERSTELLEN/AUFBAU
0420	FN AS(X)	UMWANDLUNG ZEICHEN IN STELLENZAHL
0430	DX$	ANTWORT DRIVE-ZEICHEN
0450	A$	ANTWORT AUF KATALOGANGEBOT

3   DATENMASKE/ DATEI-Parameter generieren

0510	A$	ANTWORT FREIGABE NAME
0530	A$	ANTWORT AUF KOPIERANGEBOT
0550	B$	DEPOT FUER DATEI-NAMEN
0550	X$	DEPOT FUER DRIVE-ZEICHEN
0560	D$	DRIVE-ZEICHEN/UEBERTRAGUNG
0570	F$	ANTWORT NAME KOPIER-DATEI
0590	D$	DRIVE-ZEICHEN/RUECKGABE
0590	F$	NAME STAMMDATEI/WIEDERHERSTELLUNG
0600	J	ITEM-NR./ANFANG
0600	M$	DATENMASKE/ANFANG
0630	L	ITEM-LAENGE/EINGABE
0630	MN$(J)	ITEM-NAME/EINGABE
0660	L	ANPASSUNG AN ASCII-NR.
0670	A$	UMWANDLUNG STELLENZAHL IN ASCII-NR.
0680	M$	DATENMASKE/AUFBAU
0690	J	ITEM-NR./ERHOEHUNG
0700	ML	LAENGE DATENMASKE/UEBERTRAGUNG
0700	P	PROBANDENZAHL(+1)/ANFANG
0810	M$	DATENMASKE/LADEN
0810	P	PROBANDENANZAHL(+1)
0810	RE	RESERVE-PARAMETER/LADEN
0820	I	LAENGE DES DATENSATZES/ANFANG
0820	ML	LAENGE DATENMASKE/UEBERTRAGUNG
0840	MN$(J)	ITEM-NAME/LADEN
0850	L%(J)	LAENGE ITEM NR. J/SETZUNG
0860	I	GESAMTSTELLENZAHL/AUFBAU
0940	PW	ZEIGER FUER WIEDERHOLUNG/AKTIV SETZEN

4 DATENSÄTZE abfragen und wegschreiben

1000	B1	ZEIGER IM DATENBLOCK/ANFANG
1020	E$	STRING FUER DATENSATZ/ANFANG
1020	J0	ZEIGER IM DATENSATZ/ANFANG
1020	S	LAENGE DES DATENSATZES/ANFANG
1050	B$(B1)	SATZ B1 IM DATENBLOCK/UEBERTRAGUNG
1050	B1	ZEIGER IM DATENBLOCK/ERHOEHUNG
1140	P	PROBANDENANZAHL/AUFBAU

5 DATENSATZ für einen PROBANDEN eingeben

1430	L	ITEM-LAENGE/UEBERTRAGUNG
1470	Y$	EINZELZEICHEN/EINGABE OHNE RETURN
1540	J	ITEM-NR./RUECKSETZEN
1550	E$	EINGABE-STRING/VERKUERZEN
1560	S	ZEIGER IM DATENSATZ/REDUZIERUNG
1570	E$	EINGABE-STRING/AUFBAU
1600	E$	EINGABE-STRING/LEERSTELLEN ERGAENZEN
1610	S	GESAMTSTELLENZAHL/AUFBAU

6 DATENSATZ korrigieren

2000	J0	ITEM-ZEIGER/ANFANG
2000	PN	PROBANDEN-NR./EINGABE
2040	B$	PUFFER LAENGE I/VEREINBARUNG
2050	B$	DATENSATZ/LADEN
2050	E$	DATENSATZ/UEBERNAHME
2120	S	LAENGE DATENSATZ VOR ITEM NR.J/ANFANG
2140	S	LAENGE DATENSATZ VOR ITEM NR.J/AUFBAU
2160	A$	DATENATZ/DEPOT
2170	E$	EINGABESTRING/TEILRESERVIERUNG
2180	J0	ITEM-NR./UEBERTRAGUNG
2200	E$	EINGABESTRING/ERGAENZUNG

7 ITEM-Nummer abfragen oder bestimmen

2500	A$	ANTWORT ITEM-NR. ODER ITEM-NAME
2510	J	ITEM-NR./SETZUNG

8 DATENSÄTZE ausgeben/ausdrucken

3000	OU	ANTWORT AUSGABEART
3030	X	ANTWORT ABSCHNITTSANFANG
3030	Y	ANTWORT ABSCHNITTSENDE
3050	DZ$	DRIVE-ZEICHEN/UEBERTRAGUNG
3050	L	LEERZEILE(DRUCKER)/NULL SETZEN
3050	SP	AUSGABE TV(80 SPALTEN)/SETZUNG
3050	X$	DATEI-NAME/UEBERTRAGUNG

(Forts. nächste Seite)

Forts. 8 DATENSÄTZE ausgeben/ausdrucken

3060	L	ANTWORT LEERZEILE(DRUCKER)
3060	SP	SPALTENANZAHL DRUCKER/EINGABE
3070	Z	ZEILENZAHL JE PROBAND
3080	ZL	DATENSAETZE JE SEITE(60 ZEILEN)/SETZUNG
3090	A	AUSGABEANFANG/UEBERTRAGUNG
3090	J	ZEIGER IM DATENBLOCK/ANFANG
3090	J1	ZEIGER DATENSAETZE JE SEITE/ANFANG
3110	ZL	DATENSAETZE RESTSEITE/SETZUNG
3230	J1	ZEIGER DATENSAETZE JE SEITE/ERHOEHUNG
3240	A$	ANTWORT AUSGABE BEENDEN
3290	A	1.DATENSATZ DER SEITE/SETZUNG

9 DATENBLOCK von Diskette laden

3500	J	ZEIGER IM DATENBLOCK/ANFANG
3500	J1	ZEIGER DATENSATZ JE SEITE/ANFANG
3520	B$	PUFFER DER LAENGE I/VEREINBARUNG
3540	B$	DATENSATZ/LADEN
3550	J	ZEIGER IM DATENBLOCK/ERHOEHUNG
3550	X	ZAEHLER IM DATENBLOCK/ERHOEHUNG
3560	B$(J)	DATENSATZ J IM DATENBLOCK/UEBERTRAGUNG

10 DATENMASKE ausgeben

3800	A$	ANTWORT AUSGABE BEENDEN

11 DATEI anbinden/vergleichen

4000	DZ$	DRIVE-ZEICHEN 2.DATEI
4010	Z$	ANTWORT NAME 2.DATEI
4030	MZ$	DATENMASKE 2.DATEI/LADEN
4030	PZ	PROBANDENANZAHL(+1) 2.DATEI/LADEN
4030	RE	RESERVEPARAMETER 2.DATEI/LADEN

12 PROBANDEN löschen

4080	X;Y	ANTWORT DATEI-ABSCHNITT
4100	X$	DATEI-NAME 2.DATEI/UEBERTRAGUNG
4170	B$	PUFFER DER LAENGE I/VEREINBARUNG
4210	P	PROBANDENANZAHL(+1) 1.DATEI/ERHOEHUNG
4220	B$	DATENSATZ/LADEN
4260	A$	ANTWORT FORTSETZUNG VERGLEICH
4280	PX	ZEIGER 2.DATEI/ERHOEHUNG

13 Aufruf DATEI-Menue

6000	PN	ANTWORT PROBANDEN-NR.
6050	B$	PUFFER DER LAENGE I/VEREINBARUNG
6060	B$	DATENSATZ/LADEN
6060	E$	DATENSATZ/UEBERTRAGUNG
6100	A$	ANTWORT LOESCH-FREIGABE
6120	B$	DATENSATZ/LADEN
6140	P	PROBANDENANZAHL(+1)/REDUZIERUNG

4.4 Alphabetische Liste der Variablen

A

A	3090	AUSGABEANFANG/UEBERTRAGUNG
A	3290	1.DATENSATZ DER SEITE/SETZUNG
A$	0450	ANTWORT AUF KATALOGANGEBOT
A$	0510	ANTWORT FREIGABE NAME
A$	0530	ANTWORT AUF KOPIERANGEBOT
A$	0670	UMWANDLUNG STELLENZAHL IN ASCII-NR.
A$	2160	DATENATZ/DEPOT
A$	2500	ANTWORT ITEM-NR. ODER ITEM-NAME
A$	3240	ANTWORT AUSGABE BEENDEN
A$	3800	ANTWORT AUSGABE BEENDEN
A$	4260	ANTWORT FORTSETZUNG VERGLEICH
A$	6100	ANTWORT LOESCH-FREIGABE

B

B$	0550	DEPOT FUER DATEI-NAMEN
B$	2040	PUFFER LAENGE I/VEREINBARUNG
B$	2050	DATENSATZ/LADEN
B$	3520	PUFFER DER LAENGE I/VEREINBARUNG
B$	3540	DATENSATZ/LADEN
B$	4170	PUFFER DER LAENGE I/VEREINBARUNG
B$	4220	DATENSATZ/LADEN
B$	6050	PUFFER DER LAENGE I/VEREINBARUNG
B$	6060	DATENSATZ/LADEN
B$	6120	DATENSATZ/LADEN
B$(B1)	1050	SATZ B1 IM DATENBLOCK/UEBERTRAGUNG
B$(BL)	0130	DATENBLOCK
B$(J)	3560	DATENSATZ J IM DATENBLOCK/UEBERTRAGUNG
B1	1000	ZEIGER IM DATENBLOCK/ANFANG
B1	1050	ZEIGER IM DATENBLOCK/ERHOEHUNG
BL	0120	LAENGE DES DATENBLOCKS

D, E

D$	0140	ZEICHEN FUER AKTUELLEN DRIVE
D$	0560	DRIVE-ZEICHEN/UEBERTRAGUNG
D$	0590	DRIVE-ZEICHEN/RUECKGABE
DX$	0430	ANTWORT DRIVE-ZEICHEN
DZ$	3050	DRIVE-ZEICHEN/UEBERTRAGUNG
DZ$	4000	DRIVE-ZEICHEN 2.DATEI
E$	1020	STRING FUER DATENSATZ/ANFANG
E$	1550	EINGABE-STRING/VERKUERZEN
E$	1570	EINGABE-STRING/AUFBAU
E$	1600	EINGABE-STRING/LEERSTELLEN ERGAENZEN
E$	2050	DATENSATZ/UEBERNAHME
E$	2170	EINGABESTRING/TEILRESERVIERUNG
E$	2200	EINGABESTRING/ERGAENZUNG
E$	6060	DATENSATZ/UEBERTRAGUNG

F

F$	0150	NAME STAMMDATEI/EINGABE
F$	0570	ANTWORT NAME KOPIER-DATEI
F$	0590	NAME STAMMDATEI/WIEDERHERSTELLUNG
FN AS(X)	0420	UMWANDLUNG ZEICHEN IN STELLENZAHL

I, J

I	0820	LAENGE DES DATENSATZES/ANFANG
I	0860	GESAMTSTELLENZAHL/AUFBAU
J	0600	ITEM-NR./ANFANG
J	0690	ITEM-NR./ERHOEHUNG
J	1540	ITEM-NR./RUECKSETZEN
J	2510	ITEM-NR./SETZUNG
J	3090	ZEIGER IM DATENBLOCK/ANFANG
J	3500	ZEIGER IM DATENBLOCK/ANFANG
J	3550	ZEIGER IM DATENBLOCK/ERHOEHUNG
J0	1020	ZEIGER IM DATENSATZ/ANFANG
J0	2000	ITEM-ZEIGER/ANFANG
J0	2180	ITEM-NR./UEBERTRAGUNG
J1	3090	ZEIGER DATENSAETZE JE SEITE/ANFANG
J1	3230	ZEIGER DATENSAETZE JE SEITE/ERHOEHUNG
J1	3500	ZEIGER DATENSATZ JE SEITE/ANFANG

L

L	0630	ITEM-LAENGE/EINGABE
L	0660	ANPASSUNG AN ASCII-NR.
L	1430	ITEM-LAENGE/UEBERTRAGUNG
L	3050	LEERZEILE(DRUCKER)/NULL SETZEN
L	3060	ANTWORT LEERZEILE(DRUCKER)
L%(J)	0850	LAENGE ITEM NR. J/SETZUNG
L%(LP)	0130	FELD FUER ITEM-LAENGEN
LP	0120	MAXIMALE LAENGE DATENSATZ

M

M$	0600	DATENMASKE/ANFANG
M$	0680	DATENMASKE/AUFBAU
M$	0810	DATENMASKE/LADEN
ML	0700	LAENGE DATENMASKE/UEBERTRAGUNG
ML	0820	LAENGE DATENMASKE/UEBERTRAGUNG
MN$(J)	0630	ITEM-NAME/EINGABE
MN$(J)	0840	ITEM-NAME/LADEN
MN$(LP)	0130	FELD FUER ITEM-NAMEN
MZ$	4030	DATENMASKE 2.DATEI/LADEN

O, P

OU	3000	ANTWORT AUSGABEART
P	0700	PROBANDENZAHL(+1)/ANFANG
P	0810	PROBANDENANZAHL(+1)
P	1140	PROBANDENANZAHL/AUFBAU
P	4210	PROBANDENANZAHL(+1) 1.DATEI/ERHOEHUNG
P	6140	PROBANDENANZAHL(+1)/REDUZIERUNG
P$	0120	KENNZEICHEN PARAMETER-DATEI
PN	2000	PROBANDEN-NR./EINGABE
PN	6000	ANTWORT PROBANDEN-NR.
PW	0940	ZEIGER FUER WIEDERHOLUNG/AKTIV SETZEN
PX	4280	ZEIGER 2.DATEI/ERHOEHUNG
PZ	4030	PROBANDENANZAHL(+1) 2.DATEI/LADEN

R, S

RE	0810	RESERVE-PARAMETER/LADEN
RE	4030	RESERVEPARAMETER 2.DATEI/LADEN
S	1020	LAENGE DES DATENSATZES/ANFANG
S	1560	ZEIGER IM DATENSATZ/REDUZIERUNG
S	1610	GESAMTSTELLENZAHL/AUFBAU
S	2120	LAENGE DATENSATZ VOR ITEM NR.J/ANFANG
S	2140	LAENGE DATENSATZ VOR ITEM NR.J/AUFBAU
SP	3050	AUSGABE TV(80 SPALTEN)/SETZUNG
SP	3060	SPALTENANZAHL DRUCKER/EINGABE
SP$	0400	STRING FUER LEERSTELLEN/ANFANG
SP$	0410	STRING FUER LEERSTELLEN/AUFBAU

V, X

V	0260	GEWAEHLTE OPERATION
X	3030	ANTWORT ABSCHNITTSANFANG
X	3550	ZAEHLER IM DATENBLOCK/ERHOEHUNG
X$	0550	DEPOT FUER DRIVE-ZEICHEN
X$	3050	DATEI-NAME/UEBERTRAGUNG
X$	4100	DATEI-NAME 2.DATEI/UEBERTRAGUNG
X;Y	4080	ANTWORT DATEI-ABSCHNITT

Y, Z

Y	3030	ANTWORT ABSCHNITTSENDE
Y$	1470	EINZELZEICHEN/EINGABE OHNE RETURN
Z	3070	ZEILENZAHL JE PROBAND
Z$	4010	ANTWORT NAME 2.DATEI
ZL	3080	DATENSAETZE JE SEITE(60 ZEILEN)/SETZUNG
ZL	3110	DATENSAETZE RESTSEITE/SETZUNG

4.5 Benutzungsanleitung mit Beispiel

A. <u>Starten des Programmes</u>

Das Programm wird als BAUSTEIN des DATEI-Menues mit der
Ziffer 1 oder unter dem Namen GENERIEREN direkt von der
Diskette geladen und gestartet. Es folgt die Meldung

GENERIEREN EINER DATEI(83 CP/M)   DISKETTE IN DRIVE?

Man kann also den Drive für eine Stammdatei frei wählen
oder nach dem Start von einem Laufwerk zum anderen über-
wechseln. Nach der Angabe des gewünschten Laufwerkes folgt
die Abfrage zum Katalog-Angebot

    KATALOG (=ZWR)?

Durch Drücken der Leertaste(=ZWR) kann man die Namen aller
Dateien/Files der Diskette im gewählten Drive auflisten.
Das wird immer dann notwendig sein, wenn man festellen
will, ob sich eine bestimmte Datei auf der verwendeten
Diskette befindet. Antwortet man dagegen mit RETURN, so
wird die Katalogisierung übergangen und der Name einer
DATEI wird angefordert mit

    NAME DER STAMMDATEI?

Hat man den gewünschten Namen eingegeben, so erscheint
auf dem Bildschirm das Programm-Menue

```
    * MENUE-GENERIEREN *

O NEUE DATEI/MASKE
1 PROBANDEN EINGEBEN(ENDE=/)
2 KORREKTUR

3 AUSGABE

4 ANBINDEN
5 VERGLEICHEN
6 PROBANDEN LOESCHEN
7 PROGRAMM WAEHLEN

9 BEENDEN

WELCHE OPERATION? 9
```

Man wählt nun einen der angegebenen Arbeitsgänge durch
Eingabe der zugehörigen Ziffer aus. Bei einem regulären
Ablauf wird außer bei 7 oder 9 ins Menue zurückgekehrt.

B. <u>Beschreibung der Arbeitsgänge</u>

> **Ø NEUE DATEI/MASKE**

Dieser Arbeitsgang ist immer erforderlich, wenn eine neue
STAMMDATEI angelegt werden soll.

Damit eine DATEI gleichen Namens nicht versehentlich 'zerstört' wird, erfolgt zunächst die Abfrage (Bsp. TEST)

    IST TEST F R E I G E G E B E N (=1)??

Wird eine Ziffer ≠ 1 eingegeben, so kehrt das Programm an
die Abfrage des DRIVE-Zeichens mit dem Angebot zur Katalogisierung der DATEI-Namen zurück. Wird die Ziffer 1 eingegeben, so ist der gewählte Name freigegeben.

Um die Übernahme einer vorhandenen DATENMASKE für die neue
STAMMDATEI zu ermöglichen, wird das Kopieren der DATENMASKE
einer anderen DATEI angeboten durch die Abfrage

    MASKE/ITEM-NAMEN KOPIEREN(=1)?

Mit Ziffer 1 wird das Kopieren einer DATENMASKE von einer
anderen DATEI eingeleitet (näheres siehe unten).

Eingabe der Ziffer Ø eröffnet die Definition einer neuen
DATENMASKE für jeweils ein ITEM mit der Abfrage

    ITEM LAENGE,NAME (ENDE=0,/)
    1   ? 3, LFD. NR.

Zeilenweise wird die ITEM-Länge(Stellenzahl) und (durch
Komma getrennt) ein ITEM-Name eingegeben. Korrektur mit
der ← -Taste ist vor dem RETURN möglich. Der ITEM-Name
darf entfallen, das Komma nach der ITEM-Länge ist jedoch
erforderlich! Die Eingabe wird durch Ø,/ abgeschlossen.

Jetzt wird die AUSGABE der DATENMASKE angeboten mit

    AUSGABE: TV=0 DRUCKER =1 OHNE=2:

Man kann sich z.B. dafür entscheiden, die vorher eingegebenen ITEM-Angaben zunächst auf dem Bildschirm(TV) auszugeben
und auf ihre Korrektkeit zu überprüfen. Sind die Angaben
alle korrekt, so kann man anschließend ein Protokoll der
DATENMASKE auf dem DRUCKER herstellen. Deshalb kehrt das
Programm nach jedem AUSGABE-Vorgang zur obigen Abfrage
zurück. Man kann also mit Ziffer Ø zunächst die TV-Ausgabe
und danach mit Ziffer 1 die DRUCKER-Ausgabe vornehmen.

Wird die AUSGABE-Abfrage mit Ziffer 2(OHNE) beantwortet,
so wird die KORREKTUR der DATENMASKE angeboten mit
   WELCHES ITEM AENDERN (ENDE=0)?
Man kann also nachträglich ITEM-Längen oder ITEM-Namen
korrigieren, indem man die ITEM-Nr. eingibt. ITEM-Namen
sind -soweit vorhanden- bei der Identifizierung eines
ITEMS zugelassen. Gibt man also eine zulässige ITEM-Nr.
oder einen vorhandenen ITEM-Namen ein, so wird zur Ein-
gabe der betr. ITEM-Angaben zurückgekehrt. Nach jeder
Änderung wird wieder die AUSGABE der (korrigierten) DATEN-
MASKE angeboten. Will man weitere Angaben ändern, so kann
man die AUSGABE mit Ziffer 2 übergehen. Die Korrektur der
DATENMASKE wird insgesamt dann durch Eingabe der Ziffer Ø
als ITEM-Nummer abgeschlossen.
Jetzt wird die DATENMASKE auf der Diskette als gesonderte
Parameter-DATEI angelegt. Als DATEI-Name wird der Name der
STAMMDATEI mit nachgestelltem + verwendet. Würde der Name
damit zu lang, so wird das 11.Zeichen durch + ersetzt!
Achtung! Natürlich darf man in keinem Fall die Parameter-
DATEI versehentlich löschen oder ihren Namen für eine
STAMMDATEI verwenden!
Zum Abschluß des Arbeitsganges werden die DATEI-Parameter
in der folgenden Form ausgegeben:

                     DATEI: TEST

               ANZAHL DER PROBANDEN:
               ANZAHL DER STELLEN:
               ANZAHL DER ITEMS:

Übernahme einer vorhandenen DATENMASKE(Kopieren):
Nach Eingabe der Ziffer 1 auf die betr. Abfrage(s.oben)
wird wieder die DRIVE-Auswahl und die Katalogisierung angeboten. Dann wird der Name der DATEI abgefragt, deren
DATENMASKE kopiert werden soll. Nach der Übernahme wird
wie oben die AUSGABE und dann die KORREKTUR der DATENMASKE
abgefragt. Man kann also die kopierte DATENMASKE abändern.
Nach Abschluß der KORREKTUR mit Ziffer Ø folgt dann die
AUSGABE der DATEI-Parameter wie oben.

1 PROBANDEN EINGEBEN (ENDE=/)

Mit diesem Hauptarbeitsgang werden die eigentlichen Daten
für die einzelnen Probanden eingegeben und in die gewählte
Datei gespeichert.
Nach dem Aufruf mit Ziffer 1 wird ein Eingaberaster als
Zeile mit der Probandennummer und dem Datei-Namen eröffnet.
Danach wird für jedes Item eine Eingabezeile mit der Item-
nummer, dem Item-Namen(falls im Arbeitsgang Ø eingegeben)
und der Stellenzahl ausgegeben. Die Eingabe der Item-Werte
wird nach Erreichen der angeforderten Stellenzahl selbst-
tätig durch Übergang zur nächsten Eingabezeile beendet.
Man kann die Eingabe ggf. aber auch innerhalb eines Items
durch RETURN beenden, so daß man keine unnötigen Leerzeichen
eingeben muß. Man beachte, daß Kommata und Doppelpunkte als
Eingabe-Zeichen ausgeschlossen sind, weil sie als uner-
wünschte Trennzeichen innerhalb des Datensatzes wirken!
Will man den Arbeitsgang beenden, so muß man als 1.Zeichen
in Item 1 das Endezeichen / eingeben. Erst dieses Zeichen
löst die vollständige Abspeicherung in die Datei aus. Es
empfiehlt sich deshalb bei einer Unterbrechung der Daten-
eingabe das Endezeichen / zur Sicherheit einzugeben und
die Eingabe mit dem Arbeitsgang 1 neu aufzunehmen.
Während der Eingabe eines Items ist keine Korrektur möglich.
Man muß dann zunächst die Item-Eingabe fehlerhaft beenden.
Nach dem automatischen Übergang zum nächsten Item, kann man
mit der ← -Taste zu dem vorhergehenden fehlerhaften Item
zurückkehren und die korrekten Werte eingeben. Liegt eine
fehlerhafte Eingabe weiter zurück, so kann man die ← -Taste
mehrfach verwenden, muß dann aber von der erreichten Position alle Item-Werte neu eingeben.
Korrekturen nach der vollständigen Eingabe für einen Probanden erfolgen mit dem Arbeitsgang 2 KORREKTUR. Dafür ist es
zweckmässig, sich bereits bei der ersten Eingabe die Nummer
des Probanden und die fehlerhaften Items zu notieren. Am
besten sieht man dafür auf dem Originalbeleg einen Eintrag
vor.

```
┌─────────────────┐
│ 2 KORREKTUR     │
└─────────────────┘
```

Dieser Arbeitsgang dient der nachträglichen Korrektur von
fehlerhaft eingegebenen oder der Änderung bisheriger DATEN.
Nach dem Aufruf mit Ziffer 2 werden wie üblich die Anzahl
der Probanden, der Stellen und der Items ausgegeben. Dann
folgt die Abfrage

    WELCHER PROBAND (ENDE=0)?

Nach Eingabe der gewünschten PROBANDEN-Nr. wird der derzei-
tige DATENSATZ des betr. Probanden aus der Datei gelesen
und ausgegeben. Jetzt erfolgt der Korrektureinstieg mit

    WELCHES ITEM AENDERN (ENDE=0)?

Nach Eingabe der ITEM-Nr. oder des ITEM-Namens wird die
zeilenweise ITEM-Eingabe wie in 1 PROBANDEN EINGEBEN angeboten . Allerdings beginnt die Eingabe mit dem gewählten
Item und kann bei jedem folgenden Item mit Endezeichen /
abgebrochen werden. Danach kehrt das Programm an die Abfrage
der Item-Nummer für den gleichen Probanden zurück. Man kann
also die Korrektur stückweise (auch rückwärts) vornehmen.
Gibt man die Item-Nummer Ø ein, so wird wieder nach einem
(neuen) Probanden gefragt. Gibt man auch hier Ø ein, so
wird ins Menue zurückgekehrt, anderenfalls setzt man die
Korrekturen fort.
Nach jeder Eingabe des Endezeichens / wird die erfolgte
Änderung der Daten durch die Ausgabe der gesamten Datenbe-
legung des zugehörigen Probanden zur Kontrolle angeboten.
Es ist also möglich, Korrekturen innerhalb der Korrekturen
vorzunehmen.
Für die direkte Korrektur einer fehlerhaften Eingabe stehen
wieder die Möglichkeiten des Arbeitsganges 1 zur Verfügung.
Man kann also mit der ← -Taste zu niedrigeren Item-Nummern
gelangen, um Fehler zu korrigieren. Es ist dann notwendig,
bis zum Item mit der höchsten Nummer (Einstiegsitem) die
Korrekturen zu wiederholen, da sonst die bisherigen Werte
erhalten bleiben. Am besten legt man sich eine feste Ab-
laufroutine zurecht, um spätere Überraschungen zu vermeiden.

3 AUSGABE

Dieser Arbeitsgang dient der Ausgabe einer Datei auf dem
Bildschirm(TV) oder einem Drucker. Nach Aufruf mit Ziffer 3
erfolgt die Ausgabe der Dateiparameter und die Abfrage

    AUSGABE: TV=0 DRUCKER=1 OHNE=2:

Da das Programm nach Erledigung eines Ausgabevorganges an
diese Abfrage zurückkehrt, ist also eine Folge von Ausgabe-
aufträgen möglich mit einem Wechsel des Ausgabemediums. Der
Ausstieg erfolgt deshalb mit Ziffer 2 (ENDE).
Nach Eingabe der Ziffer Ø(TV) oder 1(Drucker) können aus
der gewählten Datei Abschnitte gewählt werden. Die Abfrage
lautet

    PROBAND X BIS PROBAND Y: X,Y?

Der gewünschte Abschnitt ist als Zahlenpaar anzugeben.
Die Ausgabe auf dem Drucker erfolgt seitenweise mit einer
Seitenüberschrift, die den Dateinamen und den ausgegebenen
Probandenabschnitt angibt.
Die Ausgabe auf dem Bildschirm erfolgt probandenweise. Die
Ausgabe wird mit ZWR(=Leertaste) fortgesetzt. Die Ausgabe
kann mit dem Endezeichen / abgebrochen werden.

Die Ausgabe der DATENSÄTZE erfolgt in der Rohform, d.h. ohne
Trennung der einzelnen ITEMS durch zusätzliche Leerstellen.
Diese Form dient vor allem der Kontrolle der DATEN. Um aber
unterschiedliche DRUCK-Breiten oder eine optische Trennung
der DATENSÄTZE zu ermöglichen, wird vor der Ausgabe die Anzahl der gewünschten DRUCK-Spalten und eine Leerzeile nach
jedem DATENSATZ abgefragt mit

    ANZAHL DRUCKSPALTEN,LEERZEILE?

Bei reiner TV-AUSGABE entfällt diese Abfrage. Bei DRUCKER-
AUSGABE kann man die DRUCK-Breite frei wählen. Wird als
zweite Zahl (durch Komma getrennt) keine Ø eingegeben, so
wird nach jedem DATENSATZ eine Leerzeile gedruckt.
Für eine optisch und auch inhaltlich komfortablere AUSGABE
der DATEN einer DATEI wird auf den BAUSTEIN des DATEI-Menues
FORMATIERTE DATEIAUSGABE verwiesen.

4 ANBINDEN

Mit diesem Arbeitsgang kann eine Stammdatei an eine andere
Datei angehängt werden. Voraussetzung dafür ist die vollständige Übereinstimmung in den Datenmasken beider Dateien.
Nach der Abfrage des gewünschten Drives mit der Möglichkeit
der Katalogisierung der Diskette erfolgt die Abfrage

    ANBINDEN /VERGLEICHEN DATEI:

Als Antwort ist der Name der Datei anzugeben, die ganz oder
teilweise an die bereits gewählte Stammdatei angebunden
werden soll. Bei Übereinstimmung der beiden Datenmasken
wird die Anzahl der Probanden in der anzubindenden Datei
ausgegeben. Dann erfolgt die Abfrage

    VON PROBAND X BIS Y: X,Y?

zur Eingabe der beiden Probandennummern X,Y (mit Komma als
Trennzeichen) für den anzubindenden Abschnitt X bis Y. Nach
dem Ende der Anbindung erfolgt die Meldung

    ANBINDUNG/VERGLEICH BEENDET!

und die Rückkehr ins Menue.
Stimmen die beiden Masken nicht überein, so erfolgt vor der
Rückkehr ins Menue die Meldung

    DATENMASKEN SIND VERSCHIEDEN!

Mit diesem Arbeitsgang ist es auch möglich,eine Datei zu
kopieren. Dazu muß man zunächst die Datenmaske mit dem
Arbeitsgang Ø NEUE DATEI/MASKE kopieren. Danach kann man
die zu kopierende Datei an die Datei mit Ø Probanden anbinden, so daß eine Kopie mit dem gleichen oder einem neu
gewählten Namen entsteht.

5 VERGLEICHEN

Der Arbeitsgang erlaubt den Vergleich zweier Dateien. Der
Aufruf beginnt wie bei 4 ANBINDEN mit der Abfrage

    ANBINDEN /VERGLEICHEN DATEI:

Stimmen die Datenmasken nach Eingabe des 2. Datei-Namens
überein, so kann eingegeben werden, von welchem Probanden
der Stammdatei ab der Vergleich beginnen soll

    VERGLEICH AB ORIG.-PROB.X:

6 PROBANDEN LOESCHEN

Mit diesem Arbeitsgang kann man die Daten für einzelne
Probanden in der Stammdatei löschen. Nach dem Aufruf mit
Ziffer 6 und der Auflistung der Dateiparameter erfolgt die
Abfrage

    WELCHER PROBAND(ENDE=0)?

Nach der Eingabe der Nummer des zu löschenden Probanden
wird zur Kontrolle der entsprechende Datensatz ausgegeben.
Um bei einem Irrtum, die Löschung zu unterlassen, wird
zusätzlich abgefragt

    PROBAND LOESCHEN(=L)?

Mit der Buchstabentaste L erfolgt dann die Löschung und
die Rückkehr zur Abfrage

    WELCHER PROBAND(ENDE=0)?0

Sind alle gewünschten Probanden gelöscht, so kann man mit
der Eingabe der Ziffer Ø ins Menue zurückkehren.
Man beachte, daß bei jeder Löschung der jeweils letzte
Proband der Datei in die entstandene Lücke eingesetzt wird.
Die Anzahl der Probanden vermindert sich natürlich um 1
je gelöschten Probanden. Auf der Datei-Diskette bleibt
jedoch ein Textfile mit der ursprünglichen Anzahl von
Datensätzen bestehen. Will man den Datei-File auf der Diskette auf die tatsächliche Anzahl der noch in der Datei
befindlichen Datensätze verkürzen, so ist das mit Hilfe des
Arbeitsganges Ø NEUE DATEI/MASKE und 4 ANBINDEN als
Kopieren der Restdatei möglich.
Beim Löschen von Daten in einer sortierten Datei wird mit
dem Auffüllen der Lücke die Sortierfolge zerstört. Man kann
diese Wirkung jedoch vermeiden, indem man statt der vollständigen Löschung der Daten lediglich mit Hilfe des
Arbeitsganges 2 KORREKTUR den Datensatz auf eine Kennzeichnung reduziert (dummy). Dabei muß man dann aber in
Kauf nehmen, daß die Anzahl der Probanden auch die dummies
enthält und die Dateilänge durch die Pseudolöschung nicht
reduziert wird.

7 PROGRAMM WAEHLEN

Mit der Ziffer 7 kann man in das BAUSTEIN-Menue zurückkehren. Nach dem Aufruf wird wieder die Übersicht über
die BAUSTEINE ausgegeben

```
        - DATEIMENUE -

GENERIEREN EINER DATEI   1

    TEILDATEI EINER DATEI      2

    SORTIEREN EINER DATEI      3

    VERBUND ZWEIER DATEIEN     4

   FORMATIERTE DATEIAUSGABE      5

  *STATISTISCHE AUSWERTUNG       7

        BEENDEN          9
```

Es ist also möglich, ohne Abbruch einen anderen BAUSTEIN
aufzurufen. Es werden dabei jedoch keinerlei DATEN direkt
übernommen, vielmehr werden durch das RUN alle Variablen
'gelöscht'(numerische Variable werden Null, Zeichenketten
als leer gesetzt). Natürlich kann man mit Ziffer 7 auch
den bisherigen BAUSTEIN erneut starten, etwa um den Namen
der DATEI zu wechseln.

9 BEENDEN

Das reguläre Ende eines Arbeitsablaufes ist mit Ziffer 9
in allen BAUSTEINEN möglich.
In manchen FLOPPY-DISK-Systemen ist es möglich, DATEIEN mit
einem speziellen DISK-Befehl(LOCK/UNLOCK) gegen zufälliges
Überschreiben zu sperren bzw. zu entsperren. Der Benutzer
muß selbst entscheiden, ob er davon in Arbeitsgang 9 einen
Gebrauch machen will. Wenn er das tut, muß allerdings beim
LESEN aus gesperrten DATEIEN vor dem betr. OPEN-Befehl stets
die Sperrung aufgehoben werden.

<u>Beispiel 1</u>. GENERIEREN EINER DATEI
                Arbeitsgang Ø NEUE DATEI/MASKE

GENERIEREN EINER DATEI(83 CP/M)

DISKETTE IN DRIVE? A

KATALOG (=ZWR)?

  NAME DER STAMMDATEI? BEISPIEL 1

     * MENUE *

0 NEUE DATEI/MASKE
1 PROBANDEN EINGEBEN(ENDE=/)
2 KORREKTUR

3 AUSGABE

4 ANBINDEN
5 VERGLEICHEN
6 PROBANDEN LOESCHEN
7 PROGRAMM WAEHLEN

9 BEENDEN

WELCHE OPERATION? 0

IST BEISPIEL 1 FREIGEGEBEN(=1)?? 1.

MASKE/ITEM-NAMEN KOPIEREN(=1)? 0

ITEM LAENGE,NAME (ENDE=0,/)
1   ? 3, LFD. NR.
2   ?18, NAME
3   ?12, VORNAME
4   ? 8, GEBURTSTAG
5   ?20, STRASSE/NR
6   ? 2, LAND
7   ? 4, PLZ
8   ?20, WOHNORT
9   ? 5, VORWAHL
10   ?8, TEL. NR.
11   ?0,/

AUSGABE: TV=0 DRUCKER=1 OHNE=2:? 1
DATEI BEISPIEL 1 DATENMASKE

ITEM   LAENGE   NAME
1   3   LFD. NR.
2   18   NAME
3   12   VORNAME
4   8   GEBURTSTAG
5   20   STRASSE/NR
6   2   LAND
7   4   PLZ
8   20   WOHNORT
9   5   VORWAHL
10   8   TEL. NR.

AUSGABE: TV=0 DRUCKER=1 OHNE=2:? 2

WELCHES ITEM AENDERN (ENDE=0)? 0

DATEI: BEISPIEL 1

 ANZAHL DER PROBANDEN:0
   ANZAHL DER STELLEN:100
    ANZAHL DER ITEMS:10

FREIER SPEICHER=29314

DISKETTE IN DRIVE? A

KATALOG (=ZWR)?

 NAME DER STAMMDATEI? BEISPIEL 1

Beispiel 1. GENERIEREN EINER DATEI

Arbeitsgang
   1 PROBANDEN EINGEBEN

DISKETTE IN DRIVE? A

KATALOG (=ZWR)?

NAME DER STAMMDATEI? BEISPIEL 1

     * MENUE *

0 NEUE DATEI/MASKE
1 PROBANDEN EINGEBEN(ENDE=/)
2 KORREKTUR

3 AUSGABE

4 ANBINDEN
5 VERGLEICHEN
6 PROBANDEN LOESCHEN
7 PROGRAMM WAEHLEN

9 BEENDEN

WELCHE OPERATION? 1

DATEI: BEISPIEL 1

  ANZAHL DER PROBANDEN:0
   ANZAHL DER STELLEN:96
    ANZAHL DER ITEMS:10

FREIER SPEICHER=29300

Arbeitsgang
 3 AUSGABE

```
AUSGABE: TV=0 DRUCKER=1 OHNE=2:? 1

PROBAND X BIS PROBAND Y: X,Y? 1,2

ANZAHL DRUCKSPALTEN,LEERZEILE? 61,1
DATEI :BEISPIEL 1   PROBAND 1 BIS 2


001MAIER-ROHR        SIEGLINDE   15.04.38GOETHESTR.7
D 3000HANNOVER                   0511  123456

002HAGEDORN          GERHARD     03.07.46WIESENGRUEN 19
CH8023ZUERICH                    01    2136518
```

```
PROBAND: 1           DATEI: BEISPIEL 1    PROBAND: 2           DATEI: BEISPIEL 1

IT.  NAME   LAENGE EINGABE (ENDE=/)       IT.  NAME   LAENGE EINGABE (ENDE=/)
1  LFD. NR.     3  :001                   1  LFD. NR.     3  :002
2  NAME        18  :MAIER-ROHR            2  NAME        18  :HAGEDORN
3  VORNAME     12  :SIEGLINDE             3  VORNAME     12  :GERHARD
4  GEBURTSTAG   8  :15.04.38              4  GEBURTSTAG   8  :03.07.56
5  STRASSE/NR  20  :GOETHESTR.7           5  STRASSE/NR  20  :
6  LAND         2  :D                     4  GEBURTSTAG   8  :03.07.46
7  PLZ          4  :3000                  5  STRASSE/NR  20  :WIESENGRUEN 19
8  WOHNORT     20  :HANNOVER              6  LAND         2  :CH
9  VORWAHL      5  :0511                  7  PLZ          4  :
10 TEL. NR.     8  :123456                8  WOHNORT     20  :
                                          7  PLZ          4  :8023
                                          8  WOHNORT     20  :ZUERICH
                                          9  VORWAHL      5  :01
                                          10 TEL. NR.     8  :2136518
```

5 TEILDATEI EINER DATEI

5.1 Überblick

Wenn wir uns die DATENSÄTZE einer DATEI zeilenweise als Ta-
belle angeordnet vorstellen, so stellt dieser Baustein eine
'Schere' dar, mit der wir ITEMS (=Spalten) und PROBANDEN
(=Zeilen) aus der DATEI (=Tabelle) ausschneiden können.
Das einfachste Anwendungsbeispiel ist die Suche nach einem
PROBANDEN mit einem bestimmten Merkmal. Es soll etwa zu einer
Telefon-Nummer, Name und Anschrift des Teilnehmers gesucht
werden. Diese Aufgabe löst dieser Baustein, allerdings mit
einem erheblichen Zeitaufwand. Um den gesuchten PROBANDEN zu
finden, wird nämlich jeder DATENSATZ der DATEI auf Identität
mit dem vorgegebenen ITEM-Wert (=Telefon-Nr. X) geprüft. Hier
unterscheidet sich dieses System von professionellen DATEN-
BANK-Systemen, die solche Suchaufgaben mittels Index-Bäumen
wesentlich schneller bewältigen, wobei dann ein erheblicher
Mehraufwand für Speicherplatz und Programmierung nötig ist.
Falls solche Einzel-Suchaufgaben häufiger vorkommen, empfiehlt
es sich, die DATEI bezüglich des Such-ITEMS zu sortieren und
dann z.B. in der sortierten Liste aller Telefon-Nummern die
gewünschten Namen und Anschriften extern zu ermitteln.
Zur Ermittlung einer TEILDATEI besitzt der Baustein drei vor-
bereitende Arbeitsgänge. Mit dem Arbeitsgang ITEMBLÖCKE WÄHLEN
werden die ITEMS festgelegt, die in die TEILDATEI übernommen
werden sollen. Das geschieht in ITEM-Blöcken, also Abschnitten
des DATENSATZES. Dabei kann auch die Reihenfolge innerhalb des
DATENSATZES für die TEILDATEI geändert werden. Man kann also
die ursprüngliche DATEI auf bestimmte ITEMS reduzieren und
diese noch in der Reihenfolge umstellen.
Die AUSWAHL von PROBANDEN erfolgt durch die Vorgabe von ITEM-
Werten und ITEM-Wertebereichen. Der Anwender hat dafür vier
Möglichkeiten. Es können Werte/Wertebereiche angegeben werden,
die zur LÖSCHUNG führt, d.h. PROBANDEN, die solche Werte/Werte-
bereiche aufweisen, werden <u>nicht</u> in die TEILDATEI aufgenommen.
Außerdem kann eine <u>positive</u> AUSWAHL durch WÄHL-Werte/Wertebe-
reiche vorgenommen werden. Für <u>alle</u> Werte/Wertebereiche muß
angegeben werden, ob sie als <u>absolute</u> oder <u>relative</u> Bedingung

gestellt werden. Absolute Bedingung heißt, daß der PROBAND
nur dann gelöscht bzw. gewählt wird, wenn er diesen Wert/
Wertebereich erfüllt(logisches UND). Relative Bedingung heißt,
daß ein PROBAND dann gelöscht bzw. gewählt wird, wenn er die
Bedingung erfüllt(logisches ODER). Erfüllt er die Bedingung
nicht, so entscheiden die restlichen Bedingungen über LÖSCHEN
bzw, WÄHLEN. Kennzeichen für eine absolute Bedingung ist ein
+ hinter dem angegebenen Wert, ein - dagegen definiert eine
relative Bedingung.
Will man z.B. aus einer Adress-DATEI alle PROBANDEN mit einer
Postleitzahl der OPD Hannover oder der OPD München auswählen,
so erreicht man das durch Angabe der WÄHL-Werte >2999+ mit
<4000+ und >7999- .
Der Vergleich mit den angegebenen Werten wird immer auf die
Stellenzahl der LÖSCH- bzw. WÄHL-Werte begrenzt. Im obigen
Beispiel hätte man also einfach >2+ mit <4+ und >7- angeben
können, um dasselbe Ergebnis zu erreichen! Hätte man außerdem
nur die PROBANDEN mit dem Anfangsbuchstaben M des Familien-
Namens neben den PLZ-Bedingungen auswählen wollen, so müßte
man zusätzlich den WÄHL-Wert =M+ angeben.
Eine Kombination von LÖSCH- und WÄHL-Bedingungen ergibt eine
Vielzahl von Auswahl-Möglichkeiten. Man beachte jedoch, daß
der Zeitaufwand für die Durchführung der Auswahl deutlich von
der Anzahl der vorgegebenen Werte abhängt.
Im Prinzip kann man natürlich aus einer TEILDATEI wieder eine
TEILDATEI mit weiteren Auswahl-Werten herstellen. Wenn man
dabei den DATENSATZ verkürzt bzw. die ITEMS umstellt, beziehen
sich die ITEM-Nummern stets auf die DATEI, aus der man aus-
wählt. Zur Sicherheit kann man sich die DATENMASKE dieser
DATEI mit dem Baustein GENERIEREN EINER DATEI ausgeben lassen.
Bei der Erzeugung einer TEILDATEI kann man mehrere DATEIEN
ohne erneute Eingabe der Auswahl-Werte nacheinander abarbeiten.
Am Ende jeder DATEI wird nach einer Anschluß-DATEI gefragt.
Ausgabeart Drucker/Diskette muß aber vorher festgelegt sein.
Die erzeugte TEILDATEI muß also auf einer Diskette Platz fin-
den. Ist die erzeugte TEILDATEI leer, so wird das angezeigt.

5.2 Programm (TEILDATEI EINER DATEI)

```
 1  Hauptprogramm
 2  Katalog DATEI-Namen anbieten
 3  DATEI-Parameter laden, aufbauen und ausgeben
 4  ITEM-Blöcke wählen
 5  ITEM-Nr. abfragen oder bestimmen
 6  LÖSCH-Werte abfragen
 7  Auswahl-Werte drucken
 8  WÄHL-Werte abfragen
 9  ITEM-Werte abfragen
10  Erzeugung der TEILDATEI
11  Auswahl aus STAMMDATEI
12  Prüfung der Auswahlbedingung
13  DATENBLOCK auf Diskette schreiben
14  Ausgabe
15  Aufruf DATEI-Menue
16  BEENDEN
```

1 Hauptprogramm   TEILDATEI EINER DATEI

Zeile   Wirkung

100	Löschen des Bildschirmes
110	Ausgeben des BAUSTEIN-Namens
120	Kennzeichen für DATEI-Parameter setzen:
	Länge des DATENBLOCKS setzen:
	Länge AL für Wertebereich Löschen/Wählen setzen
130-140	Dimensionierung DATENBLOCK und Wertebereiche
150	UP Katalogisierung DATEI-Namen anbieten:
	Drive-Zeichen auf D$ übertragen
160	Namen der STAMM-DATEI abfragen
170	UP DATEI-Parameter laden, aufbauen und ausgeben
180-240	BAUSTEIN-Menue ausgeben
250	Ziffer für gewählte Operation abfragen
260	Verzweigung auf die gewählte Operation
270	Rücksprung zur Menue-Ausgabe
280	Rückkehr bei unzulässiger Operation

2   Katalog DATEI-Namen anbieten

500	Funktion AS(X) zur Ermittlung der Stellenzahl
510	Drive-Zeichen abfragen
520	Katalog-Option abfragen
530-540	Rückkehr, falls Antwort kein ZWR(SPACE)
550	DATEI-Namen in Drive DX$ auflisten
560	Rücksprung zur Katalog-Option

3   DATEI-Parameter laden, aufbauen und ausgeben

600	Parameter-DATEI öffnen
610	DATEI-Parameter RE, P und M$ aus DATEI einlesen
620	Sprung zur Ausgabe, falls Anschluß-DATEI vorliegt
630	Länge der DATENMASKE auf ML übertragen
640	Felder für ITEM-Namen und -Längen dimensionieren
650	Stellenzahl, ITEM-Beginn und -Stellen auf Anfang
660	Schleife für Eingabe ITEM-Namen und Bildung der
	ITEM-Parameter(Anfang/Länge) eröffnen
670	ITEM-Namen von Parameter-DATEI einlesen
680-700	Stellenzahl für ITEM Nr. J sowie ITEM-Anfang und
	Gesamtstellenzahl I aufbauen
710	Wiederholung ITEM
720	Parameter-DATEI schließen
730-760	DATEI-Parameter und DATEI-Namen ausgeben
770	Freien Speicherplatz anzeigen
780	Rückkehr

1 Hauptprogramm

```
100   HOME
110   PRINT "TEILDATEI EINER DATEI(83 CP/M)"
120   P$ = "+": BL = 50: WL = 10: AL = 10
130   DIM B$(BL), T$(BL), W$(2*WL,AL)
140   DIM W(2*WL), W1(2*WL), IL(WL), IR(WL)
150   GOSUB 500: D$ = DX$
160   PRINT : INPUT "NAME DER STAMMDATEI?";F$
170   GOSUB 600
180   PRINT : PRINT "  ** MENUE-TEILDATEI **"
190   PRINT : PRINT " 1 ITEMBLOECKE WAEHLEN"
200   PRINT : PRINT " 2 ITEMWERTE LOESCHEN"
210   PRINT : PRINT " 3 ITEMWERTE WAEHLEN"
220   PRINT : PRINT " 5 TEILDATEI ERZEUGEN"
230   PRINT : PRINT " 7 PROGRAMM WAEHLEN"
240   PRINT : PRINT " 9 BEENDEN"
250   PRINT : INPUT "WELCHE OPERATION?";V
260   ON V GOSUB 1000,2000,3000,280,5000,280,8000,280,9000
270   GOTO 180
280   RETURN
```

2 Katalog DATEI-Namen anbieten

```
500 DEF  FN AS(X) = ASC(MID$(M$,X,1)) -7*INT(ASC(MID$(M$,X,1))
510 PRINT : INPUT "DISKETTE IN DRIVE?";DX$            /65)-48
520   PRINT : PRINT "KATALOG (=ZWR)?";
530 GET A$ :  IF A$ = "" THEN 530
540   PRINT: IF A$ < > CHR$(32) THEN RETURN
550   RESET: FILES DX$ + ":" + "*.*"
560   GOTO 520
```

3 DATEI -Parameter laden, aufbauen und ausgeben

```
600 OPEN"I",#1,D$+": "+LEFT$(F$,10)+P$
610 INPUT#1,RE,P,M$
620   IF AN$ = "1" THEN 720
630 ML =  LEN (M$)
640 DIM MN$(ML), MT$(ML), L%(ML), A%(ML)
650 I = 0: A%(0) = 1: L%(0) = 0
660   FOR J = 1 TO ML
670 INPUT#1,MN$(J)
680 L%(J) =   FN AS(J)
690 A%(J) = A%(J - 1) + L%(J - 1)
700 I = I + L%(J)
710   NEXT
720 CLOSE#1
730   PRINT : PRINT "DATEI: "F$
740   PRINT : PRINT " ANZAHL DER PROBANDEN: ";P - 1
750   PRINT "   ANZAHL DER STELLEN: "; I
760   PRINT "      ANZAHL DER ITEMS: ";ML
770   PRINT:PRINT"FREIER SPEICHER="FRE(0): PRINT
780   RETURN
```

4   ITEMBLÖCKE WÄHLEN

Zeile	Wirkung
1000	Überschrift ausgeben
1010	Block-Nr. J: Stellenzahl IT TEILDATEI: DATENMASKE TEILDATEI: Block-Anfang IL(1) auf Anfang setzen
1020	Eingabeüberschrift Block-Anfang ausgeben
1030	UP ITEM Nr. abfragen oder bestimmen
1040	Rückkehr, falls Ende-Zeichen Ø vorliegt
1050	ITEM-Nr. abspeichern
1060	Eingabeüberschrift Block-ende ausgeben
1070	UP ITEM Nr. abfragen oder bestimmen
1080	ITEM-Nr. abspeichern
1090	Sprung, falls Block zulässig ist
1100	Anzeige, daß Block unzulässig: Rücksprung Eingabe
1110	Schleife für ITEMS im Block eröffnen
1120	Stellenzahl in DATENMASKE der TEILDATEI übertragen
1130	Name aus STAMMDATEI für TEILDATEI übertragen
1140	Wiederholung ITEM im Block
1150	Anfang des Blocks im DATENSATZ bestimmen/speichern
1160	Länge des ITEM-Blocks bestimmen/speichern
1170	Stellenzahl TEILDATEI erhöhen
1180	Block-Nr. erhöhen
1190	Rücksprung zur Eingabe, falls möglich
1200	Anzeige, daß Wertebereich für Blöcke erschöpft
1210	Rückkehr ins Menue

5   ITEM-Nr. abfragen oder bestimmen

Zeile	Wirkung
1500	Abfrage ITEM-Nr. oder ITEM-Name
1510	Numerischen Wert der Antwort bilden
1520	Rückkehr, falls Ende-Zeichen Ø vorliegt
1530	Rückkehr, falls ITEM-Nr. zulässig
1540	Schleife von 1 bis ML(Anzahl der ITEMS) eröffnen
1550	Rückkehr, falls zulässiger ITEM-Name gefunden
1560	Wiederholung ITEM-Nr.
1570	Anzeige, daß kein ITEM-Name zu A$ gefunden
1580	Rücksprung zur Abfrage ITEM

4   ITEMBLÖCKE WÄHLEN

```
1000  PRINT : PRINT "WAHL VON ITEMBLOECKEN"
1010 J = 1: IT = 0: M1$ = "":  IL(J) = 0
1020  PRINT : PRINT "BLOCK-ANFANG: ";
1030  GOSUB 1500
1040  IF T = 0 THEN RETURN
1050 IL(J) = T
1060  PRINT : PRINT "BLOCK-ENDE   : ";
1070  GOSUB 1500
1080 IR(J) = T
1090  IF IL(J) <  = IR(J) AND IR(J) <  = ML THEN 1110
1100  PRINT : PRINT "BLOCK FALSCH!": GOTO 1020
1110  FOR K = IL(J) TO IR(J)
1120 M1$ = M1$ +  MID$ (M$,K,1)
1130 MT$( LEN (M1$)) = MN$(K)
1140  NEXT K
1150 IL(J) = A%(IL(J))
1160 IR(J) = A%(IR(J)) - IL(J) + L%(IR(J))
1170 IT = IT + IR(J)
1180 BJ = J:  J = J + 1
1190  IF J < WL THEN 1020
1200  PRINT: PRINT "BLOCK-ANZAHL ERSCHOEPFT!"
1210  RETURN
```

5   ITEM-Nr. abfragen oder bestimmen

```
1500 INPUT " ITEM (ENDE=0)?";A$
1510 T =  VAL (A$)
1520  IF A$ = "0" THEN RETURN
1530  IF T > 0 AND T <  = ML THEN  RETURN
1540  FOR T = 1 TO ML
1550  IF MN$(T) = A$ THEN  RETURN
1560  NEXT T
1570  PRINT : PRINT A$" EXISTIERT NICHT!"
1580  GOTO 1500
```

6 LÖSCH-Werte abfragen

Zeile	Wirkung
2000	ITEM-Zähler auf Anfang setzen
2010	Überschrift ausgeben
2020	UP ITEM-Nr. abfragen oder bestimmen
2030	Sprung zur Ausgabe, falls Ende-Zeichen vorliegt
2040	UP LÖSCH-Werte für ITEM Nr. T abfragen
2050	Zähler LÖSCH-ITEM auf J setzen
2060	ITEM-Zähler erhöhen
2070	Rücksprung zur Abfrage, falls noch möglich
2080	Anzeigen, daß Wertebereich erschöpft ist
2090	Rückkehr, falls keine LÖSCH-Werte gewünscht
2100	Abfrage, ob LÖSCH-Werte gedruckt werden sollen
2110	Rückkehr, falls keine Ausgabe gewünscht
2120	Überschrift für LÖSCHWERTE drucken
2130	Schleife für L1 LÖSCHWERTE eröffnen
2140	UP Auswahl-Werte drucken
2150	Wiederholung LÖSCHWERT
2160	Rückkehr

7 Auswahl-Werte drucken

2800	Zeilenvorschub: ITEM-Nr. auf T übertragen
2810	Überschrift mit ITEM-Nr.,-Name,-Stellen ausgeben
2820	Schleife für Werte eröffnen
2830	Wert drucken
2840	Wiederholung Wert
2850	Rückkehr

8 WÄHL-Werte abfragen

3000	ITEM-Zähler auf Anfang setzen
3010	Überschrift ausgeben
3020	UP ITEM-Nr. abfragen oder bestimmen
3030	UP ITEM-Nr. abfragen oder bestimmen
3040	Sprung zur Ausgabe, falls Ende-Zeichen vorliegt
3050	ITEM-Zähler übertragen
3060	ITEM-Zähler erhöhen
3070	Rücksprung zur Abfrage, falls noch möglich
3080	Anzeigen, daß Wertebereich erschöpft ist
3090	Rückkehr, falls keine WÄHL-Werte gewünscht
3100	Abfrage, ob WÄHL-Werte gedruckt werden sollen
3110	Rückkehr, falls keine Ausgabe gewünscht
3120	Überschrift für WÄHLWERTE drucken
3130	Schleife für W1 WÄHLWERTE eröffnen
3140	UP Auswahl-Werte drucken
3150	Wiederholung WÄHLWERTE
3160	Rückkehr

6   LÖSCH-Werte abfragen

```
2000 J = 1: L1 = 0
2010  PRINT : PRINT "LOESCHEN";
2020  GOSUB 1500
2030  IF T = 0 THEN 2090
2040  GOSUB 4000
2050 L1 = J
2060 J = J + 1
2070  IF J < = AL THEN 2020
2080  PRINT : PRINT "LOESCHEN ERSCHOEPFT!"
2090  IF L1 = 0 THEN RETURN
2100 PRINT: INPUT "LOESCHWERTE DRUCKEN (=1)?";A$
2110  IF A$ < > "1" THEN RETURN
2120  LPRINT: LPRINT"LOESCHWERTE DATEI:"F$
2130  FOR J = 1 TO L1
2140  GOSUB 2800
2150  NEXT
2160  RETURN
```

7   Auswahl-Werte drucken

```
2800  LPRINT: T = W1(J)
2810  LPRINT "ITEM " T TAB(10) MN$(T) "("L%(T)")"
2820  LPRINT: FOR K = 1 TO W(J)
2830  LPRINT: LPRINT W$(J,K)
2840  NEXT
2850  RETURN
```

8   WÄHL-Werte abfragen

```
3000 J = WL + 1: W1 = 0
3010  PRINT : PRINT "WAEHLEN";
3020  GOSUB 1500
3030  IF T = 0 THEN 3090
3040  GOSUB 4000
3050 W1 = J
3060 J = J + 1
3070  IF J <= 2*WL THEN 3020
3080  PRINT : PRINT "WAEHL-ITEMS ERSCHOEPFT!"
3090  IF W1 = 0 THEN RETURN
3100 PRINT: INPUT "WAEHLWERTE DRUCKEN (=1)?";A$
3110  IF A$ < > "1" THEN RETURN
3120  LPRINT: LPRINT"WAEHLWERTE DATEI:"F$
3130  FOR J = WL + 1 TO W1
3140  GOSUB 2800
3150  NEXT
3160  RETURN
```

9 ITEM-Werte abfragen

Zeile   Wirkung

4000   Bildschirm löschen: Überschrift ausgeben
4010   Zähler auf Anfang: ITEM-Nr. speichern
4020   Eingabezeile mit ITEM-Nr.,-Name,-Stellen ausgeben
4030   Auswahlwert abfragen
4040   Rückkehr, falls Ende-Zeichen vorliegt
4050   1.Zeichen auf Y$, letztes auf T$ übertragen
4060   Sprung Annahme, falls 1.Zeichen zulässig ist
4070   Anzeigen, daß Wert nicht korrekt angegeben ist
4080   Rücksprung Anzeige, falls letztes Zeichen falsch
4090   Auswahlwert auf E$ übertragen
4100   Zähler speichern
4110   Zähler erhöhen·
4120   Rücksprung zur Abfrage, falls das noch möglich ist
4130   Anzeigen, daß Wertebereich erschöpft ist
4140   Rückkehr

10 Erzeugung der TEILDATEI

5000   Sprung, falls ein ITEM-BLOCK existiert
5010   Anzeige, daß kein ITEM-BLOCK existiert: Rückkehr
5020   Abfrage, ob TEILDATEI auf Diskette gewünscht ist
5030   Sprung, falls TEILDATEI nicht auf Diskette
5040   UP Katalog DATEI-Namen:Drive-Zeichen übertragen
5050   Abfrage des für die TEILDATEI gewünschten Namens
5060-5070 Freigabe des TEILDATEI-Namens abfragen
5080   Rücksprung Namens-Abfrage, falls keine Freigabe
5090   Ausgabeart für TEILDATEI abfragen
5100   Spaltenzahl TV setzen: Leerzeile(DRUCK) auf Null
5110   Anzahl DRUCKSPALTEN, LEERZEILE bei DRUCK abfragen
5120   Anzahl für TEILDATEI und BLOCK-Zähler auf Anfang
5130   UP AUSWAHL aus STAMMDATEI durchführen
5140   Bildschirm löschen:Ende STAMMDATEI anzeigen
5150   Abfrage, ob Anschluß-DATEI gewünscht wird
5160   Sprung, falls keine Anschluß'DATEI gewünscht ist
5170   UP Katalog DATEI-Namen:Drive-Zeichen übertragen
5180   Namen der Anschluß-DATEI abfragen
5190   DATENMASKE retten: UP Parameter Anschluß laden
5200   Rücksprung AUSWAHL, falls DATENMASKEN identisch
5210   Anzeige, daß DATENMASKEN nicht identisch sind
5220   UP BLOCK auf Diskette schreiben, falls nicht leer
5230   Sprung, falls TEILDATEI nicht leer ist
5240   Anzeige, daß TEILDATEI leer ist: Rückkehr
5250   Sprung, falls keine Speicherung oder Anschluß

5260-5310 Parameter TEILDATEI auf Diskette in DR$ schreiben

5320-5350 Parameter der TEILDATEI ausgeben

5360   Rückkehr

9 ITEM-Werte abfragen

```
4000  HOME: PRINT "BEGINN <,>,=   ENDE +,-";
4010  K = 1: W1(J) = T
4020  PRINT"ITEM " T TAB(10)MN$(T) "("LZ(T)")"TAB(24)"(ENDE=/)"
4030 INPUT E$
4040  IF E$ = "/" OR E$ = "" THEN RETURN
4050 Y$ = LEFT$(E$,1): T$ = RIGHT$(E$,1)
4060  IF Y$ = "<" OR Y$ = ">" OR Y$ = "=" THEN 4080
4070  PRINT TAB(20) "WERT UNZULAESSIG!": GOTO 4020
4080  IF T$ < > "+" AND T$ < > "-" THEN 4070
4090 W$(J,K) = E$
4100 W(J) = K
4110 K = K + 1
4120  IF K <= AL THEN 4030
4130  PRINT: PRINT "WERTEBEREICH ERSCHOEPFT!"
4140  RETURN
```

10 Erzeugung der TEILDATEI

```
5000  IF IL(1) > 0 THEN 5020
5010  PRINT : PRINT "ITEMBLOECKE WAEHLEN!": RETURN
5020 PRINT : INPUT "ERGEBNIS AUF DISKETTE (=1)?"; BS
5030  IF BS < > 1 THEN 5090
5040  GOSUB 510: DR$ = DX$
5050 PRINT : PRINT : INPUT "NAME DER TEILDATEI?"; S$
5060  PRINT : PRINT "DATEI "S$" FREIGEGEBEN (=1)?";
5070 INPUT A$
5080  IF A$ < > "1" THEN 5020
5090  PRINT : INPUT "AUSGABE: TV=0   DRUCKER=1   OHNE=2: "; OU
5100 SP = 80: LZ = 0: PRINT
5110 IF OU = 1 THEN INPUT"ANZAHL DRUCKSPALTEN,LEERZEILE?"; SP,LZ
5120 E = 1: B1 = 0
5130  GOSUB 6000
5140  HOME: PRINT "ENDE DATEI "F$" ERREICHT!"
5150 PRINT : INPUT "ANSCHLUSSDATEI (=1)?"; AN$
5160  IF AN$ < > "1" THEN 5220
5170  GOSUB 510: D$ = DX$
5180 PRINT : INPUT "NAME DER ANSCHLUSSDATEI?"; F$
5190 A$ = M$: GOSUB 600
5200  IF M$ = A$ THEN 5130
5210  PRINT F$" HAT ANDERE STRUKTUR!!": GOTO 5150
5220  IF B1 > 0 THEN GOSUB 6800
5230  IF E > 1 THEN 5250
5240  PRINT : PRINT "TEILDATEI IST L E E R!!": RETURN
5250  IF BS <> 1 OR AN$ = "1" THEN 5320
5260 OPEN"O", #1, DR$+": "+LEFT$(S$, 10)+P$
5270  PRINT#1, RE, E, M1$
5280  FOR J = 1 TO ML
5290  PRINT#1, MT$(J)
5300  NEXT
5310  CLOSE#1
5320  HOME: PRINT"DATEI: "S$
5330  PRINT: PRINT" ANZAHL DER PROBANDEN: "E - 1
5340  PRINT "   ANZAHL DER STELLEN: "IT
5350  PRINT "    ANZAHL DER ITEMS: "LEN(M1$)
5360  RETURN
```

11   Auswahl aus STAMMDATEI

Zeile	Wirkung
6000	Öffnen der STAMMDATEI
6010	Puffer mit Stellenzahl I belegen
6020	Schleife für Lesen in den DATENBLOCK eröffnen
6030	Probandenanfang in STAMMDATEI bestimmen
6040	Probandenende in STAMMDATEI bestimmen
6050	Sprung, falls DATENBLOCK voll belegt wird
6060	Ende im DATENBLOCK bei Teilbelegung bestimmen
6070	Zeiger im DATRNBLOCK auf Anfang setzen
6080	Schleife für Lesen in DATENBLOCK eröffnen
6090	DATENSATZ K von STAMMDATEI laden
6100	Puffer R$ in DATENBLOCK schreiben an Stelle BB
6110	Zeiger im DATENBLOCK erhöhen
6120	Wiederholung DATENSATZ laden
6130	Beginn der Auswahl aus Block B anzeigen
6140	Anzahl der DATENSÄTZE auf Zeiger BB setzen
6150	Schleife für die BB DATENSÄTZE eröffnen
6160	Sprung zu Wähl-Werten, falls keine Lösch-Werte
6170	Zeiger für logische Bedingung auf Anfang setzen
6180	Schleife für LÖSCH-ITEMS eröffnen
6190	ITEM-Nr. übertragen: Anzahl der Werte übertragen
6200	UP Prüfen, ob PROBAND N LÖSCH-Bedingung erfüllt
6210	Sprung nächster PROBAND, falls gelöscht wird
6220	Wiederholung nächstes LÖSCH-ITEM
6230	Sprung, falls LÖSCH-Bedingung erfüllt ist
6240	Sprung zur Übernahme, falls keine WÄHLwerte
6250	Zeiger für logische Bedingung auf Anfang setzen
6260	Schleife für WÄHL-ITEMS eröffnen
6270	ITEM-Nr. übertragen: Anzahl der Werte übertragen
6280	UP Prüfen, ob PROBAND N WÄHL-Bedingung erfüllt
6290	Sprung zur Übernahme, falls ODER-Bedingung erfüllt
6300	Wiederholung nächstes WÄHL-ITEM
6310	Nichtübernahme, falls WÄHL-Bedingung nicht erfüllt
6320	String auf Anfang setzen
6330	Schleife für BJ ITEM-Blöcke eröffnen
6340	ITEM-Block ausschneiden und auf A$ übertragen
6350	Auschnitt für ITEM-Block C anfügen
6360	Wiederholung nächster ITEM-Block
6370	Zähler im Block erhöhen:DATENSATZ in TEILDATEI
6380	Anzahl in TEILDATEI erhöhen
6390	UP BLOCK in TEILDATEI schreiben, falls gefüllt
6400	Wiederholung nächster PROBAND
6410	Wiederholung nächster DATENBLOCK
6420	STAMMDATEI schließen
6430	Rückkehr

11 Auswahl aus STAMMDATEI

```
6000 OPEN"R",#1,D$ + ":" + F$,I + 1
6010 FIELD#1,I AS B$
6020  FOR B = 1 TO  INT ((P - 2) / BL) + 1
6030 PA = BL * (B - 1) + 1
6040 PE = BL * B
6050  IF P - 1 > BL * B THEN 6070
6060 PE = P - 1
6070 BB = 1
6080  FOR K = PA TO PE
6090 GET#1,K
6100 B$(BB) = B$
6110 BB = BB + 1
6120  NEXT
6130  PRINT"AUSWAHL BLOCK "B
6140 BB = PE - PA + 1
6150  FOR N = 1 TO BB
6160 W = 0
6170  IF L1 = 0 THEN 6240
6180  FOR C = 1 TO L1
6190 T = W1(C): KL = W(C)
6200  GOSUB 6500
6210  IF W = 1 THEN 6400
6220  NEXT
6230  IF W = 3 THEN 6400
6240  IF W1 = 0 THEN 6320
6250 W = 0
6260  FOR C = WL + 1 TO W1
6270 T = W1(C): KL = W(C)
6280  GOSUB 6500
6290  IF W = 1 THEN 6320
6300  NEXT
6310  IF W = 2 OR W = 0 THEN 6400
6320 T$ = ""
6330  FOR C = 1 TO BJ
6340 A$ =  MID$ (B$(N),IL(C),IR(C))
6350 T$ = T$ + A$
6360  NEXT
6370 B1 = B1 + 1: T$(B1) = T$
6380 E = E + 1
6390  IF B1 = BL THEN GOSUB 6800
6400  NEXT N
6410  NEXT B
6420 CLOSE#1
6430  RETURN
```

12 Prüfung der Auswahlbedingung

Zeile	Wirkung
6500	Stellenzahl für ITEM Nr. T übertragen
6510	ITEM Nr. T aus DATENSATZ N ausschneiden
6520	Schleife für KL auswahlwerte eröffnen
6530	Auswahl-Wert auf E$ übertragen
6540	1.Zeichen des Wertes auf Y$, letztes auf T$
6550	1. und letztes Zeichen in E$ löschen
6560	ITEM-Wert des PROBANDEN auf E$ abstimmen
6570	Sprung, falls Kleiner-Bedingung vorliegt
6580	Sprung, falls Größer-Bedingung vorliegt
6590	Sprung, falls Gleich-Bedingung nicht erfüllt ist
6600	Sprung, falls Gleich-Bedingung erfüllt ist
6610	Sprung, falls Größer-Bedingung erfüllt ist
6620	Sprung, falls Größer-Bedingung nicht erfüllt ist
6630	Sprung, falls Kleiner-Bedingung erfüllt ist
6640	Sprung nächster Wert, falls ODER-Bedingung(falsch)
6650	Zeiger setzen UND-Bedingung nicht erfüllt: Sprung
6660	Sprung, falls UND-Bedingung (wahr)
6670	Zeiger ODER-Bedingung erfüllt: Rückkehr (Treffer)
6680	Zeiger auf Treffer, falls UND-Bedingungen erfüllt
6690	Wiederholung nächster Auswahlwert
6700	Rückkehr

13 DATENBLOCK auf Diskette schreiben

6800	UP Ausgabe, falls gewünscht und
6810	Sprung, falls keine Abspeicherung gewünscht ist
6820	Öffnen TEILDATEI in Drive DR$
6830	Puffer mit Stellenzahl I für T$ vereinbaren
6840	Schleife für Speicherung von B1 DATENSÄTZEN
6850	DATENSATZ in Puffer schreiben und wegschreiben
6860	Wiederholung nächster DATENSATZ
6870	TEILDATEI schließen
6880	Zeiger im DATENBLOCK rücksetzen
6890	Rückkehr zur Auswahl

12 Prüfung der Auswahlbedingung

```
6500 L = L%(T)
6510 B$ = MID$(B$(N),A%(T),L)
6520  FOR K = 1 TO KL
6530 E$ = W$(C,K)
6540 Y$ = LEFT$(E$,1): T$ = RIGHT$(E$,1)
6550 E$ = MID$(E$,2,LEN(E$)-2)
6560 B$ = LEFT$(B$,LEN(E$))
6570  IF Y$ = "<" THEN 6630
6580  IF Y$ = ">" THEN 6610
6590  IF B$ < > E$ THEN 6640
6600  GOTO 6660
6610  IF B$ > E$ THEN 6660
6620  GOTO 6640
6630  IF B$ < E$ THEN 6660
6640  IF T$ = "-" THEN 6690
6650 W = 2: GOTO 6690
6660  IF T$ = "+" THEN 6680
6670 W = 1: RETURN
6680  IF W < > 2 THEN W = 3
6690  NEXT
6700  RETURN
```

13 DATENBLOCK auf Diskette schreiben

```
6800  IF OU < 2 AND B1 > 0 THEN  GOSUB 7000
6810  IF BS < > 1 THEN 6880
6820  OPEN"R",#2,DR$ + ":" + S$,I + 1
6830  FIELD#2,I AS T$
6840  FOR K = 1 TO B1
6850  LSET T$ = T$(K): PUT#2,BL*INT((E - 2)/BL) + K
6860  NEXT
6870  CLOSE#2
6880  B1 = 0
6890  RETURN
```

14 Ausgabe

Zeile	Wirkung
7000	Anzahl der Ausgabe-Zeilen je PROBAND bilden
7010	Anzahl der PROBANDEN je BL Zeilen(Seite) bilden
7020	PROBANDEN-Nr. für Ausgabe auf Anfang setzen
7030	Sprung zur Ausgabe, falls noch nicht letzte Seite
7040	Anzahl der PROBANDEN für letzte Seite bilden
7050	TV löschen: Sprung, falls keine DRUCKER-Ausgabe
7060-7070	Überschrift und Abschnitt drucken
7080-7090	Überschrift und Abschnitt ausgeben(TV)
7100	Schleife für eine Seite eröffnen
7110	PROBANDEN-Nr. auf Bildschirm ausgeben
7120	Schleife für Ausgabe eines DATENSATZES eröffnen
7130	DRUCKER-Ausgabe Zeile, falls angefordert
7140	Ausgabe Zeile DATENSATZ auf Bildschirm
7150	Wiederholung Zeile DATENSATZ
7160	Sprung bei DRUCKER-Ausgabe
7170	Abbruch mit /-Zeichen abfragen(Tastatur)
7180	Rückkehr/Abbruch bei Ende-Zeichen /
7190	DRUCK Leerzeile, falls gesetzt
7200	Wiederholung DATENSATZ
7210	Seitenvorschub bei DRUCKER-Ausgabe
7220	PROBANDEN-Zähler auf Anfang nächste Seite setzen
7230	Ausgabe nächste Seite, falls vorhanden
7240	Rückkehr

15 Aufruf DATEI-Menue

8000	Laden und Starten des DATEI-Menues

16 BEENDEN

9000	Arbeitsablauf beenden

14 Ausgabe

```
7000 Z = INT ((IT - 1)/SP) + 1
7010 ZL = INT(BL/(Z + SGN(LZ))) - 1
7020 A = E - B1
7030  IF (E - A)*(Z + SGN(LZ)) > BL THEN 7050
7040 ZL = E - A - 1
7050   HOME: IF OU = 0 THEN 7080
7060 LPRINT "TEILDATEI "S$ TAB(25) "AUS "F$: LPRINT
7070 LPRINT "PROBAND "A" BIS "A + ZL: LPRINT
7080  PRINT "TEILDATEI "S$ TAB(25) "AUS "F$: PRINT
7090  PRINT  SPC( 22)"PROBAND "A" BIS "A + ZL: PRINT
7100  FOR J = 0 TO ZL
7110  PRINT "PROBAND "A + J
7120  FOR K = 1 TO Z
7130  IF OU = 1 THEN LPRINT MID$(T$(J),SP * (K - 1) + 1,SP)
7140  PRINT  MID$ (T$(J),SP * (K - 1) + 1,SP)
7150  NEXT
7160  IF OU = 1 THEN 7190
7170 GET A$: IF A$ = "" THEN 7170
7180  PRINT: IF A$ = "/" THEN RETURN
7190  IF LZ <> 0 THEN LPRINT
7200  NEXT
7210  IF OU = 1 THEN LPRINT CHR$(12)
7220  A = A + ZL + 1
7230  IF A < E - 1 THEN 7030
7240  RETURN
```

15 Aufruf DATEI-Menue

```
8000 RUN "DATEI"
```

16 BEENDEN

```
9000 END
```

5.3 Zeilenweise Liste der Variablen

1 Hauptprogramm

0120	AL	ANZAHL LOESCH-/WAEHLWERTE JE ITEM
0120	BL	LAENGE DER DATENBLOECKE
0120	P$	KENNZEICHEN PARAMETER-DATEI
0120	WL	ANZAHL ITEM-BLOECKE; AUSWAHLITEMS
0130	B$(BL)	DATENBLOCK FUER STAMMDATEI
0130	T$(BL)	DATENBLOCK FUER TEILDATEI
0130	W$(;)	FELD FUER LOESCH- BZW. WAEHLWERTE
0140	IL(WL)	ANFANG EINES ITEM-BLOCKS
0140	IR(WL)	ENDE BZW. LAENGE EINES ITEM-BLOCKES
0140	W(2*WL)	ZAHL DER LOESCH- BZW. WAEHLWERTE JE ITEM
0140	W1(2*WL)	ITEM-NR. DES LOESCH- BZW. WAEHLITEMS
0150	D$	ZEICHEN FUER AKTUELLEN DRIVE
0160	F$	NAME STAMMDATEI/EINGABE
0250	V	GEWAEHLTE OPERATION/EINGABE

2 Katalog DATEI-Namen anbieten

0500	FN AS(X)	UMWANDLUNG ZEICHEN IN STELLENZAHL
0510	DX$	ANTWORT DRIVE-ZEICHEN
0530	A$	ANTWORT AUF KATALOGANGEBOT

3 DATEI -Parameter laden, aufbauen und ausgeben

0610	M$	DATENMASKE STAMMDATEI/LADEN
0610	P	PROBANDEN-ANZAHL(+1) STAMMDATEI/LADEN
0610	RE	RSERVE DATEI-PARAMETER/LADEN
0630	ML	LAENGE DATENMASKE/UEBERTRAGUNG
0640	A%(ML)	FELD FUER POSITIONEN IM DATENSATZ
0640	L%(ML)	FELD FUER STELLENLAENGEN
0640	MN$(ML)	FELD FUER ITEM-NAMEN DER STAMMDATEI
0640	MT$(ML)	FELD FUER ITEM-NAMEN DER TEILDATEI
0650	A%(0)	ZEIGER IM DATENSATZ/ANFANG
0650	I	GESAMTSTELLENZAHL STAMMDATEI/ANFANG
0650	L%(0)	STELLENZAHL ITEM/ANFANG
0670	MN$(J)	ITEM-NAME/EINGABE
0680	L%(J)	STELLENZAHL ITEM NR. J/SPEICHERUNG
0690	A%(J)	ANFANGSPOSITION ITEM NR. J/SPEICHERUNG
0700	I	GESAMTSTELLENZAHL STAMMDATEI/AUFBAU

4   ITEM-Blöcke wählen

1010	IL(J)	BLOCK-ANFANG/LOESCHUNG
1010	IT	GESAMTSTELLENZAHL TEILDATEI/ANFANG
1010	J	ZAEHLER ITEM-BLOECKE/ANFANG
1010	M1$	DATENMASKE TEILDATEI/ANFANG
1050	IL(J)	BLOCK-ANFANG/UEBERTRAGUNG
1080	IR(J)	BLOCK-ENDE/UEBERTRAGUNG
1120	M1$	DATENMASKE TEILDATEI/AUFBAU
1130	MT$( )	ITEM-NAMEN TEILDATEI/UEBERTRAGUNG
1150	IL(J)	BLOCK-ANFANG IM DATENSATZ/SPEICHERUNG
1160	IR(J)	LAENGE ITEM-BLOCK/SPEICHERUNG
1170	IT	GESAMTSTELLEN TEILDATEI/AUFBAU
1180	BJ	ANZAHL DER ITEM-BLOECKE/ERHOEHUNG
1180	J	BLOCK-ZAEHLER/ERHOEHUNG

5   ITEM-Nr. abfragen oder bestimmen

1500	A$	ANTWORT AUF ITEM-ABFRAGE
1510	T	ITEM-NR./UMWANDLUNG

6   LÖSCH-Werte abfragen

2000	J	ZAEHLER LOESCH-ITEMS/ANFANG
2000	L1	ANZAHL DER LOESCH-ITEMS/ANFANG
2050	L1	ANZAHL DER LOESCH-ITEMS/SETZUNG
2060	J	ZAEHLER LOESCH-ITEMS /ERHOEHUNG
2100	A$	ANTWORT LOESCH-WERTE DRUCKEN

7   Auswahl-Werte drucken

2800	T	NUMMER WAEHLITEMS/UEBERTRAGUNG

8   WÄHL-Werte abfragen

3000	J	ZEIGER WAEHL-ITEM/ANFANG
3000	W1	ANZAHL DER WAEHL-ITEMS/ANFANG
3050	W1	ANZAHL DER WAEHL-ITEMS/SPEICHERUNG
3060	J	ZEIGER WAEHL-ITEM/ERHOEHUNG
3100	A$	ANTWORT WAEHLWERTE DRUCKEN

9   ITEM-Werte abfragen

4010	K	ZAEHLER AUSWAHL-WERTE/ANFANG
4010	W1(J)	ITEM-NR. AUSWAHL-WERT/SPEICHERUNG
4030	E$	STRING FUER WERT/EINGABE
4050	T$	LETZTES ZEICHEN WERT/SETZUNG
4050	Y$	1.ZEICHEN WERT/SETZUNG
4090	W$(J;K)	FELD FUER AUSWAHL-WERTE/SPEICHERUNG
4100	W(J)	ANZAHL DER WERTE ITEM NR. J/SPEICHERUNG
4110	K	ZAEHLER ANZAHL DER WERTE/ERHOEHUNG

10 Erzeugung der TEILDATEI

5020	BS	ANTWORT ERGEBNIS AUF DISKETTE
5040	DR$	DRIVE-ZEICHEN DER TEILDATEI/UEBERTRAGUNG
5050	S$	NAME DER TEILDATEI/EINGABE
5070	A$	ANTWORT AUF FREIGABE NAME DER TEILDATEI
5100	LZ	LEERZEIUE(DRUCKER)/NULL SETZEN
5100	SP	SPALTENZAHL TV-AUSGABE/SETZUNG
5110	LZ	LEERZEILE(DRUCKER)/EINGABE
5110	SP	ANZAHL DRUCKSPALTEN/EINGABE
5120	B1	ZAEHLER IM DATENBLOCK TEILDATEI/ANFANG
5120	E	PROBANDENANZAHL TEILDATEI/ANFANG
5150	AN$	ANTWORT ANSCHLUSSDATEI
5170	D$	DRIVE-ZEICHEN ANSCHLUSSDATEI/SETZUNG
5180	F$	NAME ANSCHLUSS-DATEI/EINGABE
5190	A$	MASKE BISHERIGE STAMMDATEI/DEPOT

11 Auswahl aus STAMMDATEI

6010	B$	PUFFER DER LAENGE I/VEREINBARUNG
6030	PA	PROBANDEN NR. BLOCKANFANG/SETZUNG
6040	PE	PROBANDEN NR. BLOCKENDE/SETZUNG
6060	PE	PROBANDEN NR. DATEIENDE/SETZUNG
6070	BB	ZEIGER IM DATENBLOCK/ANFANG
6090	B$	DATENSATZ STAMMDATEI/LADEN
6100	B$(BB)	DATENSATZ BB IM BLOCK/UEBERTRAGUNG
6110	BB	ZAEHLER DATENSAETZE/ERHOEHUNG
6140	BB	ANZAHL IM DATENBLOCK/SETZUNG
6160	W	AUSWAHLBEDINGUNG/ANFANG
6190	KL	ANZAHL DER AUSWAHLWERTE/UEBERTRAGUNG
6190	T	ITEM-NR. AUSWAHLWERT/UEBERTRAGUNG
6250	W	AUSWAHLBEDINGUNG/ANFANG
6270	KL	ANZAHL LOESCH-WERTE ITEM NR. C/UEBERTRAG
6270	T	WAEHL-ITEM NR./UEBERTRAGUNG
6320	T$	DATENSATZ TEILDATEI/ANFANG
6340	A$	ITEM-BLOCK PROBAND N STAMMDATEI/UEBERTRA
6350	T$	DATENSATZ TEILDATEI/AUFBAU
6370	T$(B1)	DATENSATZ BLOCK TEILDATEI/UEBERTRAGUNG
6380	B1	ZAEHLER IM BLOCK TEILDATEI/ERHOEHUNG

12 Prüfung der Auswahlbedingung

6500	L	STELLENZAHL ITEM NR. T/UEBERTRAGUNG
6510	B$	WERT ITEM T/UEBERTRAGUNG
6530	E$	AUSWAHLWERT/UEBERTRAGUNG
6540	T$	LETZTES ZEICHEN AUSWAHLWERT/SETZUNG
6540	Y$	1.ZEICHEN AUSWAHLWERT/SETZUNG
6550	E$	AUSWAHLWERT/AUSSCHNITT
6560	B$	ITEM-WERT/ABSCHNITT
6650	W	AUSWAHLBEDINGUNG/UND NICHT ERFUELLT
6670	W	AUSWAHLBEDINGUNG/ODER ERFUELLT
6680	W	AUSWAHLBEDINGUNG/UND ERFUELLT

13 DATENBLOCK auf Diskette schreiben

6880	B1	ZAEHLER DATENBLOCK TEILDATEI/ANFANG

14 Ausgabe

7000	Z	ZEILENZAHL JE PROBAND/SETZUNG
7010	ZL	ANZAHL PROBANDEN JE SEITE (BL ZEILEN)
7020	A	AUSGABE-ZAEHLER/ANFANG
7040	ZL	ANZAHL PROBANDEN RESTSEITE
7170	A$	ANTWORT UNTERBRECHUNG TV-AUSGABE
7220	A	AUSGABE-ZAEHLER/ERHOEHUNG

5.4 Alphabetische Liste der Variablen

A

A	7020	AUSGABE-ZAEHLER/ANFANG
A	7220	AUSGABE-ZAEHLER/ERHOEHUNG
A$	0530	ANTWORT AUF KATALOGANGEBOT
A$	1500	ANTWORT AUF ITEM-ABFRAGE
A$	2100	ANTWORT LOESCH-WERTE DRUCKEN
A$	3100	ANTWORT WAEHLWERTE DRUCKEN
A$	5070	ANTWORT AUF FREIGABE NAME DER TEILDATEI
A$	5190	MASKE BISHERIGE STAMMDATEI/DEPOT
A$	6340	ITEM-BLOCK PROBAND N STAMMDATEI/UEBERTRA
A$	7170	ANTWORT UNTERBRECHUNG TV-AUSGABE
A%(O)	0650	ZEIGER IM DATENSATZ/ANFANG
A%(J)	0690	ANFANGSPOSITION ITEM NR. J/SPEICHERUNG
A%(ML)	0640	FELD FUER POSITIONEN IM DATENSATZ
AL	0120	ANZAHL LOESCH-/WAEHLWERTE JE ITEM
AN$	5150	ANTWORT ANSCHLUSSDATEI

B

B$	6010	PUFFER DER LAENGE I/VEREINBARUNG
B$	6090	DATENSATZ STAMMDATEI/LADEN
B$	6510	WERT ITEM T/UEBERTRAGUNG
B$	6560	ITEM-WERT/ABSCHNITT
B$(BB)	6100	DATENSATZ BB IM BLOCK/UEBERTRAGUNG
B$(BL)	0130	DATENBLOCK FUER STAMMDATEI
B1	5120	ZAEHLER IM DATENBLOCK TEILDATEI/ANFANG
B1	6380	ZAEHLER IM BLOCK TEILDATEI/ERHOEHUNG
B1	6880	ZAEHLER DATENBLOCK TEILDATEI/ANFANG
BB	6070	ZEIGER IM DATENBLOCK/ANFANG
BB	6110	ZAEHLER DATENSAETZE/ERHOEHUNG
BB	6140	ANZAHL IM DATENBLOCK/SETZUNG
BJ	1180	ANZAHL DER ITEM-BLOECKE/ERHOEHUNG
BL	0120	LAENGE DER DATENBLOECKE
BS	5020	ANTWORT ERGEBNIS AUF DISKETTE

D

D$	0150	ZEICHEN FUER AKTUELLEN DRIVE
D$	5170	DRIVE-ZEICHEN ANSCHLUSSDATEI/SETZUNG
DR$	5040	DRIVE-ZEICHEN DER TEILDATEI/UEBERTRAGUNG
DX$	0510	ANTWORT DRIVE-ZEICHEN

E

E	5120	PROBANDENANZAHL TEILDATEI/ANFANG
E	6380	PROBANDENANZAHL TEILDATEI/ERHOEHUNG
E$	4030	STRING FUER WERT/EINGABE
E$	6530	AUSWAHLWERT/UEBERTRAGUNG
E$	6550	AUSWAHLWERT/AUSSCHNITT

F

F$	0160	NAME STAMMDATEI/EINGABE
F$	5180	NAME ANSCHLUSS-DATEI/EINGABE
FN AS(X)	0500	UMWANDLUNG ZEICHEN IN STELLENZAHL

I

I	0650	GESAMTSTELLENZAHL STAMMDATEI/ANFANG
I	0700	GESAMTSTELLENZAHL STAMMDATEI/AUFBAU
IL(J)	1010	BLOCK-ANFANG/LOESCHUNG
IL(J)	1050	BLOCK-ANFANG/UEBERTRAGUNG
IL(J)	1150	BLOCK-ANFANG IM DATENSATZ/SPEICHERUNG
IL(WL)	0140	ANFANG EINES ITEM-BLOCKS
IR(J)	1080	BLOCK-ENDE/UEBERTRAGUNG
IR(J)	1160	LAENGE ITEM-BLOCK/SPEICHERUNG
IR(WL)	0140	ENDE BZW. LAENGE EINES ITEM-BLOCKES
IT	1010	GESAMTSTELLENZAHL TEILDATEI/ANFANG
IT	1170	GESAMTSTELLEN TEILDATEI/AUFBAU

J

J	1010	ZAEHLER ITEM-BLOECKE/ANFANG
J	1180	BLOCK-ZAEHLER/ERHOEHUNG
J	2000	ZAEHLER LOESCH-ITEMS/ANFANG
J	2060	ZAEHLER LOESCH-ITEMS /ERHOEHUNG
J	3000	ZEIGER WAEHL-ITEM/ANFANG
J	3060	ZEIGER WAEHL-ITEM/ERHOEHUNG

K

K	4110	ZAEHLER ANZAHL DER WERTE/ERHOEHUNG
KL	6190	ANZAHL DER AUSWAHLWERTE/UEBERTRAGUNG
KL	6270	ANZAHL LOESCH-WERTE ITEM NR. C/UEBERTRAG
K	4010	ZAEHLER AUSWAHL-WERTE/ANFANG

L

L	6500	STELLENZAHL ITEM NR. T/UEBERTRAGUNG
L%(0)	0650	STELLENZAHL ITEM/ANFANG
L%(J)	0680	STELLENZAHL ITEM NR. J/SPEICHERUNG
L%(ML)	0640	FELD FUER STELLENLAENGEN
L1	2000	ANZAHL DER LOESCH-ITEMS/ANFANG
L1	2050	ANZAHL DER LOESCH-ITEMS/SETZUNG
LZ	5100	LEERZEILE(DRUCKER)/NULL SETZEN
LZ	5110	LEERZEILE(DRUCKER)/EINGABE

M

M$	0610	DATENMASKE STAMMDATEI/LADEN
M1$	1010	DATENMASKE TEILDATEI/ANFANG
M1$	1120	DATENMASKE TEILDATEI/AUFBAU
ML	0630	LAENGE DATENMASKE/UEBERTRAGUNG
MN$(J)	0670	ITEM-NAME/EINGABE
MN$(ML)	0640	FELD FUER ITEM-NAMEN DER STAMMDATEI
MT$( )	1130	ITEM-NAMEN TEILDATEI/UEBERTRAGUNG
MT$(ML)	0640	FELD FUER ITEM-NAMEN DER TEILDATEI

```
        P

P          0610     PROBANDEN-ANZAHL(+1) STAMMDATEI/LADEN
P$         0120     KENNZEICHEN PARAMETER-DATEI
PA         6030     PROBANDEN NR. BLOCKANFANG/SETZUNG
PE         6040     PROBANDEN NR. BLOCKENDE/SETZUNG
PE         6060     PROBANDEN NR. DATEIENDE/SETZUNG


      R, S

RE         0610     RSERVE DATEI-PARAMETER/LADEN
S$         5050     NAME DER TEILDATEI/EINGABE
SP         5100     SPALTENZAHL TV-AUSGABE/SETZUNG
SP         5110     ANZAHL DRUCKSPALTEN/EINGABE


        T

T          1510     ITEM-NR./UMWANDLUNG
T          2800     NUMMER WAEHLITEMS/UEBERTRAGUNG
T          6190     ITEM-NR. AUSWAHLWERT/UEBERTRAGUNG
T          6270     WAEHL-ITEM NR./UEBERTRAGUNG
T$         4050     LETZTES ZEICHEN WERT/SETZUNG
T$         6320     DATENSATZ TEILDATEI/ANFANG
T$         6350     DATENSATZ TEILDATEI/AUFBAU
T$         6540     LETZTES ZEICHEN AUSWAHLWERT/SETZUNG
T$(B1)     6370     DATENSATZ BLOCK TEILDATEI/UEBERTRAGUNG
T$(BL)     0130     DATENBLOCK FUER TEILDATEI


      V, W

V          0250     GEWAEHLTE OPERATION/EINGABE
W          6160     AUSWAHLBEDINGUNG/ANFANG
W          6250     AUSWAHLBEDINGUNG/ANFANG
W          6650     AUSWAHLBEDINGUNG/UND NICHT ERFUELLT
W          6670     AUSWAHLBEDINGUNG/ODER ERFUELLT
W          6680     AUSWAHLBEDINGUNG/UND ERFUELLT
W$( ; )    0130     FELD FUER LOESCH- BZW. WAEHLWERTE
W$(J;K)    4090     FELD FUER AUSWAHL-WERTE/SPEICHERUNG
W(2*WL)    0140     ZAHL DER LOESCH- BZW. WAEHLWERTE JE ITEM
W(J)       4100     ANZAHL DER WERTE ITEM NR. J/SPEICHERUNG
W1         3000     ANZAHL DER WAEHL-ITEMS/ANFANG
W1         3050     ANZAHL DER WAEHL-ITEMS/SPEICHERUNG
W1(2*WL)   0140     ITEM-NR. DES LOESCH- BZW. WAEHLITEMS
W1(J)      4010     ITEM-NR. AUSWAHL-WERT/SPEICHERUNG
WL         0120     ANZAHL ITEM-BLOECKE; AUSWAHLITEMS


      Y, Z

Y$         4050     1.ZEICHEN WERT/SETZUNG
Y$         6540     1.ZEICHEN AUSWAHLWERT/SETZUNG
Z          7000     ZEILENZAHL JE PROBAND/SETZUNG
ZL         7010     ANZAHL PROBANDEN JE SEITE(BL ZEILEN)
ZL         7040     ANZAHL PROBANDEN RESTSEITE
```

5.5 Benutzungsanleitung mit Beispiel

A. Starten des Programms

Das Programm wird als Baustein des Programm-Menues mit
der Ziffer 2 oder unter dem Namen TEILDATEI EINER DATEI
direkt von der Diskette geladen und gestartet. Nach der
Meldung

    TEILDATEI EINER DATEI(83 C/PM)

    DISKETTE IN DRIVE?

ist es möglich, den Drive für die Stammdatei frei zu wählen. Nach der Angabe des gewählten Drives erfolgt Abfrage

    KATALOG (=ZWR)?

Mit der Antwort ZWR(=Leertaste) kann man die Namen aller
Files der Diskette im gewählten Drive auflisten. Damit
gewinnt man eine Kontrolle der vorhandenen Files/Dateien
für die in den nachfolgenden Arbeitsgängen verwendeten
Datei-Namen. Antwortet man dagegen mit der Return-Taste,
so wird die Katalogisierung der File-Namen übergangen.
Das Programm fordert dann den Namen der Stammdatei an, aus
der die Teildatei ausgewählt werden soll, mit der Abfrage

    NAME DER STAMMDATEI?

Nach der Eingabe des gewünschten Namens für die Stammdatei
wird ein Programm-Menue angeboten

```
*** MENUE-TEILDATEI ***

1 ITEMBLOECKE WAEHLEN

2 ITEMWERTE LOESCHEN

3 ITEMWERTE WAEHLEN

5 TEILDATEI ERZEUGEN

7 PROGRAMM WAEHLEN

9 BEENDEN

WELCHE OPERATION?
```

Mit der Eingabe einer der angegebenen Ziffern wird nun
der zugehörige Arbeitsgang gestartet. Bei regulärem Ablauf
kehrt das Programm (außer bei 7 und 9) ins Menue zurück.

B. <u>Beschreibung der Arbeitsgänge</u>

| 1 ITEMBLOECKE WAEHLEN |

Mit diesem Arbeitsgang können aus der DATENMASKE der gewählten DATEI diejenigen ITEMS in BLÖCKEN bestimmt werden,
die in die gewünschte TEILDATEI aufgenommen werden sollen.
Nach Aufruf mit der Ziffer 1 erfolgt die Abfrage

    WAHL VON ITEMBLOECKEN

    BLOCK-ANFANG: ITEM (ENDE=0)?

Jetzt kann die Nummer oder der Name des ersten(linken)
ITEMS eingegeben werden, mit dem der ITEMBLOCK beginnt.
Danach folgt bei zulässiger Eingabe die Abfrage

    BLOCK-ENDE : ITEM (ENDE=0)?

Mit der Nummer bzw. dem Namen des letzten(rechten) ITEMS
wird der erste gewählte ITEMBLOCK endgültig festgelegt.
Das Programm kehrt nun zur Abfrage eines weiteren ITEM-
BLOCKS(linkes, rechtes ITEM) zurück. Die Eingabe wird
beendet, wenn als BLOCK-ANFANG die Ziffer Ø eingegeben
wird.
Statt einzelner ITEMBLÖCKE, mit denen man auch die Reihenfolge der ITEMS der STAMMDATEI umstellen kann, ist ggf.
auch die Übernahme der bisherigen DATENMASKE sinnvoll.
Dazu muß einfach 1 BLOCK mit ITEM-Nr. 1(links) und ITEM-
Nr. ML(rechts) eingegeben werden. Auch das Einbringen
einzelner ITEMS in die TEILDATEI kann durch Vereinbarung
eines 'Einer-ITEMBLOCKS' mit BLOCK-Anfang = BLOCK-Ende
vorgenommen werden.
Bei Eingabe eines unzulässigen ITEMBLOCKS wird gemeldet
    BLOCK FALSCH!
mit Rücksprung zur Abfrage von (zulässigen) ITEMBLÖCKEN.
Mit der Abfolge 1 ITEMBLÖCKE WAEHLEN und 5 TEILDATEI
ERZEUGEN kann man die gewählte STAMMDATEI ganz oder abschnittsweise unter einem neuen Namen kopieren.

Es können maximal AL(=10) ITEMBLÖCKE vereinbart werden.
Notfalls muß man den Wert von AL in Zeile 120 erhöhen,
sonst erhält man die Meldung   BLOCK-ANZAHL ERSCHOEPFT!

2 ITEMWERTE LOESCHEN

Mit diesem Arbeitsgang wird eine negative AUSWAHL aus der
gewählten DATEI vorbereitet. Es können Werte/Wertebereiche
angegeben werden,die bei Übereinstimmung zur LÖSCHUNG des
jeweiligen PROBANDEN für die TEILDATEI führen. Die Eingabe
erfolgt itemweise nach der Vorschrift: (Bsp. für ITEM 1)

```
WAEHLEN  ITEM (ENDE=0)? 1
BEGINN <,>,=  ENDE +,-
```

Ist das 1.Zeichen der Eingabe weder < noch > noch = oder
das letzte Zeichen weder + noch - , so folgt die Meldung
    WERT UNZULAESSIG!
mit Rückkehr zur Eingabe.
Mit dem + wird eine UND-Bedingung, mit dem - eine ODER-
Bedingung erzeugt. Näheres einschließlich eines Beispiels
s. 5.1 Überblick.
Die Stellenzahl des betr. ITEMS muß bei der Eingabe nicht
ausgeschöpft werden. Will man z.B. für ein mehrstelliges
ITEM alle PROBANDEN mit dem Anfangsbuchstaben A im ITEM
löschen, so kann man einfach =A- als LÖSCH-WERT eingeben.
Die Eingabe der Werte/Wertebereiche für ein ITEM wird mit
dem Ende-Zeichen / beendet. Danach wird zur obigen Abfrage
zurückgekehrt, um LÖSCHWERTE für weitere ITEMS eingeben zu
können. Man muß beachten, daß die UND-Bedingung(+) bzw.
die ODER-Bedingung(-) ganz verschiedene Wirkungen haben.
Ist für einen PROBANDEN eine UND-Bedingung erfüllt, d.h.
stimmt der ITEM-Wert dieses PROBANDEN mit dem LÖSCHWERT(+)
überein, so wird der PROBAND gelöscht, also nicht in die
TEILDATEI aufgenommen, wenn er alle weiteren UND-Bedingun-
gen erfüllt. Erfüllt er dagegen eine ODER-Bedingung, so
wird er ohne Ansehen weiterer LÖSCHWERTE bei der ERZEUGUNG
der TEILDATEI ignoriert, also ausgeschieden. Entsprechend
wird bei den WERTE-Bereichen verfahren.
Man kann nach den Vorgaben für die Variablen AL(=10) und
WL(=10) für maximal 10 ITEMS je maximal 10 LÖSCHWERTE angeben. Das dürfte für die meisten Fälle mehr als ausreichend sein. Notfalls muß man die Werte von AL,WL ändern.

Bei Überschreiten der genannten Kapazitäten erfolgt die
Meldung

    WERTEBEREICH ERSCHOEPFT!   LOESCHEN ERSCHOEPFT!

Die bis dahin eingegebenen LÖSCH-Werte stehen jedoch für
den Arbeitsgang 5 TEILDATEI ERZEUGEN zur Verfügung. In
besonderen Fällen müßte man die verbliebenen LÖSCH-Werte
zu einer erneuten AUSWAHl aus der erzeugten TEILDATEI verwenden.
Die gesamte Eingabe von LÖSCH-Werten wird mit der Eingabe
der ITEM-Nr. Ø beendet.
Um eine Kontrolle der erzeugten TEILDATEI nach Durchführung
des Arbeitsganges 5 TEILDATEI ERZEUGEN zu erleichtern bzw.
eine Dokumentation anzubieten, wird nach dem Ende der Eingabe gefragt

    LOESCHWERTE DRUCKEN (=1) ?

Nach Eingabe der Ziffer 1 wird dann unter Angabe des Namens
der STAMMDATEI eine Liste der angegebenen LÖSCH-Werte ausgedruckt und danach in das Menue zurückgekehrt.
<u>Hinweise.</u>
Die Eingabe der LÖSCH-Werte ist an keine Reihenfolge ge-
bunden.
Falls die Anzahl der LÖSCH-Werte für ein bestimmtes ITEM
die Kapazität von AL(=10) überschreitet, kann das ITEM auch
mehrfach durch Eingabe der gleichen ITEM-Nr./Name berücksichtigt werden. Es gelten dann natürlich alle für dieses
ITEM eingebenen LÖSCH-Werte für die spätere AUSWAHL.
Wird der Arbeitsgang 1 ITEMWERTE LOESCHEN jedoch erneut
aufgerufen, so sind alle vorher eingebenen LÖSCH-Werte
hinfällig.

3 ITEMWERTE WAEHLEN

Mit diesem Arbeitsgang wird eine _positive_ AUSWAHL aus der
gewählten DATEI vorbereitet. Es können Werte/Wertebereiche
angegeben werden, die einen PROBANDEN bei Erfüllung für die
TEILDATEI später auswählen oder ausscheiden. Der Ablauf ist
mit dem des Arbeitsganges 2 ITEMWERTE LOESCHEN in der Ein-
gabeform identisch. Die Eingabe erfolgt also wieder itemweise nach der Abfrage

    LOESCHEN ITEM (ENDE=0)? 1
    BEGINN <,>,= ENDE +,-

Eine zulässige Eingabe muß also mit dem Zeichen <,> oder =
beginnen und mit dem Zeichen + oder - enden!
Ein PROBAND wird später für die TEILDATEI ausgewählt, wenn
er _alle_ Werte/Wertebereiche mit der Kennzeichnung + (UND-
Bedingung) erfüllt oder aber mindestens einen Wert/Werte-
bereich mit der Kennzeichnung - (ODER-Bedingung) aufweist.
Ein PROBAND wird aber gemäß der obigen Bedingungen nur
dann für die TEILDATEI ausgewählt, wenn er _nicht_ wegen der
im Arbeitsgang 2 ITEMWERTE LOESCHEN ausgeschlossen wird.
LÖSCH- und WÄHL-Werte erzeugen also eine GESAMT-Bedingung
für alle PROBANDEN der DATEI, aus der die TEILDATEI erzeugt
werden soll.
Für die Eingabe-Kapazität der WÄHL-Werte gilt wieder die
Anzahl AL(=10) je ITEM und WL(=10) für die Anzahl der ITEMS.
Wir die Kapazität während der Eingabe nicht überschritten,
so endet die Eingabe mit der ITEM-Nr. Ø.
Die eingegebenen WÄHL-Werte können ausgedruckt werden nach
der Abfrage

    WAEHL-WERTE DRUCKEN (=1)?

Nach dem DRUCKEN der WÄHL-Werte oder nach Eingabe der Ziffer Ø wird in das TEILDATEI-Menue zurückgekehrt.
Die Angabe von WÄHL-Werten erlaubt natürlich auch das Auf-
finden einzelner PROBANDEN in einer DATEI. Dieser Suchvor-
gang ist jedoch sehr zeitaufwendig, da in Arbeitsgang 5
TEILDATEI ERZEUGEN die gesamte STAMMDATEI durchsucht wird.
Sonst gelten die Hinweise zu den LÖSCH-Werten hier analog.

5 TEILDATEI ERZEUGEN

Dieser Arbeitsgang erzeugt die Teildatei nach den Vorgaben
aus den Arbeitsgängen 1, 2 und 3. Zur Ausführung ist dabei
mindestens der Arbeitsgang 1 ITEMBLOECKE WAEHLEN vorher
notwendig.

Nach dem Aufruf mit der Ziffer 5 erfolgt die Abfrage
   ERGEBNIS AUF DISKETTE (=1)?

Man kann also festlegen, ob die erzeugte Teildatei wieder
auf einer Diskette gespeichert werden soll. Es ist also
auch möglich, z.B. zu Testzwecken die Teildatei nur auf
dem Bildschirm auszugeben.

Wird Ziffer 1 eingegeben, so wird wie üblich eine Drive-
wahl (Katalogisierung) angeboten und dann abgefragt
   NAME DER TEILDATEI?

Nach der Eingabe des gewünschten Namens für die Teildatei
wird zur Vermeidung von Löschungsfehlern gefragt
   IST TEST FREIGEGEBEN (=1)??   (z.Bsp. DATEI TEST)

Gibt man die Ziffer $\emptyset$ ein, so kann man zur Katalogisierung
bzw. Wahl des Namens der Teildatei zurückkehren. Nach der
Eingabe einer 1 für die Freigabe des Dateinamens muß die
Form der Ausgabe festgelegt werden als Antwort auf
   AUSGABE: TV=O DRUCKER=1 OHNE=2 ?

   ANZAHL DRUCKSPALTEN,LEERZEILE?   (nur bei DRUCKER-Ausgabe)

Jetzt beginnt das Programm die Auswahl aus der Stammdatei.
Die ausgewählten Probanden werden immer mit der lfd. Nummer in der Stammdatei und ihrer lfd. Nummer in der erzeugten Teildatei auf dem Bildschirm protokolliert.

Ist das Ende der Stammdatei erreicht, folgt die Meldung
   ENDE DATEI TEST ERREICHT!   (Bsp. TEST)

Es ist jetzt jedoch möglich, eine weitere Stammdatei mit
der gleichen Datenmaske in die Auswahl einzubeziehen. Das
ist z.B. dann zweckmässig, wenn eine Stammdatei wegen der
großen Länge oder der Generierung auf verschiedenen Disketten verteilt ist. Der Name der Anschlußdateien kann
sich ändern, es erfolgt deshalb die Abfrage, ob überhaupt
eine (weitere) Anschluß-DATEI gewünscht wird durch

ANSCHLUSSDATEI (=1)?
Bei Ziffer 1 wird die Katalogisierung geboten und gefragt
  NAME DER ANSCHLUSSDATEI?
Die angegebene Anschlußdatei wird unter den bisherigen Be-
dingungen in die Auswahl einbezogen, die ausgewählten Pro-
banden werden in die ursprüngliche Teildatei aufgenommen.
Ist keine Anschlußdatei mehr zu verarbeiten, so wird auf
  ANSCHLUSSDATEI (=1)?
mit Ziffer Ø geantwortet. Entweder meldet das Programm
  TEILDATEI IST LEER!!
oder es erfolgt die Ausgabe der Teildatei gemäß der frühe-
ren Festlegung. Diese Ausgabe wird aber schon während der
Auswahl immer dann eingeschoben, wenn der Arbeitsbereich
gemäß des Wertes für die Blocklänge BL durch ausgewählte
Probanden ausgeschöpft wird.
Es erfolgt also eine blockweise Ausgabe unter Angabe des
Namens der Teildatei, der Stamm- bzw. Anschlußdatei und
der im Arbeitsgang 1 ausgewählten Stellen.
Man kann aber auch ganz auf diese Ausgabe verzichten und
die erzeugte Teildatei später mit dem Baustein GENERIEREN
EINER DATEI ausgeben. Dazu ist es natürlich notwendig, daß
die Teildatei auf Diskette gespeichert worden ist.
Wird der Arbeitsgang 5 TEILDATEI ERZEUGEN aufgerufen, ohne
daß im Arbeitsgang 1 ITEMBLOECKE WAEHLEN sinnvolle Angaben
gemacht wurden, so erfolgt die Meldung
  ITEMBLOECKE WAEHLEN!
und die Rückkehr ins Menue.

> 7 PROGRAMM WAEHLEN

Mit diesem Arbeitsgang kann man wieder in das Bausteinmenue
zurückkehren und ein Anschlußprogramm wählen.

> 9 BEENDEN

Mit der Eingabe der Ziffer 9 kann wie stets der Arbeitsablauf beendet werden.

<u>Beispiel 2</u>. TEILDATEI EINER DATEI
           Arbeitsgang 1 ITEMBLOECKE WAEHLEN

TEILDATEI EINER DATEI(83 CP/M)

DISKETTE IN DRIVE? A   WELCHE OPERATION? 1

KATALOG (=ZWR)?

NAME DER STAMMDATEI? BEISPIEL 1   WAHL VON ITEMBLOECKEN

DATEI: BEISPIEL 1   BLOCK-ANFANG: ITEM (ENDE=0)? 3

 ANZAHL DER PROBANDEN:2   BLOCK-ENDE : ITEM (ENDE=0)? 3
   ANZAHL DER STELLEN:100
   ANZAHL DER ITEMS:10   BLOCK-ANFANG: ITEM (ENDE=0)? 2

FREIER SPEICHER=29421   BLOCK-ENDE : ITEM (ENDE=0)? 2

                                        BLOCK-ANFANG: ITEM (ENDE=0)? 5

  ** MENUE-TEILDATEI **   BLOCK-ENDE : ITEM (ENDE=0)? 8

 1 ITEMBLOECKE WAEHLEN   BLOCK-ANFANG: ITEM (ENDE=0)? 0

 2 ITEMWERTE LOESCHEN

 3 ITEMWERTE WAEHLEN

 5 TEILDATEI ERZEUGEN

 7 PROGRAMM WAEHLEN

 9 BEENDEN

Hinweise.

Zum besseren Verständnis des Beispiels 2 ziehe man bitte das
Beispiel 1 zu GENERIEREN EINER DATEI (S.51/52) heran.
Im Arbeitsgang 1 ITEMBLOECKE WAEHLEN wird die DATENMASKE
des Beispiels 1 wie folgt umgestellt:
Der 1.ITEMBLOCK der TEILDATEI wird das ITEM 3(Vorname).
Der 2.ITEMBLOCK der TEILDATEI wird das ITEM 2(Name).
Der 3.ITEMBLOCK der TEILDATEI wird aus den ITEMS 5 bis 8 der
STAMMDATEI aus Beispiel 1 gebildet.
Die lf. Nr. (ITEM 1), die Vorwahl (ITEM 9) und die Tel. Nr.
(ITEM 10) werden also nicht in die TEILDATEI aufgenommen.
Man erzeugt damit z.B. eine Adressenliste.

Beispiel 2. TEILDATEI EINER DATEI

Arbeitsgang 3 ITEMWERTE WAEHLEN

```
** MENUE-TEILDATEI **

1 ITEMBLOECKE WAEHLEN          WAEHLEN  ITEM (ENDE=0)? LAND
                               BEGINN <,>,=  ENDE +,-
2 ITEMWERTE LOESCHEN           ITEM 6   LAND(2)         (ENDE=/)
                               ? =D+
3 ITEMWERTE WAEHLEN            ? /
                                ITEM (ENDE=0)? 0
5 TEILDATEI ERZEUGEN

7 PROGRAMM WAEHLEN
                               WAEHL-WERTE DRUCKEN (=1)? 1
                               WAEHLWERTE DATEI:BEISPIEL 1
9 BEENDEN                      ITEM 6   LAND(2)

WELCHE OPERATION? 3              =D+
```

Hinweise.

In diesem Arbeitsgang werden ITEM-Werte angegeben, um PROBAN-
DEN für die TEILDATEI auszuwählen. Im obigen Beispiel wird
für den ITEM-Namen LAND der 'Wert' D für Bundesrepublik
Deutschland angegeben. Aus der DATEI BEISPIEL 1 werden also
alle PROBANDEN ausgewählt, die das Kennzeichen D in ITEM 6
aufweisen. Für eine umfangreichere DATEI als im Beispiel 1
kämen weitere Auswahl-Werte in Betracht. Ebenso könnte man
WERTE-Bereiche z.B. nach Postleitzahlen oder Anfangsbuchstaben
des Familiennamens usw. angeben.
Für unser sehr begrenztes Beispiel hat die anschließende Ausgabe der WAEHL-WERTE ebenfalls nur Demonstrationswert.

<u>Beispiel 2</u>. TEILDATEI EINER DATEI
            Arbeitsgang 5 TEILDATEI ERZEUGEN

    ** MENUE-TEILDATEI **

  1 ITEMBLOECKE WAEHLEN

  2 ITEMWERTE LOESCHEN

  3 ITEMWERTE WAEHLEN

  5 TEILDATEI ERZEUGEN

  7 PROGRAMM WAEHLEN

  9 BEENDEN

WELCHE OPERATION? 5

ERGEBNIS AUF DISKETTE (=1)? 0

AUSGABE: TV=0 DRUCKER=1 OHNE=2: 1

ANZAHL DRUCKSPALTEN,LEERZEILE? 80,1

AUSWAHL BLOCK 1
ENDE DATEI BEISPIEL 1 ERREICHT!

ANSCHLUSSDATEI (=1)? 0
TEILDATEI   AUS BEISPIEL 1

                   PROBAND 1 BIS 1

PROBAND 1
SIEGLINDE   MAIER-ROHR   GOETHESTR.7   D 3000HANNOVER

Hinweise.
Der Arbeitsgang erzeugt die TEILDATEI nach den Angaben in
den Arbeitsgängen 1 bis 3. Die TEILDATEI wird nicht auf eine
Diskette geschrieben, sondern direkt auf dem DRUCKER ausgegeben.
Nach der Meldung ENDE DATEI BEISPIEL 1 ERREICHT! könnte
eine Anschluß-DATEI (oder weitere) unter den gleichen Aus-
wahlbedingungen verarbeitet werden. Die abschließende Ausgabe liefert die in Arbeitsgang 1 vorgenommene Umstellung
der ITEMS aus dem Beispiel 1.

6 SORTIEREN EINER DATEI
6.1 Überblick

Der SORTIER-BAUSTEIN erlaubt, eine beliebige DATEI bezüglich
eines oder mehrere ITEMS in aufsteigender Reihenfolge zu
sortieren. Als Sortierungs-Folge gilt naturgemäß die ASCII-
Tabelle aller für BASIC zulässigen Zeichen.

Der Benutzer hat nach dem Aufruf des BAUSTEINS nur anzugeben,
welche DATEI sortiert werden soll, welchen NAMEN die ZIELDATEI
haben soll und bezüglich welcher ITEMS die Sortierung auszu-
führen ist. Werden mehrere ITEMS dafür genannt, so erfolgt
eine hierarchische Abarbeitung nach der Reihenfolge der angegebenen Sortier-ITEMS. Wird also z.B. in einer Adress-DATEI
als 1.Sortier-Item der FAMILIENNAME und als 2.Sortier-ITEM
der VORNAME angegeben, so wird zuerst nach dem FAMILIENNAMEN
und bei gleichen FAMILIENNAMEN nach dem VORNAMEN alphabetisch
sortiert.

Bei der Sortierung einer Ziffernfolge ist streng darauf zu
achten, daß nicht nach dem Wert der zugehörigen Dezimalzahl,
sondern nach der Zeichenfolge sortiert wird. Für die <u>Zahlen</u>
125 und 1ØØØ entsteht bei einem vierstelligen ITEM nur dann
eine korrekte Sortierung , wenn die <u>Zahl</u> 125 als <u>Zeichenfolge</u>
Ø125, also mit einer führenden Null, eingegeben wurde.

Die Sortierung großer DATEIEN ist vor allem ein Zeitproblem.
Der Zeitbedarf wächst dabei annähernd quadratisch mit der
Anzahl der Sortierobjekte(=DATENSÄTZE). Ein zusätzlicher
Zeitbedarf entsteht immer dann, wenn die zu sortierende DATEI
nicht in einem DATENBLOCK des Computers ganz Platz findet.
Es muß dann eine teilweise Sortierung in Abschnitten vorge-
mpmmen werden, wobei die sortierten Abschnitte anschließend
wieder durch MISCHEN in eine Gesamtsortierung gebracht werden müssen. Das Aufteilen einer DATEI in Abschnitte mindert
zwar den GRUNDBEDARF an Zeit für die Sortierung (Halbierung
bedeutet etwa die halbe <u>Gesamtzeit</u>), jedoch müssen die DATEN-
SÄTZE dazu mehrfach von der Diskette gelesen und wieder zu-
rückgeschrieben werden. Die Leistungsfähigkeit hängt bei der
Sortieraufgabe auch stark vom Sortieralgorithmus ab. In dem
vorliegenden System wird eine QUICKSORT-Variante benutzt, die

als schnelles Sortierverfahren gilt(s. N.WIRTH 1983).
Das Grundprinzip des QUICKSORT besteht wieder in einer Aufteilung in Teilabschnitte und der Sortierung kleinerer DATEN-
Mengen. Oberhalb der Sortierung eines DATENBLOCKS mittels der
QUICKSORT-Variante geschieht folgendes:
Verwaltet werden drei gleichlange DATENBLÖCKE A$( ), B$( ) und
C$( ). Sortiert wird nur im 2.BLOCK B$( ). Zu Anfang wird der
2.BLOCK von der A-DATEI(Ausgangs-DATEI) geladen, sortiert und
in die Z-DATEI(ZIELDATEI) geschrieben. Der 2.BLOCK wird von
der A-DATEI nachgeladen und sortiert. Jetzt wird der 1.BLOCK
von der Z-DATEI geladen. 1. und 2. BLOCK werden gemischt und
dabei im 3. und 2.BLOCK abgelegt.Für diese BLÖCKE liegt dann
eine Teilsortierung vor, sie werden in die Z-DATEI geschrieben.
In den folgenden Durchgängen müssen dann alle BLÖCKE der Z-
DATEI der Reihe nach in den BLOCK A$( ) geladen werden, um
durch Mischung mit B$( ) wieder eine (verlängerte) Teilsor-
tierung zu erhalten, solange bis die A-DATEI schließlich
völlig abgearbeitet wurde. Es leuchtet ein, daß mit dem wie-
derholten Laden der BLÖCKE aus der Z-DATEI der Zeitaufwand
erheblich erhöht wird. Deshalb wurde in diesem BAUSTEIN auf
ein eigenes AUSGABE-Programm verzichtet, um die DATENBLÖCKE
nicht zu klein werden zu lassen. Man versuche außerdem, die
Länge BL optimal an den vorhandenen Speicher anzupassen.
Die Möglichkeit, eine Anschluß-DATEI anzuhängen, wird hier
nicht geboten. Dafür existiert der Arbeitsgang MISCHEN. Damit
ist es möglich, eine DATEI in eine bereits <u>sortierte</u> DATEI
zur Gesamtsortierung einzumischen. Der Zeitaufwand wird dabei
günstig, wenn auch die einzumischende DATEI bereits in sich
sortiert ist. Ein korrektes Ergebnis hängt immer davon ab,
daß die DATEI, in die einsortiert wird(=ZIELDATEI) vollständig
sortiert ist.
Der Arbeitsgang MISCHEN enthält eine Option zur Entfernung
von DOPPELGÄNGERN. Das sind DATENSÄTZE, die bezüglich der
Sortier-ITEMS übereinstimmen. Wird die Option gewählt, so
wird nur der DATENSATZ der DATEI bei Übereinstimmung der
Sortier-ITEMS übernommen, die in die ZIELDATEI eingemischt
wird. So kann man Änderungen der DATEN in eine DATEI einbringen.

6.2 Programm (SORTIEREN EINER DATEI)

     1   Hauptprogramm
     2   Katalog DATEI-Namen anbieten
     3   DATEI-Parameter laden und ausgeben
     4   Namen der ZIELDATEI abfragen und freigeben
     5   SORTIERITEMS wählen
     6   Sortieren DATENBLOCK
     7   Abschnitt auf Sortierung prüfen
     8   Abschnitt sortieren
     9   Äußere SORTIER-Schleife
    10   DATENBLOCK aus der Ausgangs-DATEI laden
    11   MISCHEN zweier DATEIEN
    12   MISCHEN DATENBLÖCKE und ZIELDATEI
    13   MISCHEN zweier DATENBLÖCKE
    14   DATENBLOCK in ZIELDATEI schreiben
    15   DATEI-Parameter ZIELDATEI auf Diskette schreiben
    16   Aufruf DATEI-Menue
    17   BEENDEN

1   Hauptprogramm   SORTIEREN EINER DATEI

Zeile   Wirkung

100   Löschen des Bildschirmes
110   Ausgeben des BAUSTEIN-Namens
120   Konstante 1 als C1 setzen:
           Kennzeichen für Parameter-DATEI setzen:
           DATENBLOCK-Länge BL setzen:
           Länge SL für Anzahl der Sortier-ITEMS setzen:
           Maximale Länge LP des DATENSATZES setzen
130   Dimensionierung der DATENBLÖCKE, Sortier-Keller,
           Sortier-ITEMS, Stellenlängen und ITEM-Namen
140   UP Katalogisierung DATEI-Namen anbieten:
           Drive-Zeichen auf D$ übertragen
150   Namen der zu sortierenden DATEI abfragen
160   DATEI-Namen übertragen:DATEI Parameter laden UP
170-230   BAUSTEIN-Menue ausgeben

240   Ziffer für gewählte Operation abfragen
250   Verzweigung auf gewählte Operation
260   Sprung UP DATEI-Parameter auf Diskette schreiben
270   Rücksprung zur Menue-Ausgabe
280   Rückkehr bei unzulässiger Operation

2   Katalog DATEI-Namen anbieten

500   Funktion AS(X) Zeichen in Stellenzahl umwandeln
510   Abfrage des aktuellen Drive-Zeichens
520   Katalog-Option abfragen
530   Antwort-Zeichen ohne RETURN abfragen
540   Rückkehr, falls Antwort kein SPACE(=ZWR)
550   DATEI-Namen aus Drive DX$ auflisten
560   Rücksprung zur Katalog-Option

3   DATEI-Parameter laden und ausgeben

600   Parameter-DATEI in Drive D$ öffnen
610   Parameter RE, PX(PROBANDEN-Anzahl), M$ laden
620   Bei MISCHEN Sprung zur Ausgabe
630   Gesamtstellen auf Anfang: Länge DATENMASKE nach ML
640   Schleife für Einlesen der ITEM-Namen eröffnen
650   ITEM-Namen von Diskette laden
660   Gesamtstellenzahl aufbauen
670   Wiederholung ITEM-Nr.
680   Parameter-DATEI schließen
690   Parameter-Ausgabe Überschrift mit DATEI-Namen
700-720   DATEI-Parameter ausgeben
730   Freien Speicherplatz ausgeben(Clearing)
740   Rückkehr

1 Hauptprogramm

```
100   HOME
110   PRINT "SORTIEREN EINER DATEI(83 CP/M)"
120   C1 = 1: P$ = "+": BL = 30: SL = 10: LP = 255
130 DIM A$(BL),B$(BL),C$(BL),K(BL,2),S(SL),L%(SL),MN$(LP)
140   GOSUB 500: D$ = DX$
150 PRINT : INPUT "NAME DER AUSGANGSDATEI?";F$
160 X$ = F$: GOSUB 600
170   PRINT : PRINT " *** MENUE-SORTIEREN ***"
180   PRINT : PRINT "0   NAME ZIELDATEI WAEHLEN"
190   PRINT : PRINT "1   SORTIERITEMS WAEHLEN"
200   PRINT : PRINT "3   SORTIEREN"
210   PRINT : PRINT "5   MISCHEN"
220   PRINT : PRINT "7   PROGRAMM WAEHLEN"
230   PRINT : PRINT "9   BEENDEN"
240 PRINT : PRINT : INPUT "WELCHE OPERATION?";V
250   ON V + 1 GOSUB 1000,1200,280,3000,280,5000,280,7000,280,
260   IF V = 3 OR V = 5  THEN GOSUB 6000          9000
270   GOTO 170
280   RETURN
```

2 Katalog DATEI-Namen anbieten

```
500   DEF  FN AS(X) = ASC(MID$(M$,X,1)) - 7*INT(ASC(MID$(M$,X,1))
510   PRINT : INPUT "DISKETTE IN DRIVE ?";DX$          /65) - 48
520   PRINT : PRINT "KATALOG (=ZWR)?";
530 GET A$: IF A$ = "" THEN 530
540   PRINT: IF A$ < > CHR$ (32) THEN  RETURN
550   RESET: FILES DX$ + ":" + "*.*"
560   GOTO 520
```

3 DATEI-Parameter laden und ausgeben

```
600 OPEN"I",#1,D$+": "+LEFT$(X$,10)+P$
610 INPUT#1, RE,PX,M$
620   IF V = 5 THEN 680
630 I = 0: ML = LEN (M$)
640   FOR J = 1 TO ML
650 INPUT#1, MN$(J)
660 I = I + FN AS(J)
670   NEXT
680 CLOSE#1
690   PRINT : PRINT "DATEI: "X$
700   PRINT : PRINT "ANZAHL DER PROBANDEN:";PX - 1
710   PRINT "  ANZAHL DER STELLEN:"; I
720   PRINT "    ANZAHL DER ITEMS:"ML
730   PRINT: PRINT"FREIER SPEICHER="FRE(0)
740   RETURN
```

4 Namen der ZIELDATEI abfragen und freigeben

Zeile   Wirkung

1000   UP Katalog-Option: Drive-Zeichen auf DR$ setzen
1010   Nämen der ZIELDATEI abfragen
1020-1030 Freigabe des Namens abfragen
1040   Rücksprung zur Katalog-Option,wenn keine Freigabe
1050   Rückkehr bei Freigabe

5 SORTIERITEMS wählen

1200   Zähler SORTIERITEMS auf Anfang setzen
1210   Überschrift ausgeben
1220   SORTIERITEM abfragen
1230   Antwort numerisch auf S übertragen
1240   Rückkehr, falls Ende-Zeichen Ø vorliegt
1250   Sprung zur Freigabe, falls ITEM-Nr. zulässig ist
1260   Schleife für Prüfung des ITEM-Namens eröffnen
1270   Falls ITEM-Name gefunden, sprung zur Freigabe
1280   Wiederholung ITEM-Nr.
1290   Anzeigen, daß ITEM-Name nicht gefunden wurde
1300   Ausgabe ITEM-Nr. und ITEM-Name des SORTIERITEMS
1310   Stellenzahl des ITEMS in L%(J) speichern
1320   Stellenzahl ausgeben
1330   Freigabe des SORTIERITEMS abfragen
1340   Rücksprung zur Eingabe, falls keine Freigabe
1350   Position des ITEMS Nr. J auf Anfang setzen
1360   Schleife für die ersten S ITEMS eröffnen
1370   Position im DATENSATZ für ITEM Nr. J aufbauen
1380   Wiederholung ITEM-Nr.
1390   ITEM-Zähler in S1 speichern
1400   ITEM-Zähler erhöhen
1410   Rücksprung zur Eingabe der SORTIERITEMS

4 Namen der ZIELDATEI abfragen und freigeben

```
1000   GOSUB 510: DR$ = DX$
1010 PRINT : INPUT "NAME DER ZIELDATEI?";S$
1020   PRINT : PRINT"DATEI "S$" F R E I G E G E B E N (=1)?";
1030 INPUT A$
1040   IF A$ < > "1" THEN 1000
1050   RETURN
```

5 SORTIERITEMS wählen

```
1200 J = 1
1210   PRINT : PRINT "SORTIERITEMS WAEHLEN": PRINT
1220 PRINT: INPUT "SORTIER-ITEM (ENDE=0)?";A$
1230 S =   VAL (A$)
1240  IF A$ = "0" THEN   RETURN
1250  IF S > 0 AND S <  = ML THEN 1300
1260  FOR S = C1 TO ML
1270  IF MN$(S) = A$ THEN 1300
1280  NEXT S
1290   PRINT : PRINT A$" EXISTIERT NICHT!": GOTO 1220
1300   PRINT : PRINT "ITEM NR. "S TAB(6) "NAME: "MN$(S);
1310 L%(J) =   FN AS(S)
1320   PRINT  SPC(3) L%(J)"-STELLIG"
1330 PRINT : INPUT " K O R R E K T  (=K)?";A$
1340  IF A$ <  > "K" THEN 1220
1350 S(J) = C1 - L%(J)
1360  FOR K = C1 TO S
1370 S(J) = S(J) +  FN AS(K)
1380  NEXT
1390 S1 = J
1400 J = J + 1
1410  GOTO 1220
```

6   Sortieren DATENBLOCK

Zeile	Wirkung
2000	Zeiger N1 auf Anfang:Zeiger N2 auf Ende BLOCK
2010	Sortierung mit BLOCK Nr. anzeigen
2020	Sortier-Abschnitt auf Anfang setzen
2030	UP Abschnitt auf Sortierung prüfen
2040	UP Sortier-Algorithmus, falls nicht sortiert
2050	Sortier-Zeiger rücksetzen
2060	Sprung zum Keller, falls Abschnitt leer ist
2070	Sortierzeiger umsetzen für linken Abschnitt
2080	Rücksprung zur Sortierung des linken Abschnitts
2090	Kellerzähler rücksetzen
2100	Sortier-Abschnitt aus dem Keller holen
2110	Sprung zur Sortierung, falls Keller nicht leer
2120	Rückkehrzur äußeren Sortier-Schleife

7   Abschnitt auf Sortierung prüfen

Zeile	Wirkung
2200	Sortierkontrolle negativ setzen
2210	Schleife für Sortier-Abschnitt eröffnen
2220	Schleife für S1 SORTIERITEMS eröffnen
2230	Rückkehr, falls Sortierung verletzt ist
2240	Sprung nächster PROBAND, falls Sortierung korrekt
2250	Wiederholung SORTIERITEM
2260	Wiederholung PROBAND
2270	Sortierkontrolle positiv setzen
2280	Rückkehr Sortieren DATENBLOCK

8   Abschnitt sortieren

Zeile	Wirkung
2500	Schleife für S1 SORTIERITEMS eröffnen
2510	Sprung zur Verkürzung, falls Reihenfolge korrekt
2520	Sprung zur Vertauschung, falls Reihenfolge falsch
2530	Wiederholung SORTIERITEM: Sprung zur Verkürzung
2540	Vertauschung der DATENSÄTZE Nr. J1 und J2
2550	Linken Sortierzeiger erhöhen
2560	Sprung zur Kellerung, falls Pivotstelle erreicht
2570	Schleife für S1 SORTIERITEMS eröffnen
2580	Sprung zur Verkürzung, falls Reihenfolge korrekt
2590	Sprung zur Vertauschung, falls Reihenfolge falsch
2600	Wiederholung SORTIERITEM: Sprung zur Verkürzung
2610	Vertauschung der DATENSÄTZE Nr. J1 und J2
2620	Rechten Sortierzeiger nach links rücken
2630	Rücksprung Sortierabfrage, falls noch Elemente
2640	Rechten Sortierzeiger erhöhen
2650	Rückkehr, falls rechter Abschnitt erledigt ist
2660	Rechten Sortierabschnitt einkellern
2670	Kellerzähler erhöhen
2680	Rückkehr in die äußere Sortierschleife

6 Sortieren DATENBLOCK

```
2000 N1 = C1: N2 = N:  II = C1
2010  PRINT "SORTIEREN "B
2020 J1 = N1:  J2 = N2
2030  GOSUB 2200
2040  IF F > O THEN  GOSUB 2500
2050 J1 = J1 - C1
2060  IF N1 >  = J1 THEN 2090
2070 N2 = J1
2080  GOTO 2020
2090 II = II - C1
2100 N1 = K(II,1):  N2 = K(II,2)
2110  IF II > O THEN 2020
2120  RETURN
```

7 Abschnitt auf Sortierung prüfen

```
2200 F = C1
2210  FOR J = N1 TO N2 - C1                              RETURN
2220  FOR K = C1 TO S1
2230  IF MID$(B$(J),S(K),L%(K))>MID$(B$(J+C1),S(K),L%(K)) THEN
2240  IF MID$(B$(J),S(K),L%(K))<MID$(B$(J+C1),S(K),L%(K)) THEN
2250  NEXT K                                             2260
2260  NEXT J
2270 F = O
2280  RETURN
```

8 Abschnitt sortieren

```
2500  FOR K = C1 TO S1                                   2620
2510  IF MID$(B$(J1),S(K),L%(K))<MID$(B$(J2),S(K),L%(K)) THEN
2520  IF MID$(B$(J1),S(K),L%(K))>MID$(B$(J2),S(K),L%(K)) THEN
2530  NEXT K: GOTO 2620                                  2540
2540 A$ = B$(J1):  B$(J1) = B$(J2):  B$(J2) = A$
2550 J1 = J1 + C1
2560  IF J1 = J2 THEN 2640
2570  FOR K = C1 TO S1                                   2550
2580  IF  MID$(B$(J1),S(K),L%(K))<MID$(B$(J2),S(K),L%(K)) THEN
2590  IF  MID$(B$(J1),S(K),L%(K))>MID$(B$(J2),S(K),L%(K)) THEN
2600  NEXT K: GOTO 2550                                  2610
2610 A$ = B$(J1):  B$(J1) = B$(J2):  B$(J2) = A$
2620 J2 = J2 - C1
2630  IF J2 <  > J1 THEN 2500
2640 J2 = J2 + C1
2650  IF J2 >  = N2 THEN  RETURN
2660 K(II,1) = J2:  K(II,2) = N2
2670 II = II + C1
2680  RETURN
```

9 Äußere SORTIER-Schleife

Zeile	Wirkung
3000	Überschrift ausgeben
3010	PROBANDENANZAHL übertragen und auf Anfang setzen: Zeiger für DOPPELGÄNGER inaktiv setzen
3020	Zähler für geladene DATENBLÖCKE auf Anfang setzen
3030	Sprung, falls SORTIERITEMS vorhanden
3040	Anzeigen, daß SORTIERITEMS fehlen: Rückkehr(Menue)
3050	Zu sortierende DATEI in Drive D$ öffnen
3060	DATEN-Puffer B$ mit I Stellen vereinbaren
3070	ZIELDATEI in Drive DR$ öffnen
3080	DATEN-Puffer T$ mit I Stellen vereinbaren
3090	Rückkehr, falls Ausgangs-DATEI abgearbeitet ist
3100	UP Abschnitt B der Ausgangs-DATEI in DATENBLOCK B$
3110	UP DATENBLOCK B$ sortieren
3120	UP DATENBLÖCKE A$, B$ und ZIELDATEI mischen
3130	DATENBLOCK-Anzahl erhöhen
3140	Rücksprung zur Ende-Abfrage

10 DATENBLOCK aus der Ausgangs-DATEI laden

Zeile	Wirkung
3500	Anfangsposition des DATENBLOCKS in F$ bestimmen
3510	Endposition des DATENBLOCKS in F$ bestimmen
3520	Sprung, falls DATEI-Ende noch nicht erreicht ist
3530	Endposition auf letzten PROBANDEN der DATEI
3540	DATENSATZ-Zähler auf Anfang
3550	Schleife für Einlesen in DATENBLOCK eröffnen
3560	DATENSATZ Nr. K aus DATEI F$ laden
3570	DATENSATZ-Zähler erhöhen
3580	DATEN-Puffer auf Platz N des DATENBLOCKS B$( )
3590	Wiederholung DATENSATZ
3600	Rückkehr

9   Äußere SORTIER-Schleife

```
3000   HOME: PRINT "SORTIERUNG VON "F$
3010 P = PX: PX = 1:  DO = O
3020 B = 1
3030   IF S1 > O AND S$<>""THEN 3050
3040   PRINT "SORTIER-ITEMS ODER ZIELDATEI FEHLEN!":RETURN
3050 OPEN"R",#1,D$ + ":" + F$,I + 1
3060 FIELD#1,I AS B$
3070 OPEN"R",#2,DR$ + ":" + S$,I + 1
3080 FIELD#2,I AS T$
3090   IF P - 1 <  = BL * (B - 1) THEN  RETURN
3100   GOSUB 3500
3110   GOSUB 2000
3120   GOSUB 5200
3130 B = B + C1
3140   GOTO 3090
```

10   DATENBLOCK aus der Ausgangs-DATEI laden

```
3500 PA = BL * (B - C1) + C1
3510 PE = BL * B
3520   IF P - C1 > BL * B THEN 3540
3530 PE = P - C1
3540 N = O
3550   FOR K = PA TO PE
3560 GET#1,K
3570 N = N + C1
3580 B$(N) = B$
3590   NEXT
3600   RETURN
```

11   MISCHEN zweier Dateien

Zeile   Wirkung

Zeile	Wirkung
5000	Überschrift mit DATEI-Namen F$, S$ ausgeben
5010	DATENMASKE und PROBANDEN-Anzahl von F$ übertragen
5020	Abfrage, ob DOPPELGÄNGER ausscheiden sollen
5030	DATEI-Name und Drive-Zeichen von S$ übertragen
5040	Sprung, falls DATENMASKEN verschieden sind
5050	UP SORTIEREN/MISCHEN
5060	Rückkehr ins Menue
5070	Anzeigen, daß DATENMASKEN verschieden sind
5080	Rückkehr ins Menue

12   MISCHEN DATENBLÖCKE und ZIELDATEI

Zeile	Wirkung
5200	BLOCK-Länge übertragen: Zähler in ZIELDATEI Anfang
5210	Anzahl der DATENBLÖCKE der ZIELDATEI bestimmen
5220	Sprung zum Schreiben, falls ZIELDATEI leer ist
5230	Hinweis mit Anzahl der DATENBLÖCKE ausgeben
5240	Schleife für DATENBLÖCKE der ZIELDATEI eröffnen
5250	Sprung, falls nicht letzter DATENBLOCK erreicht
5260	Nr. des letzten DATENSATZES bestimmen
5270	Schleife für XL DATENSÄTZE eröffnen
5280	DATENSATZ aus ZIELDATEI laden
5290	DATEN-Puffer auf Platz K des DATENBLOCKS A$( )
5300	Wiederholung DATENSATZ
5310	Schleife für S1 SORTIERITEMS eröffnen
5320	Sprung zum MISCHEN, falls erforderlich
5330	MISCHEN überspringen, falls möglich
5340	Wiederholung SORTIERITEM
5350	Sprung zum MISCHEN
5360	Zähler in ZIELDATEI erhöhen: Sprung neuer BLOCK
5370	Zähler für MISCHEN auf Anfang
5380	Schleife für MISCHEN XL+N PROBANDEN eröffnen
5390	UP MISCHEN A$(I1) in B$(J1)
5400	UP Ausgabe C$( ), falls DATENBLOCK voll
5410	PROBANDEN nach B$( ) übertragen, falls BLOCK voll
5420	Zähler im DATENBLOCK erhöhen
5430	Wiederholung DATENSÄTZE
5440	Wiederholung DATENBLOCK der ZIELDATEI
5450	Schleife für N DATENSÄTZE eröffnen
5460	DATENSATZ B$(J) in DATEN-Puffer T$ schreiben
5470	Ausgabe überspringen, falls String leer ist
5480	DATEN-Puffer in ZIELDATEI schreiben:Zähler erhöhen
5490	Wiederholung DATENSATZ
5500	Nr. des letzten DATENSATZES(+1) übertragen
5510	Rückkehr

11   MISCHEN zweier Dateien

```
5000  PRINT "MISCHUNG VON "F$" IN "S$
5010 A$ = M$: P = PX
5020 PRINT : INPUT "DOPPEL AUSSCHEIDEN(=1)?";DO
5030 X$ = S$: DX$ = DR$:   IF X$>"" THEN GOSUB 600
5040  IF A$ < > M$ OR S$ = "" THEN 5070
5050  GOSUB 3020
5060  RETURN
5070  PRINT : PRINT "MASKEN VERSCHIEDEN ODER ZIELDATEI FEHLT!"
5080  RETURN
```

12   MISCHEN DATENBLÖCKE und ZIELDATEI

```
5200 XL = BL: RX = C1
5210 BS =   INT ((PX - 2) / BL) + C1
5220  IF BS = O THEN 5450
5230  PRINT "MISCHEN     "BS
5240  FOR J = 1 TO BS
5250  IF J < BS THEN 5270
5260 XL = PX - C1 - (BS - C1) * BL
5270  FOR K = 1 TO XL
5280 GET#2,BL*(J-C1)+K
5290 A$(K) = T$
5300  NEXT
5310  FOR K = C1 TO S1                                          5370
5320  IF MID$(A$(XL),S(K),L%(K))> MID$(B$(1),S(K),L%(K)) THEN
5330  IF MID$(A$(XL),S(K),L%(K))<. MID$(B$(1),S(K),L%(K)) THEN
5340  NEXT K                                                    5360
5350  GOTO 5370
5360 RX = RX + XL: GOTO 5440
5370 I1 = 1: J1 = 1: L1 = 1
5380  FOR.CN = C1 TO XL + N
5390  GOSUB 5700
5400  IF CN = XL THEN  GOSUB 5900
5410 IF CN > XL THEN B$(L1) = C$(L1)
5420 L1 = L1 + C1
5430  NEXT CN
5440  NEXT J
5450  FOR J = 1 TO N
5460  LSET T$ = B$(J)
5470  IF B$(J) = "" THEN 5490
5480  PUT#2,RX: RX = RX + C1
5490  NEXT
5500 PX = RX
5510  RETURN
```

13 MISCHEN zweier DATENBLÖCKE

Zeile	Wirkung
5700	Schleife für S1 SORTIERITEMS eröffnen
5710	Sprung zur Übernahme von A$(I1), falls richtig
5720	Sprung zur Übernahme von B$(J1), falls richtig
5730	Wiederholung SORTIERITEM:
	DATENSATZ löschen, falls Identität und DO aktiv
5740	DATENSATZ in DATENBLOCK C$( ) übertragen
5750	Zähler im DATENBLOCK B$( ) erhöehen
5760	Rückkehr, falls DATENBLOCK B$( ) noch nicht leer
5770	Maximales Element übertragen, falls B$( ) leer
5780	Zähler zurücksetzen: Rückkehr
5790	DATENSATZ in DATENBLOCK C$( ) übertragen
5800	Zähler im DATENBLOCK A$( ) erhöhen
5810	Rückkehr, falls DATENBLOCK A$( ) noch nicht leer
5820	Maximales Element übertragen, falls A$( ) leer
5830	Zähler im DATENBLOCK A$( ) rücksetzen
5840	Rückkehr

14 DATENBLOCK C$( ) in ZIELDATEI schreiben

5900	Schleife für XL DATENSÄTZE eröffnen
5910	DATENSATZ C$(K) in DATEN-Puffer schreiben
5920	Falls Strin leer ist, Ausgabe überspringen
5930	DATEN-Puffer in ZIELDATEI schreiben:Zähler erhöhen
5940	Wiederholung DATENSATZ
5950	Letztes Element vor DATENBLOCK setzen
5960	Zähler auf Anfang setzen
5970	Rückkehr

15 DATEI-Parameter ZIELDATEI auf Diskette schreiben

6000	Ausgangs-DATEI F$ in Drive D$ schließen
6010	Parameter-DATEI in Drive DR$ öffnen
6020	ZIELDATEI in Drive DR$ schließen
6030	Nr. des letzten PROBANDEN(+1) übertragen
6040	DATEI-Parameter auf Diskette schreiben
6050	Schleife für ITEM-Namen eröffnen
6060	ITEM-Namen Nr. J auf Diskette schreiben
6070	Wiederholung ITEM-Name
6080	Parameter-DATEI schließen
6090	UP Ausgabe DATEI-Parameter
6100	Rückkehr ins Menue

16 Aufruf DATEI-Menue

7000	DATEI-Menue laden und starten

17 BEENDEN

9000	Arbeitsende

13   MISCHEN zweier DATENBLÖCKE

```
5700    FOR K = 1 TO S1                                              5790
5710    IF MID$(A$(I1),S(K),L%(K))<MID$(B$(J1),S(K),L%(K)) THEN
5720    IF MID$(A$(I1),S(K),L%(K))>MID$(B$(J1),S(K),L%(K)) THEN
5730    NEXT K : IF DO = C1 THEN A$(I1) = ""                         5740
5740 C$(L1) = B$(J1)
5750 J1 = J1 + C1
5760    IF J1 < N + C1 THEN  RETURN
5770 B$(N) = A$(XL)
5780 J1 = J1 - C1: RETURN
5790 C$(L1) = A$(I1)
5800 I1 = I1 + C1
5810    IF I1 < XL + C1 THEN  RETURN
5820 A$(XL) = B$(N)
5830 I1 = I1 - C1
5840    RETURN
```

14   DATENBLOCK C$( ) in ZIELDATEI schreiben

```
5900    FOR K = C1 TO XL
5910    LSET T$ = C$(K)
5920    IF C$(K) = "" THEN 5940
5930    PUT#2,RX:  RX = RX + C1
5940    NEXT
5950 C$(0) = C$(XL)
5960 L1 = 0
5970    RETURN
```

15   DATEI -Parameter ZIELDATEI auf Diskette schreiben

```
6000    CLOSE#1
6010    OPEN"O",#1,DR$+":"+LEFT$(S$,10)+P$
6020    CLOSE#2
6030 PX = RX
6040    PRINT#1,RE,PX,M$
6050    FOR J = 1 TO ML
6060    PRINT#1,MN$(J)
6070    NEXT
6080    CLOSE#1
6090    GOSUB 690
6100    RETURN
```

16   Aufruf DATEI-Menue

```
7000   RUN "DATEI"
```

17   BEENDEN

```
9000   END
```

6.3 Zeilenweise Liste der Variablen

1 Hauptprogramm

0120	BL	LAENGE DER DATENBLOECKE
0120	C1	KONSTANTE ZIFFER 1
0120	LP	MAXIMALE LAENGE DES DATENSATZES
0120	P$	KENNZEICHEN FUER PARAMETER-DATEI
0120	SL	MAXIMALE ANZAHL SORTIERITEMS
0130	A$(BL)	1.DATENBLOCK
0130	B$(BL)	2.DATENBLOCK(SORTIEREN)
0130	C$(BL)	3.DATENBLOCK(MISCHEN)
0130	K(BL;2)	KELLER FUER SORTIER-ZEIGER
0130	L%(SL)	STELLENLAENGE SORTIERITEMS
0130	MN$(LP)	FELD FUER ITEM-NAMEN
0130	S(SL)	POSITION SORTIERITEMS IM DATENSATZ
0140	D$	ZEICHEN FUER AKTUELLEN DRIVE
0150	F$	ANTWORT NAME AUSGANGSDATEI
0160	X$	DATEI-NAME/UEBERTRAGUNG
0240	V	GEWAEHLTE OPERATION

2 Katalog DATEI-Namen anbieten

0500	FN AS(X)	UMWANDLUNG ZEICHEN IN ZAHL
0510	DX$	ANTWORT DRIVE-ZEICHEN
0530	A$	ANTWORT AUF KATALOGANGEBOT

3 DATEI-Parameter laden und ausgeben

0610	M$	DATENMASKE AUSGANGSDATEI/LADEN
0610	PX	PROBANDENANZAHL(+1)/LADEN
0610	RE	RESERVE-PARAMETER/LADEN
0630	I	GESAMTSTELLENZAHL/ANFANG
0630	ML	LAENGE DER DATENMASKE/UEBERTRAGUNG
0650	MN$(J)	EINGABE ITEM-NAMEN
0660	I	GESAMTSTELLENZAHL/AUFBAU

4 Namen der ZIELDATEI abfragen und freigeben

1000	DR$	DRIVE-ZEICHEN ZIELDATEI/UEBERTRAGUNG
1010	S$	NAME DER ZIELDATEI
1030	A$	ANTWORT FREIGABE DATEI-NAME

5 SORTIERITEMS wählen

1200	J	ZAEHLER SORTIERITEMS/ANFANG
1220	A$	ANTWORT SORTIERITEM
1230	S	NR. DES SORTIERITEMS/UMWANDLUNG
1310	L%(J)	STELLENZAHL SORTIERITEM NR.J/SETZUNG
1330	A$	FREIGABE SORTIERITEM
1350	S(J)	POSITION IM DATENSATZ/ANFANG
1370	S(J)	POSITION IM DATENSATZ/AUFBAU
1390	S1	ANZAHL DER SORTIERITEMS/SETZUNG
1400	J	ANZAHL DER SORTIERITEMS/ERHOEHUNG

6 Sortieren DATENBLOCK

2000	II	SORTIER-KENNZEICHEN/AKTIV SETZEN
2000	N1	SORTIER-ZEIGER IM DATENBLOCK/ANFANG
2000	N2	SORTIER-ZEIGER IM DATENBLOCK/ENDE
2020	J1	ANFANG SORTIER-ABSCHNITT/SETZUNG
2020	J2	ENDE SORTIER-ABSCHNITT/SETZUNG
2050	J1	SORTIER-ZEIGER/RUECKSETZEN
2070	N2	SORTIER-ZEIGER/UEBERTRAGUNG
2090	II	SORTIER-KENNZEICHEN/RUECKSETZUNG
2100	N1	SORTIER-ANFANG/UEBERNAHME AUS KELLER
2100	N2	SORTIER-ENDE/UEBERNAHME AUS KELLER

7 Abschnitt auf Sortierung prüfen

2200	F	ZEICHEN SORTIERUNG VORHANDEN(NEGATIV)
2270	F	ZEICHEN SORTIERUNG VORHANDEN(POSITIV)

8 Abschnitt sortieren

2540	A$	DEPOT FUER DATENSATZ/VERTAUSCHUNG
2540	B$(J1)	DATENSATZ NR. J2/UEBERNAHME
2540	B$(J2)	DATENSATZ NR. J1/UEBERNAHME
2550	J1	SORTIER-ZEIGER ERHOEHUNG
2610	A$	DEPOT FUER DATENSATZ/VERTAUSCHUNG
2610	B$(J1)	DATENSATZ NR. J2/UEBERNAHME
2610	B$(J2)	DATENSATZ NR. J1/UEBERNAHME
2620	J2	SORTIER-ZEIGER RUECKSETZEN
2640	J2	SORTIER-ZEIGER/ERHOEHUNG
2660	K(II;1)	ZEIGER-KELLER(ANFANG)/SPEICHERUNG
2660	K(II;2)	ZEIGER-KELLER(ENDE)/SPEICHERUNG
2670	II	ZAEHLER IM KELLER/ERHOEHUNG

9 Äußere Sortierschleife

3010	DO	BEDINGUNG DOPPELGAENGER/PASSIV SETZEN
3010	P	PROBANDENANZAHL AUSGANGSDATEI/ANFANG
3010	PX	PROBANDENANZAHL ZIELDATEI/ANFANG
3020	B	BLOCKZAEHLER AUSGANGSDATEI/ANFANG
3080	T$	PUFFER DER LAENGE I
3130	B	BLOCKZAEHLER AUSGANGSDATEI/ERHOEHUNG

10 DATENBLOCK aus der Ausgangs-DATEI laden

3500	PA	BLOCKANFANG AUSGANGSDATEI/SETZUNG
3510	PE	BLOCKENDE AUSGANGSDATEI/SETZUNG
3530	PE	BLOCKENDE/NR.LETZTER DATENSATZ SETZEN
3540	N	ZAEHLER DATENBLOCK B$( )/ANFANG
3560	B$	DATENSATZ/LADEN
3570	N	ZAEHLER DATENBLOCK B$( )/ERHOEHUNG
3580	B$(N)	DATENSATZ N/PUFFER UEBERTRAGEN

11   MISCHEN zweier DATEIEN

5010	A$	DEPOT DATENMASKE/UEBERTRAGUNG
5010	P	PROBANDENANZAHL(+1)/UEBERTRAGUNG
5020	DO	ANTWORT DOPPEL AUSSCHEIDEN
5030	DX$	DRIVE-ZEICHEN ZIELDATEI/UEBERTRAGUNG
5030	X$	NAME ZIELDATEI/UEBERTRAGUNG

12   MISCHEN DATENBLÖCKE und ZIELDATEI

5200	RX	ZAEHLER IM DATENBLOCK B$( )/ERHOEHUNG
5200	XL	BLOCKLAENGE A$( )/UEBERTRAGUNG
5210	BS	ANZAHL DATENBLOECKE ZIELDATEI/SETZUNG
5260	XL	ANZAHL DATENSAETZE IN A$( )/SETZUNG
5280	T$	DATENSATZ/LADEN
5290	A$(K)	DATENSATZ NR. K/DATENPUFFER UEBERTRAGEN
5360	RX	ZAEHLER ZIELDATEI/ERHOEHUNG
5370	I1	ZAEHLER IM DATENBLOCK A$( )/ANFANG
5370	J1	ZAEHLER IM DATENBLOCK A$( )/ANFANG
5370	L1	ZAEHLER IM DATENBLOCK C$( )/ANFANG
5410	B$(L1)	DATENSATZ/UEBERTRAGUNG
5420	L1	ZAEHLER IM DATENBLOCK C$( )/ERHOEHUNG
5480	RX	ZAEHLER IN ZIELDATEI/ERHOEHUNG
5500	PX	PROBANDENANZAHL/UEBERTRAGUNG

13   MISCHEN zweier DATENBLÖCKE

5730	A$(I1)	DATENSATZ/LOESCHUNG
5740	C$(L1)	DATENSATZ/UEBERTRAGUNG
5750	J1	SORTIER-ZEIGER/ERHOEHUNG
5770	B$(N)	LETZTER DATENSATZ/MAXIMUM UEBERTRAGEN
5780	J1	ZAEHLER IN A$( )/RUECKSETZEN
5790	C$(L1)	DATENSATZ/UEBERTRAGUNG

14   DATENBLOCK in ZIELDATEI schreiben

5800	I1	ZAEHLER IN A$( )/ERHOEHUNG
5820	A$(XL)	LETZTER DATENSATZ/MAXIMUM UEBERTRAGEN
5830	I1	ZAEHLER IN A$( )/RUECKSETZEN
5930	RX	ZAEHLER ZIELDATEI/ERHOEHUNG
5950	C$(0)	0.ELEMENT DATENBLOCK C$( )/SETZUNG
5960	L1	ZAEHLER IM DATENBLOCK C$( )/ANFANG

15   DATEI -Parameter ZIELDATEI auf Diskette schreiben

| 6030 | PX | PROBANDENANZAHL/UEBERTRAGUNG |

6.4 Alphabetische Liste der Variablen

A

A$	0530	ANTWORT AUF KATALOGANGEBOT
A$	1030	ANTWORT FREIGABE DATEI-NAME
A$	1220	ANTWORT SORTIERITEM
A$	1330	FREIGABE SORTIERITEM
A$	2540	DEPOT FUER DATENSATZ/VERTAUSCHUNG
A$	2610	DEPOT FUER DATENSATZ/VERTAUSCHUNG
A$	5010	DEPOT DATENMASKE/UEBERTRAGUNG
A$(BL)	0130	1.DATENBLOCK
A$(I1)	5730	DATENSATZ/LOESCHUNG
A$(K)	5290	DATENSATZ NR. K/DATENPUFFER UEBERTRAGEN
A$(XL)	5820	LETZTER DATENSATZ/MAXIMUM UEBERTRAGEN

B

B	3020	BLOCKZAEHLER AUSGANGSDATEI/ANFANG
B	3130	BLOCKZAEHLER AUSGANGSDATEI/ERHOEHUNG
B$	3560	DATENSATZ/LADEN
B$(BL)	0130	2.DATENBLOCK(SORTIEREN)
B$(J1)	2540	DATENSATZ NR. J2/UEBERNAHME
B$(J1)	2610	DATENSATZ NR. J2/UEBERNAHME
B$(J2)	2540	DATENSATZ NR. J1/UEBERNAHME
B$(J2)	2610	DATENSATZ NR. J1/UEBERNAHME
B$(L1)	5410	DATENSATZ/UEBERTRAGUNG
B$(N)	3580	DATENSATZ N/PUFFER UEBERTRAGEN
B$(N)	5770	LETZTER DATENSATZ/MAXIMUM UEBERTRAGEN
BL	0120	LAENGE DER DATENBLOECKE
BS	5210	ANZAHL DATENBLOECKE ZIELDATEI/SETZUNG

C

C$(0)	5950	0.ELEMENT DATENBLOCK C$( )/SETZUNG
C$(BL)	0130	3.DATENBLOCK(MISCHEN)
C$(L1)	5740	DATENSATZ/UEBERTRAGUNG
C$(L1)	5790	DATENSATZ/UEBERTRAGUNG
C1	0120	KONSTANTE ZIFFER 1

D

D$	0140	ZEICHEN FUER AKTUELLEN DRIVE
DO	3010	BEDINGUNG DOPPELGAENGER/PASSIV SETZEN
DO	5020	ANTWORT DOPPEL AUSSCHEIDEN
DR$	1000	DRIVE-ZEICHEN ZIELDATEI/UEBERTRAGUNG
DX$	0510	ANTWORT DRIVE-ZEICHEN
DX$	5030	DRIVE-ZEICHEN ZIELDATEI/UEBERTRAGUNG

F

F	2200	ZEICHEN SORTIERUNG VORHANDEN(NEGATIV)
F	2270	ZEICHEN SORTIERUNG VORHANDEN(POSITIV)
F$	0150	ANTWORT NAME AUSGANGSDATEI
FN AS(X)	0500	UMWANDLUNG ZEICHEN IN ZAHL

I

I	0630	GESAMTSTELLENZAHL/ANFANG
I	0660	GESAMTSTELLENZAHL/AUFBAU
I1	5370	ZAEHLER IM DATENBLOCK A$( )/ANFANG
I1	5800	ZAEHLER IN A$( )/ERHOEHUNG
I1	5830	ZAEHLER IN A$( )/RUECKSETZEN
II	2000	SORTIER-KENNZEICHEN/AKTIV SETZEN
II	2090	SORTIER-KENNZEICHEN/RUECKSETZUNG
II	2670	ZAEHLER IM KELLER/ERHOEHUNG

J

J	1200	ZAEHLER SORTIERITEMS/ANFANG
J	1400	ANZAHL DER SORTIERITEMS/ERHOEHUNG
J1	2020	ANFANG SORTIER-ABSCHNITT/SETZUNG
J1	2050	SORTIER-ZEIGER/RUECKSETZEN
J1	2550	SORTIER-ZEIGER ERHOEHUNG
J1	5370	ZAEHLER IM DATENBLOCK A$( )/ANFANG
J1	5750	SORTIER-ZEIGER/ERHOEHUNG
J1	5780	ZAEHLER IN A$( )/RUECKSETZEN
J2	2020	ENDE SORTIER-ABSCHNITT/SETZUNG
J2	2620	SORTIER-ZEIGER RUECKSETZEN
J2	2640	SORTIER-ZEIGER/ERHOEHUNG

K

K(BL;2)	0130	KELLER FUER SORTIER-ZEIGER
K(II;1)	2660	ZEIGER-KELLER(ANFANG)/SPEICHERUNG
K(II;2)	2660	ZEIGER-KELLER(ENDE)/SPEICHERUNG

L

L%(J)	1310	STELLENZAHL SORTIERITEM NR.J/SETZUNG
L%(SL)	0130	STELLENLAENGE SORTIERITEMS
L1	5370	ZAEHLER IM DATENBLOCK C$( )/ANFANG
L1	5420	ZAEHLER IM DATENBLOCK C$( )/ERHOEHUNG
L1	5960	ZAEHLER IM DATENBLOCK C$( )/ANFANG
LP	0120	MAXIMALE LAENGE DES DATENSATZES

M

M$	0610	DATENMASKE AUSGANGSDATEI/LADEN
ML	0630	LAENGE DER DATENMASKE/UEBERTRAGUNG
MN$(J)	0650	EINGABE ITEM-NAMEN
MN$(LP)	0130	FELD FUER ITEM-NAMEN

N

N	3540	ZAEHLER DATENBLOCK B$( )/ANFANG
N	3570	ZAEHLER DATENBLOCK B$( )/ERHOEHUNG
N1	2000	SORTIER-ZEIGER IM DATENBLOCK/ANFANG
N1	2100	SORTIER-ANFANG/UEBERNAHME AUS KELLER
N2	2000	SORTIER-ZEIGER IM DATENBLOCK/ENDE
N2	2070	SORTIER-ZEIGER/UEBERTRAGUNG
N2	2100	SORTIER-ENDE/UEBERNAHME AUS KELLER

P

P	3010	PROBANDENANZAHL AUSGANGSDATEI/ANFANG
P	5010	PROBANDENANZAHL(+1)/UEBERTRAGUNG
P$	0120	KENNZEICHEN FUER PARAMETER-DATEI
PA	3500	BLOCKANFANG AUSGANGSDATEI/SETZUNG
PE	3510	BLOCKENDE AUSGANGSDATEI/SETZUNG
PE	3530	BLOCKENDE/NR.LETZTER DATENSATZ SETZEN
PX	0610	PROBANDENANZAHL(+1)/LADEN
PX	3010	PROBANDENANZAHL ZIELDATEI/ANFANG
PX	5500	PROBANDENANZAHL/UEBERTRAGUNG
PX	6030	PROBANDENANZAHL/UEBERTRAGUNG

R

RE	0610	RESERVE-PARAMETER/LADEN
RX	5200	ZAEHLER IM DATENBLOCK B$( )/ERHOEHUNG
RX	5360	ZAEHLER ZIELDATEI/ERHOEHUNG
RX	5480	ZAEHLER IN ZIELDATEI/ERHOEHUNG
RX	5930	ZAEHLER ZIELDATEI/ERHOEHUNG

S

S	1230	NR. DES SORTIERITEMS/UMWANDLUNG
S$	1010	NAME DER ZIELDATEI
S(J)	1350	POSITION IM DATENSATZ/ANFANG
S(J)	1370	POSITION IM DATENSATZ/AUFBAU
S(SL)	0130	POSITION SORTIERITEMS IM DATENSATZ
S1	1390	ANZAHL DER SORTIERITEMS/SETZUNG
SL	0120	MAXIMALE ANZAHL SORTIERITEMS

T

T$	3080	PUFFER DER LAENGE I
T$	5280	DATENSATZ/LADEN

V, X

V	0240	GEWAEHLTE OPERATION
X$	0160	DATEI-NAME/UEBERTRAGUNG
X$	5030	NAME ZIELDATEI/UEBERTRAGUNG
XL	5200	BLOCKLAENGE A$( )/UEBERTRAGUNG
XL	5260	ANZAHL DATENSAETZE IN A$( )/SETZUNG

6.5 Benutzungsanleitung mit Beispiel

A. Starten des Programms

Das Programm kann als Baustein des Programm-Menues mit
der Ziffer 3 oder unter seinem Namen SORTIEREN direkt von
der Datei-Diskette geladen werden. Es folgt die Meldung

```
SORTIEREN EINER DATEI(83 CP/M)          DISKETTE IN DRIVE?
```

Mit der letzten Abfrage ist es wieder möglich, den Drive
für die zu sortierende Datei frei auszuwählen. Nach Angabe
des Drives erfolgt zur Auflistungsmöglichkeit aller Files
der Diskette die Abfrage

```
KATALOG (=ZWR)?
```

Mit der Antwort ZWR(=Leertaste) kann man wie immer die
Namen der Files auflisten. Antwortet man dagegen mit der
Return-Taste, so wird diese Katalogisierung übergangen.
Das Programm fordert jetzt den Namen der Datei an, die
man nach bestimmten Merkmalen sortieren will

```
NAME DER AUSGANGSDATEI?
```

Nach der Eingabe des Namens werden die DATEI-Parameter geladen und ausgegeben. Dann wird das BAUSTEIN-Menue gerufen

```
*** MENUE-SORTIEREN ***

0   NAME ZIELDATEI WAEHLEN

1   SORTIERITEMS WAEHLEN

3   SORTIEREN

5   MISCHEN

7   PROGRAMM WAEHLEN

9   BEENDEN


WELCHE OPERATION? 9
```

Wie bei den anderen Bausteinen kann mit der Eingabe einer
der angegebenen Ziffern des Menues der zugehörige Ablauf
gestartet werden. Bei regulärem Ablauf kehrt das Programm
(außer bei 7 und 9) in das Menue zurück.

B. Beschreibung der Arbeitsgänge

| Ø NAME ZIELDATEI WAEHLEN |

Mit diesem Arbeitsgang kann man den Namen der gewünschten
Zieldatei wählen und damit -im Gegensatz zu den anderen
Programm-Bausteinen- auch zwischen den einzelnen Arbeitsgängen wechseln. Da auch der Name der zu sortierenden Ausgangsdatei vor der Rückkehr in das Menue neu gewählt werden
kann, sind die folgenden Arbeitsabläufe möglich:

1. Es können verschiedene Ausgangsdateien nach den gleichen
   Sortiermerkmalen getrennt auf Dateien verschiedenen Namens
   sortiert und anschließend mit dem Arbeitsgang 3 MISCHEN
   zu einer sortierten Gesamtdatei verbunden werden. Das ist
   entweder zweckmässig, wenn die Ausgangsdatei aus Teildateien besteht oder bei größeren Dateien durch Aufteilung
   Sortierzeit eingespart werden soll.

2. Will man Änderungen in eine bereits sortierte Datei ein-
   bringen(Updating), so kann man die Datei mit den Änderungen zunächst für sich sortieren und dann jeweils mit dem
   Arbeitsgang 3 MISCHEN in die bisherige Datei einmischen.

Nach dem Aufruf des Arbeitsganges mit Ziffer Ø erfolgt wie
stets die Auswahl des gewünschten Drive/Diskette mit

   DISKETTE IN DRIVE ?

Nach Eingabe des Drive mit der Zieldiskette erfolgt Abfrage

   KATALOG (=ZWR)?

Nach der Katalogisierung der File-Namen oder nach sofortigem
Return wird abgefragt (Bsp. für DATEI-Name: ZIEL)

   NAME DER ZIELDATEI?ZIEL

Die Freigabe der Zieldatei wird aus Sicherheitsgründen
abgefragt auch wenn der Name noch nicht existiert mit

   DATEI ZIEL FREIGEGEBEN(=1)??

Der gewünschte Name wird mit Ziffer 1 freigegeben oder das
Programm kehrt sofort in das Menue zurück.

Für den Arbeitsgang 3 SORTIEREN dürfen Ausgangs- und Zieldatei gleich gewählt werden. Für 5 MISCHEN würde sich kein
korrektes Resultat ergeben.

1 SORTIERITEMS WAEHLEN

Dieser Arbeitsgang ist für das SORTIEREN einer Datei stets
erforderlich. Damit werden die ITEMS angegeben, nach denen
die AUSGANGSDATEI später sortiert werden soll.
Das erste SORTIERITEM (Nummer/Name) wird abgefragt mit

    SORTIER-ITEM (ENDE=0)?

Da Sortiervorgänge i.a. sehr zeitaufwendig sind, wird nach
der Ausgabe von ITEM-Nr., -Name und Stellenzahl die Freigabe des SORTIERITEMS ausdrücklich angefordert mit

    KORREKT(=K)?

Wird das angegbene ITEM nicht durch Eingabe von K freige-
geben, so kehrt die Eingabe an die Abfrage eines SORTIER-
ITEMS zurück. Die Eingabe aller SORTIERITEMS wird durch
Eingabe der Ziffer Ø beendet.
Falls eine ITEM-Nr. oder ITEM-Name nicht zulässig ist, so
erfolgt die Meldung (mit Rückkehr zur Eingabe)

    (Name/Nr.)   EXISTIERT NICHT!

Die Gesamtanzahl der gewünschten SOTIERITEMS ist auf zehn
beschränkt. Das dürfte in den meisten Fällen völlig ausreichen. Ggf. muß sonst der Wert des Parameters SL in der
Zeile 120 des SORTIER-BAUSTEINS erhöht werden.
Bei der späteren Sortierung bzw. Mischung werden die angegebenen SORTIERITEMS in der Reihenfolge der Eingabe berücksichtigt. Will man z.B. eine Adreß-DATEI erst bezüglich
des ITEMS Postleitzahlen und bei gleicher Postleitzahl bezüglich des ITEMS Namen sortieren, so muß man zunächst die
Nummer oder den Namen des ITEMS Postleitzahlen und danach
die Nummer oder den Namen des ITEMS Namen angeben, auch
wenn diese in der DATEI selbst in anderer Reihenfolge vorhanden sind. Die Anordnung der ITEMS wird durch die Sortierung oder Mischung nicht verändert.
Wird der Arbeitsgang 1 SORTIERITEMS WAEHLEN erneut aufgerufen, so sind die bisher eingebenen SORTIERITEMS automatisch gelöscht. Eine Ausgabe der gewünschten SORTIERITEMS
ist nicht vorgesehen.

3 SORTIEREN

Mit diesem Arbeitsgang erfolgt die Sortierung der angegebenen Datei nach den im Arbeitsgang 1 genannten Sortiermerkmalen. Die sortierte Datei wird in der im Arbeitsgang Ø be-
nannten Zieldatei abgespeichert. Nach Eingabe der Ziffer 3
erfolgt die Meldung   SORTIERUNG VON   (DATEINAME)
       SORTIEREN   (Nummer des betr. DATENBLOCKS)

und daran anschließend der Sortiervorgang.

Man beachte dabei folgendes:

1. Sortierläufe sind i.a. sehr zeitaufwendig, da der Zeitbedarf sich mit dem Quadrat der zu sortierenden Probanden
   erhöht. Hinzu kommt, daß häufig der Arbeitsbereich des
   Rechners die gesamte Datei nicht auf einmal aufnehmen
   kann. Dann wird es notwendig, die bereits teilsortierten
   Daten mehrmals wieder aus der entstehenden Zieldatei in
   den Rechner zurückzuladen.
   Man sortiere möglichst nicht zu umfangreiche Dateien oder
   richte sich auf einen hohen Zeitbedarf ein.
   Es kann sehr zweckmässig sein, eine größere Datei erst in
   zwei (oder mehreren) Teilen zu sortieren und sie dann mit
   dem Arbeitsgang 5 MISCHEN zu einer sortierten Gesamtdatei
   zu vereinigen.

2. Es ist zulässig, die zu sortierende Datei gleich wieder
   zur Zieldatei zu machen. Das Ergebnis entsteht ohne er-
   höhten Zeit- oder Speicherbedarf. Da der Inhalt einer
   Datei beim Sortieren ja nur umgestellt, aber nicht verändert wird, empfiehlt sich dieses Verfahren zur Ein-
   sparung von Speicherplatz auf Disketten. Aus Sicherheitsgründen sollte man jedoch von jeder generierten Stammdatei eine Kopie herstellen.

3. Stimmen zwei Probanden bei der Sortierung in allen Sortier-
   merkmalen überein (= Doppelgänger), so werden beide in
   die Zieldatei übernommen. Will man solche Doppelgänger
   vermeiden, z.B. wenn Änderungen an den Daten einzelner
   Probanden übertragen werden sollen (Updating), so kann
   man mit dem Arbeitsgang 5 MISCHEN zum Ziel kommen.

5 MISCHEN

Dieser Arbeitsgang erlaubt es, eine Datei in eine bereits
sortierte Datei einzusortieren. Die Zieldatei muß dazu mit
dem Arbeitsgang Ø NAME ZIELDATEI WAEHLEN vorher angegeben
werden. Außerdem muß man mit dem Arbeitsgang 1 SORTIERITEMS
WAEHLEN angeben, bezüglich welcher Items die Mischung der
beiden Dateien erfolgen soll.
Nach dem Aufruf mit Ziffer 5 erfolgt die Meldung
     MISCHUNG VON A-DATEI   IN   Z-DATEI

     DOPPEL AUSSCHEIDEN(=1)?
Gibt man dann die Ziffer 1 ein, so werden alle Probanden
der Zieldatei, die in den gewählten Sortieritems mit einem
Probanden der einzusortierenden Datei übereinstimmen durch
diesen (neuen) Probanden in der Gesamtdatei ersetzt. Das
ist immer dann notwendig, wenn man Änderungen in einer
Datei nicht einzeln vornehmen möchte, sondern einen ganzen
Änderungsbestand in eine schon sortierte Datei aufnehmen
möchte. Dieser Ersatz von Probanden ist nur in diesem Arbeitsgang vorgesehen. Doppelgänger in den beiden Ausgangsdateien werden dabei jedoch nicht erkannt.
Der Mischvorgang setzt für ein korrektes Ergebnis voraus,
daß die Zieldatei vor dem Mischen ordnungsgemäß bezüglich
der gewählten Sortieritems sortiert wurde, ansonsten erhält meine keine korrekte Gesamtsortierung. Die einzusor-
tierende Datei muß dagegen nicht in sich sortiert sein, sie
wird während der Mischung selbst erst sortiert.
Man kann den Arbeitsgang 5 MISCHEN aber auch zur Zeiter-
sparnis einsetzen. Dazu sortiert man eine Ausgangsdatei
zunächst in Teilen und mischt diese dann anschließend zu
einer Gesamtdatei. Insgesamt muß man aber auch hier mit
einem erheblichen Zeitbedarf rechnen, der auf die wiederholte Übernahme der Daten von der Zieldiskette zurückgeht.
Am Ende der Mischung werden die Parameter der erzeugten
Datei ausgegeben. Anschließend kehrt das Programm zur Angabe einer neuen Datei und dann ins Menue zurück.

Nach den Arbeitsgängen 3 SORTIEREN oder 5 MISCHEN steht
eine sortierte Datei unter dem gewählten Namen zur Verfügung, die sich mit jedem der anderen Bausteine verarbeiten
läßt. Die verwendeten Sortieritems werden nicht als Parameter in der erzeugten Datei aufbewahrt, da sich die gewählte Sortierung durch die Ausgabe der Datei leicht feststellen läßt. Der Sortier-Baustein enthält jedoch selbst
kein Ausgabe-Programm, um Speicherplatz für die Arbeitsbereiche zu gewinnen. Man kann jede erzeugte Datei mit dem
Baustein GENERIEREN EINER DATEI auf dem Bildschirm oder
Drucker ausgeben.
Anders als bei den Bausteinen TEILDATEI EINER DATEI und
STATISTISCHE AUSWERTUNG wird weder beim Arbeitsgang 3 SOR-
TIEREN, noch beim Arbeitsgang 5 MISCHEN eine Anschlußdatei
zugelassen. Das erscheint auch nicht zweckmässig, weil i.a.
der Zeitbedarf zu groß werden würde. Man kann natürlich
eine Anschlußdatei vorher mit dem Baustein GENERIEREN EINER
DATEI, Arbeitsgang 4 ANBINDEN, an die erste Datei anbinden
und dann diese neue Datei sortieren. Man kann aber auch
die Dateien getrennt sortieren und anschließend mit dem
Arbeitsgang 5 MISCHEN in eine sortierte Gesamtdatei umwandeln. Man muß in diesem Falle aber sicher sein, daß die
gesamte Datei auf der gewählten Diskette Platz findet, da
sonst kein korrektes Ergebnis möglich ist.
Die durch SORTIEREN oder MISCHEN entstandene sortierte Datei
kann ohne weiteres als Datei wie andere verwendet werden.

> **7 PROGRAMM WAEHLEN**

Mit diesem Arbeitsgang kann wie üblich in das Baustein-
Menue zurückgekehrt werden. Man kann also jeden anderen BAU-
STEIN anwählen oder die AUSGANGSDATEI wechseln.

> **9 BEENDEN**

Durch Eingabe der Ziffer 9 kann der gesamte Arbeitsablauf
ohne Verzweigung auf einen der Bausteine regulär beendet
werden.

<u>Beispiel 3</u>. SORTIEREN EINER DATEI

Arbeitsgang	Arbeitsgang
Ø NAME ZIELDATEI WAEHLEN	1 SORTIERITEMS WAEHLEN

SORTIEREN EINER DATEI(83 CP/M)

DISKETTE IN DRIVE? A

KATALOG (=ZWR)?

NAME DER AUSGANGSDATEI? V.SOR

DATEI: V.SOR

ANZAHL DER PROBANDEN:0
  ANZAHL DER STELLEN:60
  ANZAHL DER ITEMS:3

  *** MENUE-SORTIEREN ***

O   NAME ZIELDATEI WAEHLEN

1   SORTIERITEMS WAEHLEN

3   SORTIEREN

5   MISCHEN

7   PROGRAMM WAEHLEN

9   BEENDEN

WELCHE OPERATION? O

DISKETTE IN DRIVE? A

KATALOG (=ZWR)?

NAME DER ZIELDATEI? VZEILE.SOR

DATEI VZEILE.SOR FREIGEGEBEN(=1)?? 1

  *** MENUE-SORTIEREN ***

O   NAME ZIELDATEI WAEHLEN

1   SORTIERITEMS WAEHLEN

3   SORTIEREN

5   MISCHEN

7   PROGRAMM WAEHLEN

9   BEENDEN

WELCHE OPERATION? 1

SORTIERITEMS WAEHLEN

SORTIER-ITEM (ENDE=O)? 2

ITEM NR. 2 NAME: ZEILE   10-STELLIG

  KORREKT(=K)? K

SORTIER-ITEM (ENDE=O)? 1

ITEM NR. 1 NAME: NAME   10-STELLIG

  KORREKT(=K)? K

SORTIER-ITEM (ENDE=O)? O

Hinweis. Mit den beiden obigen Arbeitsgängen wurde die Sortierung der im Baustein SORTIEREN EINER DATEI verwendeten Variablen vorbereitet. Die sortierte Liste wurde dann noch mit dem Baustein TEILDATEI EINER DATEI umgeordnet. Das Endergebnis ist die zeilenweise Variablenliste auf S.102 bis 104.

7 VERBUND ZWEIER DATEIEN

7.1 Überblick

Die bisherigen BAUSTEINE zur DATEIVERARBEITUNG beziehen sich
stets auf eine einzelne DATEI und eventuelle Anschluß-DATEIEN
mit gleicher DATENMASKE. Dieser BAUSTEIN liefert jetzt die
Möglichkeit DATEIEN unterschiedlicher Struktur(DATENMASKE)
miteinander zu verbinden. Der Grundgedanke ist also die Verbindung von ITEMS verschiedener DATEIEN zu einer neuen DATEI.
Der VERBUND wird jeweils über ein gemeinsames ITEM mit einem
gemeinsamen Wertebereich hergestellt. Der einfachste Fall des
VERBUNDES sei an einer Schüler-DATEI erläutert.

Es ist sicher nicht zweckmässig, die DATEN der Schüler einer
Schule in einer einzigen DATEI unterzubringen. Es empfiehlt
sich dagegen eine STAMMDATEI mit wenig veränderlichen DATEN,
wie NAME, ANSCHRIFT, GEBURTSJAHR, KONFESSION usw. anzulegen.
Die aktuellen DATEN eines lfd. Schuljahres, etwa KLASSE,
FÄCHER, NOTEN usw. werden dann in einer oder mehreren DATEIEN
getrennt erfaßt. Will man nun z.B. eine KLASSENLISTE oder eine
ZEUGNISLISTE herstellen, in der DATEN aus der allgemeinen
STAMMDATEI notwendig sind, so kann man die DATEIEN über ein
gemeinsames ITEM verbinden. In unserem Beispiel könnte das
eine identifizierende Schüler-Nummer sein, die in den schüler-
bezogenen DATEIEN als gemeinsames Merkaml auftritt. Der NAME
des Schülers könnte wegen unterschiedlicher Schreibweise oder
mehrerer Schüler gleichen Namens zu Schwierigkeiten führen.
Damit ist nur der einfachste Fall eines DATEI-VERBUNDES beschrieben. Ein weitergehendes Beispiel entsteht z.B. für den
Fall eines Kurs-Systems, in dem die Schüler/Teilnehmer an
mehreren Kursen teilnehmen. Auch hier kann man sich die Aufnahme der allgemeinen DATEN in die Kurs-DATEIEN ersparen. Auch
für mehrere Identifikationen(Schüler) innerhalb einer DATEI
ist der VERBUND mit einer einzelnen Referenz in einer anderen
DATEI möglich. Voraussetzung für den hier verwendeten VERBUND
ist aber in allen Fällen eine vorherige SORTIERUNG nach dem
gemeinsamen ITEM.
Der BAUSTEIN VERBUND ZWEIER DATEIEN erspart das Anlegen über-

mässig großer DATEIEN und die Wiederholung gleicher ITEMS in
verschiedenen DATEIEN. Zum besseren Verständnis des VERBUNDES
sei noch ein kleines Beispiel angegeben.
Zu Beginn eines Schuljahres werden z.B. folgende zwei DATEIEN
angelegt: 1.KLASSENPLAN und 2.LEHRERPLAN.
Im KLASSENPLAN werden folgende ITEMS festgelegt (K=KLASSE(N))
K-NUMMER/K-LEHRER/K-RAUM/SCHÜLERZAHL/STUNDENZAHL
Für jede KLASSE wird genau ein DATENSATZ in der DATEI KLASSEN-
PLAN angelegt. Als identifizierende ITEMS kommen die ersten
drei ITEMS in Betracht.
Im LEHRERPLAN werden folgende ITEMS belegt(L=LEHRER):
L-NAME/K-NUMMER/FACH/RAUM/STUNDEN
Für jeden LEHRAUFTRAG(Unterricht je Fach und Klasse) wird ein
DATENSATZ angelegt. In der DATEI LEHRERPLAN gibt es kein iden-
tifizierendes ITEM, weil die WERTE der ITEMS i.a. mehrfach
auftreten werden.
Die beiden DATEIEN lassen sich jetzt z.B. bezüglich des ITEMS
K-NUMMER verbinden. Dabei lassen sich die Informationen des
KLASSENPLANS wie K-LEHRER/K-RAUM/SCHÜLERZAHL/STUNDENZAHL in
eine LEHRAUFTRAGS-Liste übernehmen. Man kann auch durch eine
Anbindung der Informationen des LEHRERPLANS einen STUNDENPLAN
für alle oder einzelne KLASSEN herstellen. Außer der vorherigen SORTIERUNG nach der K-NUMMER muß dann entweder nach
L-NAME oder K-NUMMER sortiert werden.
Die beiden DATEIEN müssen nicht als Ganzes miteinander verbunden werden. Aus der 1.DATEI können die gewünschten ITEMS
einzeln oder als ITEM-Blöcke gewählt werden(s. Beispiel 4).
Jede durch VERBINDEN erzeugte DATEI kann selbst wieder als
normale DATEI in den anderen BAUSTEINEN oder für einen neuen
VERBUND verwendet werden. Damit ergibt sich offensichtlich
ein sehr wirksames Mittel zur DATEIVERARBEITUNG.
Zur Erleichterung enthält der BAUSTEIN selbst einen Arbeitsgang AUSGABE, um die erzeugten DATEIEN direkt ausgeben zu
können. Zur Kontrolle können auch die DATENMASKEN der beiden
verarbeiteten DATEIEN und der VERBUNDDATEI auf Bildschirm
oder Drucker ausgegeben werden.

7.2 Programm (VERBUND ZWEIER DATEIEN)

 1 Hauptprogramm
 2 Katalog DATEI-Namen anbieten
 3 DATEI-Parameter laden und ausgeben
 4 Wahl ITEMBLÖCKE 1.DATEI
 5 Wahl der 2.DATEI
 6 Verbund-ITEM abfragen
 7 ITEM-Nr. abfragen oder bestimmen
 8 VERBINDEN
 9 VERBUND ausführen
10 DATENBLOCK 2.DATEI laden
11 Parameter Verbund-DATEI speichern
12 AUSGABE
13 DATENBLOCK von Diskette laden
14 DATENMASKE ausgeben
15 Aufruf DATEI-Menue
16 BEENDEN

1   Hauptprogramm (VERBINDEN ZWEIER DATEIEN)

Zeile   Wirkung

100   Löschen des Bildschirmes
110   Ausgabe des BAUSTEIN-Namens
120   Kennzeichen für Parameter-DATEI setzen:
            Länge des DATENBLOCKS setzen:
            Maximale Länge des DATENSATZES setzen:
            Maximale Anzahl der ITEM-Blöcke setzen

130   DATENBLÖCKE A$(BL) und B$(BL) dimensionieren
            ITEMBLÖCKE IL(WL), IR(WL) dimensionieren
            Felder für ITEM-Namen dimensionieren
140   UP Katalog DATEI-Namen anbieten:
            Drive-Zeichen übertragen
150   Abfrage des Namens der 1.DATEI
160   UP DATEI-Parameter laden und ausgeben
170   Namen/DATENMASKE 1.DATEI speichern
180   UP Verbund-ITEM abfragen
190   Position, Länge Verbund-ITEM speichern:
            Stellenzahl, PROBANDEN-Anzahl 1.DATEI speichern
200   UP Wahl ITEM-BLÖCKE 1.DATEI

210-270   BAUSTEIN-Menue ausgeben

280   Gewünschte Operation abfragen
290   Verzweigung auf gewählte Operation
300   Rücksprung zur Menue-Ausgabe
310   Rückkehr bei unzulässiger Operation

2   Katalog DATEI-Namen anbieten

400   Funktion AS zur Umwandlung Zeichen der DATENMASKE
            in Stellenzahl des ITEMS
410   Zeichen des aktuellen Drives abfragen
420-430   Katalog-Option abfragen
440   Rückkehr, falls kein Katalog gewünscht
450   DATEI-Namen in Drive DX$ auflisten
460   Rücksprung zur Katalog-Option

3   DATEI-Parameter laden und ausgeben

500   Parameter-DATEI zu F$ in Drive D$ öffnen
510   Reserve, PROBANDEN-Anzahl und DATENMASKE laden
520   Stellenzahl auf Anfang:Länge der MASKE übertragen
530   Schleife für ML ITEMS eröffnen
540   ITEM-Namen von Diskette laden
550   Gesamtstellenzahl erhöhen
560   Wiederholung ITEM
570   Parameter-DATEI schließen

580-610   DATEI-Parameter ausgeben

620   Freien Speicherplatz ermitteln und ausgeben
630   Rückkehr

1   Hauptprogramm

```
100   HOME
110   PRINT "VERBUND ZWEIER DATEIEN(83 CP/M)"
120 P$ = "+": BL = 50: LP = 255: WL = 10
130 DIM A$(BL),B$(BL),IL(WL),IR(WL),MN$(LP),MT$(LP)
140   GOSUB 400: DA$ = DX$: D$  = DX$
150 PRINT : INPUT "NAME DER 1.DATEI?";F$
160   GOSUB 500
170 FA$ = F$: MA$ = M$
180   GOSUB 1200
190 SA = A: L = K: IA = I: PA = P
200   GOSUB 700
210   PRINT : PRINT " ***** MENUE-VERBINDEN *****"
220   PRINT : PRINT " 2 WAHL DER 2.DATEI"
230   PRINT : PRINT " 3 VERBINDEN"
240   PRINT : PRINT " 5 AUSGABE"
250   PRINT : PRINT " 6 DATENMASKE AUSGEBEN"
260   PRINT : PRINT " 7 PROGRAMM WAEHLEN"
270   PRINT : PRINT " 9 BEENDEN"
280 PRINT :  INPUT "WELCHE OPERATION?";V
290   ON V  GOSUB 140,1000,3000,310,5000,5000,7000,310,9000
300   GOTO 210
310   RETURN
```

2   Katalog DATEI-Namen anbieten

```
400 DEF FN AS(X) = ASC(MID$(M$,X,1))- 48 -7* INT(ASC(MID$(M$,X,
410   PRINT : INPUT "DISKETTE IN DRIVE ?";DX$          1))/65)
420   PRINT : PRINT "KATALOG(=ZWR)";
430 GET A$: IF A$ = "" THEN 430
440   PRINT: IF A$ <> CHR$(32) THEN  RETURN
450   RESET: FILES DX$+": "+"* *"
460   GOTO 420
```

3   DATEI-Parameter laden und ausgeben

```
500 OPEN"I",#1,D$+": "+LEFT$(F$,10)+P$
510   INPUT#1, RE,P,M$
520 I = 0:ML =  LEN (M$)
530   FOR J = 1 TO ML
540 INPUT#1, MN$( J)
550 I = I +  FN AS(J)
560   NEXT J
570 CLOSE#1
580   PRINT : PRINT "DATEI: "F$
590   PRINT : PRINT " ANZAHL DER PROBANDEN: ";P - 1
600   PRINT "   ANZAHL DER STELLEN: "; I
610   PRINT "     ANZAHL DER ITEMS: ";ML
620   PRINT : PRINT "FREIER SPEICHER="; FRE (0)
630   RETURN
```

4   Wahl ITEMBLÖCKE 1.DATEI

Zeile   Wirkung

700   BLOCK-Nr., Stellenzahl, DATENMASKE auf Anfang
710   Ausgabe Eingabe-Überschrift BLOCK-ANFANG
720   ITEM-Nr. abfragen oder bestimmen
730   Sprung, falls kein Ende-Zeichen vorliegt
740   Rückkehr, falls ITEM-BLOCK existiert
750   1.DATEI ganz übernehmen: Sprung Block generieren
760   BLOCK-ANFANG übertragen
770   Ausgabe Eingabe-Überschrift BLOCK-ENDE
780   UP ITEM-Nr. abfragen oder bestimmen
790   BLOCK-ENDE übertragen
800   Sprung BLOCK generieren, falls zulässig
810   Anzeige, daß BLOCK nicht zulässig ist:Rücksprung
820   Schleife für ITEM-BLOCK eröffnen
830   DATENMASKE aufbauen
840   ITEM-NAMEN übertragen
850   Wiederholung ITEM im BLOCK
860   UP Anfangsposition für BLOCK-ANFANG bestimmen
870   Anfangsposition ITEM-BLOCK speichern
880   UP Position BLOCK-ENDE bestimmen
890   Länge des ITEM-BLOCKS speichern
900   Stellenzahl VERBUND-DATEI erhöhen
910   BLOCK-Zähler setzen und erhöhen
920   Rückkehr, falls Ende-Zeichen vorliegt
930   Rücksprung BLOCK-Abfrage, falls noch zulässig
940   Anzeige, daß Anzahl der BLÖCKE erschöpft ist
950   Rückkehr

5   Wahl der 2.DATEI

1000   UP Katalog DATEI-Namen anbieten:
1010   Drive-Zeichen übertragen
1010   Namen der 2.DATEI abfragen
1020   UP DATEI-Parameter laden und ausgeben
1030   Namen,Maske,Stellen- und Probandenanzahl speichern
1040   UP Verbund-ITEM abfragen
1050   Anfangsposition und Nr. Verbund-ITEM speichern
1060   Rückkehr

6 Verbund-ITEM abfragen

1200   Abfrage-Überschrift ausgeben
1210   UP ITEM-Nr. abfragen oder bestimmen
1220   Rücksprung, falls ITEM-Nr. nicht zulässig ist
1230   Rückkehr, falls Ende-Zeichen vorliegt
1240   Sprung, falls Verbund-ITEM zulässig ist
1250   Anzeige, daß Verbund-ITEM nicht zulässig ist
1260   Rücksprung Abfrage Verbund-ITEM
1270   Anfangsposition ITEM Nr. T
1280   Schleife für die ersten T ITEMS eröffnen
1290   Anfangsposition im DATENSATZ erhöhen
1300   Wiederholung ITEM
1310   Stellenlänge ITEM Nr. T übertragen
1320   Rückkehr

    4   Wahl ITEMBLÖCKE 1.DATEI

```
700 J = 1: I1 = 0: M1$ = ""
710  PRINT : PRINT "BLOCK-ANFANG (ENDE=0)";
720  GOSUB 1500
730  IF T > 0 THEN 760
740  IF J > 1 THEN RETURN
750 IL(1) = 1: IR(1) = ML: GOTO 820
760 IL(J) = T
770  PRINT : PRINT "BLOCK-ENDE"
780  GOSUB 1500
790 IR(J) = T
800  IF IL(J) < = IR(J) AND IR(J) < = ML THEN 820
810  PRINT : PRINT "BLOCK FALSCH!": GOTO 710
820  FOR K = IL(J) TO IR(J)
830 M1$ = M1$ +  MID$ (MA$,K,1)
840 MT$( LEN (M1$)) = MN$(K)
850  NEXT
860 T = IL(J): GOSUB 1270
870 IL(J) = A
880 T = IR(J): GOSUB 1270
890 IR(J) = A - IL(J) + K
900 I1 = I1 + IR(J)
910 BJ = J: J = J + 1
920  IF A$ = "0" THEN RETURN
930  IF J <= WL THEN 710
940  PRINT :  PRINT "BLOCK-ANZAHL ERSCHOEPFT!"
950  RETURN
```

    5   Wahl der 2.DATEI

```
1000  GOSUB 400: DB$ = DX$: D$ = DX$
1010 PRINT : INPUT "NAME DER 2. DATEI?";F$
1020  GOSUB 500
1030 FB$ = F$: MB$ = M$: IB = I: PB = P
1040  GOSUB 1200
1050 SB = A: S = T
1060  RETURN
```

    6   Verbund-ITEM abfragen

```
1200  PRINT : PRINT "VERBUNDITEM IN DATEI "F$": "
1210  GOSUB 1500
1220  IF T < 0 OR T > ML THEN 1200
1230  IF T = 0 THEN RETURN
1240  IF V = 0 OR  FN AS(T) = L THEN 1270
1250  PRINT : PRINT "VERBUNDITEM UNGLEICHE LAENGE"
1260  GOTO 1200
1270 A = 1 -  FN AS(T)
1280  FOR K = 1 TO T
1290 A = A +  FN AS(K)
1300  NEXT
1310 K =  FN AS(T)
1320  RETURN
```

7   ITEM-Nr. abfragen oder bestimmen

Zeile   Wirkung

1500   ITEM-Nr. oder -Name abfragen
1510   Numerischen Wert der Antwort bilden
1520   Rückkehr, falls Ende-Zeichen Ø vorliegt
1530   Rückkehr, falls ITEM-Nr. zulässig ist
1540   Schleife für alle ITEMs eröffnen
1550   Rückkehr, falls zulässiger ITEM-Name gefunden
1560   Wiederholung ITEM-Nr.
1570   Anzeige, daß Antwort nicht zulässig ist
1580   Rücksprung zur ITEM-Abfrage

8   VERBINDEN

3000   Stellenzahl der VERBUNDDATEI bilden
3010   Sprung, falls VERBUND möglich ist
3020   Anzeige, daß VERBUND nicht möglich ist
3030   Abfrage, ob Speicherung VERBUND gewünscht wird
3040   Sprung, falls keine Speicherung gewünscht ist
3050   UP Katalog DATEI-Namen:Drive-Zeichen übertragen
3060   Namen der VERBUNDDATEI abfragen
3070   Freigabe des Namens abfragen
3080   Rücksprung, falls Name nicht freigegeben ist
3090   VERBUNDDATEI in Drive DØ öffnen
3100   Puffer der Länge I vereinbaren
3110   2.DATEI in Dribe DBØ öffnen
3120   Puffer der Länge IB vereinbaren
3130   BLOCK-Zähler 2.DATEI, Sortierung auf Anfang setzen
            UP DATENBLOCK 2.DATEI laden
3140   UP VERBUND ausführen mit Sortieranfang
3150   Alle Dateien schließen
3160   Sprung, falls VERBUNDDATEI nicht leer ist
3170   Anzeige, daß VERBUNDDATEI leer ist: Rückkehr
3180   DATENMASKE der VERBUNDDATEI bilden
3190   Länge DATENMASKE übertragen, Lücke auf Null setzen
3200   Schleife für ITEMS der VERBUNDDATEI eröffnen
3210   Sprung, falls ITEM-Nr. in 2.DATEI gehört
3220   Lücke auf 1 setzen, falls Verbund-ITEM vorliegt
3230   ITEM-Namen der 2.DATEI an Namen 1.DATEI anfügen
3240   ITEM-Namen VERBUNDDATEI übertragen
3250   Wiederholung ITEM VERBUNDDATEI
3260   UP Parameter VERBUNDDATEI speichern, falls nötig
3270   UP DATEI-Parameter ausgeben
3280   Rückkehr

7   ITEM-Nr. abfragen oder bestimmen

```
1500 PRINT : INPUT "WELCHES ITEM ?";A$
1510 T =  VAL (A$)
1520  IF A$ = "0" THEN  RETURN
1530  IF T > 0 AND T < = ML THEN  RETURN
1540  FOR T = 1 TO ML
1550  IF MN$(T) = A$ THEN  RETURN
1560  NEXT T
1570  PRINT : PRINT A$" EXISTIERT NICHT!"
1580  GOTO 1500
```

8   VERBINDEN

```
3000 I = I1 + IB - L: P = 1
3010  IF I < = LP  AND FB$ <> "" THEN 3030
3020  PRINT: PRINT "ZU LANG  ODER 2.DATEI FEHLT!": RETURN
3030 PRINT : INPUT "VERBUNDDATEI SPEICHERN(=1)?";VS
3040  IF VS < > 1 THEN  GOTO 3110
3050  GOSUB 410: D$ = DX$
3060 PRINT : INPUT "NAME DER VERBUNDDATEI?";F$
3070  PRINT : PRINT "DATEI "F$" FREIGEGEBEN(=1)?";
3080 INPUT A$: IF A$ <> "1" THEN 3050
3090  OPEN"R",#3,D$+": "+F$,I+1
3100  FIELD#3,I AS V$
3110 OPEN"R",#1,DB$+": "+FB$,IB+1
3120 FIELD#1,IB AS A$
3130 BB = 1: B$(0) = "": GOSUB 3700
3140 A$(0) = "": GOSUB 3300
3150 CLOSE
3160  IF P > 1 THEN 3180
3170  PRINT "VERBUNDDATEI "F$" IST LEER!": RETURN
3180 M$ = M1$ + MID$(MB$,1,S-1) + MID$(MB$,S+1,LEN(MB$) - S)
3190 ML = LEN(M$): K = 0
3200  FOR J = 1 TO ML
3210  IF J > LEN(MB$) THEN 3240
3220 IF J = S THEN K = 1
3230 MT$(J + LEN(M1$)) = MN$(J + K)
3240 MN$(J) = MT$(J)
3250  NEXT
3260  IF VS = 1 THEN  GOSUB 4000
3270  GOSUB 580
3280  RETURN
```

9 VERBUND ausführen

Zeile	Wirkung
3300	1.DATEI in Drive DA$ öffnen
3310	Puffer der Länge IA für 1.DATEI vereinbaren
3320	Schleife für DATENBLÖCKE der 1.DATEI eröffnen
3330	Block-Anfang in der DATEI ermitteln
3340	Block-Ende in der DATEI ermitteln
3350	Sprung, falls DATEI-Ende noch nicht erreicht ist
3360	Block-Ende auf DATEI-Ende setzen
3370	Zähler im DATENBLOCK auf Anfang setzen
3380	Schleife für DATENSÄTZE eröffnen
3390	DATENSATZ K der 1.DATEI in Puffer laden
3400	Zähler im DATENBLOCK erhöhen
3410	Puffer auf DATENBLOCK übertragen
3420	Sprung, falls Sortierung korrekt ist
3430	Sortierfehler anzeigen: Rückkehr
3440	Wiederholung DATENSATZ 1.DATEI
3450	Schleife für DATENSÄTZE eröffnen
3460	Rückkehr, falls 2.DATEI abgearbeitet oder leer
3470	Zähler im DATENBLOCK der 2.DATEI erhöhen
3480	Sprung, falls Verbund-ITEM 1.DATEI zu "groß" ist
3490	Sprung, falls Verbund-ITEM 2.DATEI zu "groß" ist
3500	DATENSATZ Verbund-DATEI auf Anfang setzen
3510	Schleife für ITEM-Blöcke eröffnen
3520	ITEM-Blöcke DATENSATZ 1.DATEI anfügen
3530	Wiederholung ITEM-Block
3540	DATENSATZ 2.DATEI ohne Verbund-ITEM anfügen
3550	Sprung, falls keine Speicherung gewünscht ist
3560	DATENSATZ in Puffer und auf Diskette schreiben
3570	DATENSATZ ausgeben:PROBANDEN-Anzahl erhöhen
3580	UP DATENBLOCK 2.DATEI laden, falls abgearbeitet
3590	Rücksprung zur Verbund-Prüfung
3600	Zähler DATENBLOCK 2.DATEI rücksetzen:Wiederholung
3610	Sortierung übertragen: Wiederholung Block 1.DATEI
3620	Rückkehr

10 DATENBLOCK 2.DATEI laden

Zeile	Wirkung
3700	Zähler DATENBLOCK 2.DATEI auf Anfang setzen
3710	Rückkehr, falls 2.DATEI abgearbeitet ist
3720	Block-Anfang in der 2.DATEI ermitteln
3730	Block-Ende in der 2.DATEI ermitteln
3740	Sprung, falls DATEI-Ende noch nicht erreicht ist
3750	Block-Ende auf DATEI-Ende setzen
3760	Schleife für DATENSÄTZE eröffnen
3770	Anzahl DATENSÄTZE erhöhen
3780	Puffer mit DATENSATZ K laden und auf BLOCK setzen
3790	Sprung, falls Sortierung korrekt ist
3800	Anzeige, daß Sortierfehler vorliegt
3810	Wiederholung DATENSATZ
3820	BLOCK-Zähler erhöhen: Sortierung anschließen
3830	Rückkehr

9   VERBUND ausführen

```
3300 OPEN"R",#2,DA$+": "+FA$,IA+1
3310 FIELD#2, IA AS Y$
3320  FOR BA = 1 TO  INT ((PA - 2) / BL) + 1
3330 P1 = BL * (BA - 1) + 1
3340 P2 = BL * BA
3350  IF PA - 1 > BA * BL THEN 3370
3360 P2 = PA - 1
3370 NA = 0
3380  FOR K = P1 TO P2
3390 GET#2,K
3400 NA = NA + 1
3410 A$(NA)=Y$
3420  IF  MID$(A$(NA),SA,L) > MID$(A$(NA - 1),SA,L) THEN 3440
3430  PRINT "DATEI "FA$" SORTIERFEHLER PROBAND "K: RETURN
3440  NEXT
3450  FOR J1 = 1 TO NA
3460  IF NB = 0 THEN  RETURN
3470 J = J + 1
3480  IF  MID$ (A$(J1),SA,L) >  MID$ (B$(J),SB,L) THEN 3580
3490  IF  MID$ (A$(J1),SA,L) <  MID$ (B$(J),SB,L) THEN 3600
3500 B$ = ""
3510  FOR C = 1 TO BJ
3520 B$ = B$ +  MID$ (A$(J1),IL(C),IR(C))
3530  NEXT
3540 B$ = B$ + MID$(B$(J),1,SB-1) + MID$(B$(J),SB + L,IB-SB-L+1)
3550  IF VS < > 1 THEN 3570
3560  LSET V$=B$: PUT#3,P
3570  PRINT B$: P = P + 1
3580  IF J = NB THEN  GOSUB 3700
3590  GOTO 3460
3600 J = J - 1: NEXT J1
3610 A$(0) = A$(BL): NEXT BA
3620  RETURN
```

10   DATENBLOCK 2.DATEI laden

```
3700 NB = 0: J = 0
3710  IF PB - 1 <  = BL * (BB - 1) THEN  RETURN
3720 P1 = BL * (BB - 1) + 1
3730 P2 = BL * BB
3740  IF PB - 1 > BL * BB THEN 3760
3750 P2 = PB - 1
3760  FOR K = P1 TO P2
3770 NB = NB + 1
3780 GET#1,K: B$(NB) = A$
3790  IF  MID$(B$(NB),SB,L) >= MID$(B$(NB-1),SB,L) THEN 3810
3800  PRINT "DATEI "FB$" SORTIERFEHLER PROB. "K: NB=0: RETURN
3810  NEXT
3820 BB = BB + 1: B$(0) = B$(BL)
3830  RETURN
```

11 Parameter Verbund-DATEI speichern

Zeile	Wirkung
4000	Parameter-DATEI für VERBUND öffnen
4010	Reserve,Probanden-Anzahl und MASKE schreiben
4020	Schleife für ITEM-Namen eröffnen
4030	ITEM-Namen nr. J auf Diskette schreiben
4040	Wiederholung ITEM-Name
4050	DATEI schließen
4060	Rückkehr

12 AUSGABE

5000	Bildschirm löschen: Ausgabeart abfragen
5010	Rückkehr, falls keine Ausgabe gewünscht ist
5020	Direkter Sprung zur Ausgabe der DATENMASKE(V=10)
5030	Anzahl der PROBANDEN ausgeben
5040	Ausgabe-Abschnitt abfragen
5050	Rücksprung Abfrage, falls Abschnitt unzulässig
5060	Anzahl der Leerzeilen Null setzen
5070	Anzahl der Leerzeilen bei Drucker-Ausgabe abfragen
5080	Anzahl der Ausgabezeilen je PROBAND bilden
5090	Anzahl der DATENSÄTZE pro Seite bilden
5100	PROBANDEN-Nr. und Zeiger auf Anfang setzen
5110	Sprung Überschrift ausgeben, falls volle Seite
5120	Anzahl DATENSÄTZE reduzieren für Restseite
5130	Sprung, falls keine Drucker-Ausgabe geüwnscht
5140	Ausgabe Überschrift auf Drucker
5150	Ausgabe Überschrift auf Bildschirm
5160	Schleife für Ausgabe DATENSÄTZE eröffnen
5170	UP DATENBLOCK von Diskette laden, falls 1.Zeile
5180	PROBANDEN-Nr. ausgeben
5190	Schleife für Ausgabe eines PROBANDEN eröffnen
5200	Sprung, falls keine Drucker-Ausgabe gewünscht
5210	Ausgabe Zeile auf Drucker
5220	Ausgabe Zeile auf Bildschirm
5230	Wiederholung Zeile
5240	Zeiger im DATENBLOCK erhöhen
5250	Bei Bildschirm-Ausgabe Fortsetzung abfragen
5260	Rückkehr, falls Ende-Zeichen / vorliegt
5270	Leere Zeile bei DRUCKER-Ausgabe, falls gefordert
5280	Wiederholung DATENSATZ
5290	Seitenvorschub bei DRUCKER-Ausgabe
5300	Zähler auf 1.PROBANDEN nächste Seite setzen
5310	Ausgabe fortsetzen, falls nicht letzte Seite
5320	Rücksprung Abfrage Ausgabeart

11   Parameter Verbund-DATEI speichern

```
4000   OPEN"O", #3, D$+": "+LEFT$(F$, 10)+P$
4010   PRINT#3, RE: PRINT#3, P: PRINT#3, M$
4020   FOR J = 1 TO  LEN (M$)
4030   PRINT#3, MN$(J)
4040   NEXT J
4050   CLOSE#3
4060   RETURN
```

12   AUSGABE

```
5000 PRINT: INPUT "AUSGABE: TV=0   DRUCKER=1   OHNE=2: ?"; OU
5010  IF OU > 1 THEN  RETURN
5020  IF V = 6 THEN 5700
5030 GOSUB 580
5040 PRINT : INPUT "PROBAND X BIS PROBAND Y: X, Y?"; X, Y
5050  IF X > Y OR Y > P - 1 OR X <= 0 THEN 5000
5060 PRINT: SP = 80: LZ = 0
5070 IF OU = 1 THEN INPUT"ANZAHL DRUCKSPALTEN, LEERZEILE?"; SP, LZ
5080 Z =  INT ((I - 1) / SP)  + 1
5090 ZL = 60 / (Z + SGN(LZ)) - 1
5100 A = X: J = 0: J1 = 0
5110  IF (Y - A + 1) * (Z + SGN(LZ)) > 60 THEN 5130
5120 ZL = Y - A
5130  HOME: IF OU = 0 THEN 5150
5140 LPRINT "DATEI: "F$ TAB(25)"PROBAND "A" BIS "A+ZL: LPRINT
5150  PRINT "DATEI: "F$ TAB(25)"PROBAND "A" BIS "A+ZL: PRINT
5160  FOR JD = 0 TO ZL
5170  IF J = J1 THEN  GOSUB 5500
5180  PRINT "PROBAND " A + JD
5190  FOR K = 1 TO Z
5200  IF OU = 0 THEN 5220
5210 LPRINT  MID$ (B$(J1 + 1), SP * (K - 1) + 1, SP)
5220  PRINT  MID$ (B$(J1 + 1), SP * (K - 1) + 1, SP)
5230  NEXT
5240 J1 = J1 + 1
5250 IF OU = 0 THEN  GET A$: IF A$ = "" THEN 5250
5260  IF OU = 0 AND A$ =  CHR$ (47) THEN  RETURN
5270  IF OU = 1 AND LZ <> 0 THEN LPRINT
5280  NEXT JD
5290  IF OU = 1 THEN LPRINT CHR$(12)
5300 A = A + ZL + 1
5310  IF A < Y THEN 5110
5320  GOTO 5000
```

13 DATENBLOCK von Diskette laden

Zeile	Wirkung
5500	Zähler auf Anfang setzen
5510	DATEI F$ in Drive D$ öffnen
5520	Puffer der Länge I vereinbaren
5530	Sprung ans Ende, falls DATEI abgearbeitet ist
5540	DATENSATZ X aus DATEI in Puffer laden
5550	Zähler in DATEI und DATENBLOCK erhöhen
5560	Puffer in DATENBLOCK übertragen
5570	Sprung zum Laden, falls Block noch nicht voll ist
5580	Schließen der DATEI
5590	Rückkehr

14 DATENMASKE ausgeben

5700	Sprung, falls keine Drucker-Ausgabe gewünscht
5710-5720	Überschrift drucken
5730-5740	Überschrift ausgeben
5750	Schleife für alle ITEMS eröffnen
5760	ITEM-Nr.,-Länge und -Name bei Drucker-Ausgabe
5770	ITEM-Nr.,-Länge und -Name ausgeben
5780	Ausgabe-Unterbrechung nach je 10 ITEMS
5790	Wiederholung ITEM
5800	Seitenvorschub bei Drucker-Ausgabe
5810	Rücksprung zum Ausgabe-Angebot

15 Aufruf DATEI-Menue

7000	DATEI-Menue laden und starten

16 BEENDEN

9000	Arbeitsende

13 DATENBLOCK von Diskette laden

```
5500 J = 0:  J1 = 0
5510 OPEN"R",#1,D$ + ":" + F$,I + 1
5520 FIELD#1, I AS B$
5530   IF X > Y THEN 5580
5540 GET#1,X
5550 X = X + 1: J = J + 1
5560 B$(J)=B$
5570   IF J < BL THEN 5530
5580 CLOSE#1
5590   RETURN
```

14 DATENMASKE ausgeben

```
5700   IF OU = 0 THEN 5730
5710 LPRINT "DATEI: "F$" DATENMASKE"
5720 LPRINT: LPRINT"ITEM       LAENGE       NAME"
5730   PRINT "DATEI "F$" DATENMASKE"
5740   PRINT: PRINT "ITEM       LAENGE       NAME"
5750   FOR J = 1 TO ML
5760   IF OU = 1 THEN LPRINT J TAB(8) FN AS(J) TAB(18) MN$(J)
5770   PRINT J TAB(8) FN AS(J) TAB(18) MN$(J)
5780 IF OU =0 AND J = 10*INT(J/10) THEN GET A$
5790   NEXT
5800   IF OU = 1 THEN LPRINT CHR$(12)
5810   GOTO 5000
```

15 Aufruf DATEI-Menue

```
7000 RUN "DATEI"
```

16 BEENDEN

```
9000 END
```

7.3 Zeilenweise Liste der Variablen

1 Hauptprogramm

0120	BL	LAENGE DES DATENBLOCKDS
0120	LP	MAXIMALE LAENGE DATENSATZ
0120	P$	KENNZEICHEN PARAMETER-DATEI
0120	WL	MAXIMALE ANZAHL ITEM-BLOECKE
0130	A$(BL)	DATENBLOCK 1.DATEI
0130	B$(BL)	DATENBLOCK 2.DATEI
0130	IL(WL)	ITEM-BLOECKE(ANFANG)
0130	IR(WL)	ITEM-BLOECKE(ENDE/LAENGE)
0130	MN$(LP)	ITEM-NAMEN
0130	MT$(LP)	ITEM-NAMEN VERBUNDDATEI
0140	D$	DRIVE-ZEICHEN(AKTUELL)
0140	DA$	DRIVE-ZEICHEN 1.DATEI
0150	F$	ANTWORT DATEINAME
0170	FA$	NAME 1.DATEI/UEBERTRAGUNG
0170	MA$	DATENMASKE 1.DATEI/UEBERTRAGUNG
0190	IA	STELLENZAHL 1.DATEI/UEBERTRAGUNG
0190	L	LAENGE VERBUND-ITEM/UEBERTRAGUNG
0190	PA	PROBANDEN-ANZAHL 1.DATEI/UEBERTRAGUNG
0190	SA	VERBUND-ITEM 1.DATEI/UEBERTRAGUNG
0280	V	GEWAEHLTE OPERATION

2 Katalog DATEI-Namen anbieten

0400	FN AS(X)	UMWANDLUNG ZEICHEN IN STELLENZAHL
0410	DX$	ANTWORT DRIVE-ZEICHEN
0430	A$	ANTWORT KATALOG DATEI-NAMEN

3 DATEI-Parameter laden und ausgeben

0510	M$	DATENMASKE/LADEN
0510	P	PROBANDEN-ANZAHL/LADEN
0510	RE	RESERVE-PARAMETER/LADEN
0520	I	ANZAHL DER ITEMS/ANFANG
0520	ML	ANZAHL DER ITEMS/UEBERTRAGUNG
0540	MN$(J)	ITEM-NAME DATEI F$/LADEN
0550	I	GESAMTSTELLENZAHL/AUFBAU

4

0700	I	ANZAHL DER ITEMS VERBUNDDATEI/ANFANG
0700	J	BLOCK-ZAEHLER/ANFANG
0700	M1$	DATENMASKE ITEM-BLOECKE/ANFANG
0750	IL(1)	ANFANG DATENMASKE 1.DATEI/SETZUNG
0750	IR(1)	ENDE MASKE 1.DATEI/SETZUNG
0760	IL(J)	BLOCK-ANFANG/UEBERTRAGUNG
0790	IR(J)	BLOCK-ENDE/UEBERTRAGUNG
0830	M1$	DATENMASKE ITEM-BLOECKE/AUFBAU
0840	MT$( )	ITEM-NAMEN IM BLOCK/AUFBAU
0860	T	BLOCK-ANFANG/UEBERTRAGUNG
0870	IL(J)	POSITION BLOCK-ANFANG/SETZUNG
0880	T	BLOCK-ENDE/UEBERTRAGUNG
0890	IR(J)	LAENGE ITEM-BLOCK/SETZUNG
0900	I1	ANZAHL ITEMS VERBUNDDATEI/AUFBAU
0910	BJ	ANZAHL DER ITEM-BLOECKE/SETZUNG
0910	J	BLOCK-ZAEHLER/ERHOEHUNG

5 Wahl der 2.DATEI / 6 Verbund-ITEM abfragen

1000	D$	DRIVE-ZEICHEN/UEBERTRAGUNG
1000	DB$	DRIVE-ZEICHEN 2.DATEI
1010	F$	NAME 2.DATEI/EINGABE
1030	FB$	NAME 1.DATEI/UEBERTRAGUNG
1030	IB	ANZAHL DER ITEMS 2.DATEI/UEBERTRAGUNG
1030	MB$	DATENMASKE 2.DATEI/UEBERTRAGUNG
1030	PB	PROBANDENANZAHL 2.DATEI/UEBERTRAGUNG
1050	S	NR. VERBUND-ITEM 2.DATEI/SETZUNG
1050	SB	POSITION VERBUND-ITEM 2.DATEI/SETZUNG
1270	A	POSITION IN DATENMASKE/ANFANG
1290	A	POSITION IN DATENMASKE/AUFBAU
1310	K	STELLENZAHL/UEBERTRAGUNG

7 ITEM-Nr. abfragen oder bestimmen

1500	A$	ANTWORT ITEM-ABFRAGE
1510	T	ITEM-NR./UMWANDLUNG

8 VERBINDEN

3000	I	ANZAHL DER ITEMS VERBUND/SETZUNG
3000	P	PROBANDENANZAHL VERBUNDDATEI/ANFANG
3030	VS	ANTWORT VERBUNDDATEI SPEICHERN
3050	D$	DRIVE-ZEICHEN VERBUNDDATEI/UEBERTRAGUNG
3060	F$	NAME VERBUNDDATEI/EINGABE
3080	A$	ANTWORT DATEI-FREIGABE
3100	V$	PUFFER VERBUNDDATEI/VEREINBARUNG
3130	B$(0)	SORTIERANFANG/SETZUNG
3130	BB	ANZAHL DER BLOECKE 2.DATEI/ANFANG
3140	A$(0)	SORTIERANFANG 1.DATEI/SETZUNG
3180	M$	DATENMASKE VERBUNDDATEI/SETZUNG
3190	K	LUECKENWERT/PASSIV SETZEN
3190	ML	ANZAHL DER ITEMS/UEBERTRAGUNG
3230	MT$( )	ITEM-NAMEN 2.DATEI/UEBERTRAGUNG
3240	MN$(J)	ITEM-NAME VERBUNDDATEI/UEBERTRAGUNG

9 VERBUND ausführen

3310	Y$	PUFFER DER LAENGE IA/VEREINBARUNG
3330	P1	BEGINN DATENBKOCK 1.DATEI/SETZUNG
3340	P2	ENDE DATENBLOCK 1.DATEI/SETZUNG
3360	P2	DATEIENDE/SETZUNG
3370	NA	ZAEHLER DATENBLOCK 1.DATEI/ANFANG
3390	Y$	PROBAND NR. K 1.DATEI/LADEN
3400	NA	ZAEHLER DATENBLOCK 1.DATEI/ERHOEHUNG
3410	A$(NA)	DATENSATZ 1.DATEI/UEBERTRAGUNG
3470	J	ZAEHLER DATENBLOCK 2.DATEI/ERHOEHUNG
3500	B$	PROBAND VERBUNDDATEI/ANFANG
3520	B$	PROBAND VERBUNDDATEI/AUFBAU
3540	B$	PROBAND VERBUNDDATEI/ERGAENZUNG
3570	P	PROBANDEN-ZAEHLER VERBUNDDATEI/ERHOEHUNG
3600	J	ZAEHLER 2.DATEI/REDUZIERUNG
3610	A$(0)	SORTIERANFANG 1.DATEI/UEBERTRAGUNG

10   DATENBLOCK 2.DATEI laden

3700	J	ZAEHLER IM DATENBLOCK/ANFANG
3700	NB	ZAEHLER DATENBLOCK 2.DATEI/ANFANG
3720	P1	BEGINN DATENBLOCK 2.DATEI/SETZUNG
3730	P2	DATEIENDE/SETZUNG
3750	P2	ENDE DATENBLOCK /SETZUNG
3770	NB	ZAEHLER DATENBLOCK 2.DATEI/ERHOEHUNG
3780	A$	PUFFER 2.DATEI/LADEN
3780	B$(NB)	DATENSATZ 2.DATEI/UEBERTRAGUNG
3820	B$(0)	SORTIERANFANG 2.DATEI
3820	BB	BLOCK-ZAEHLER 2.DATEI/ERHOEHUNG

12   AUSGABE

5000	OU	ANTWORT AUSGABEART
5040	X;Y	ABSCHNITT DATEI/EINGABE
5060	LZ	LEERZEILE(DRUCKER)/PASSIV SETZEN
5060	SP	ANZAHL DRUCKSPALTEN/SETZUNG
5070	LZ	LEERZEILE(DRUCKER)/AKTIV SETZEN
5070	SP	ANZAHL DRUCKSPALTEN/EINGABE
5080	Z	ANZAHL ZEILEN JE DATENSATZ/SETZUNG
5090	ZL	ANZAHL DATENSAETZE JE SEITE(60 ZEILEN)/S
5100	A	ANFANGS-DATENSATZ NR. SEITE/ANFANG
5100	J	ANZAHL DATENSAETZE IM BLOCK/SETZUNG
5100	J1	ZAEHLER IM DATENBLOCK/ANFANG
5120	ZL	ANZAHL DER DATENSAETZE(ENDE)/SETZUNG
5240	J1	ZAEHLER IM DATENBLOCK/ERHOEHUNG
5250	A$	ANTWORT ABBRUCH-ABFRAGE(TV)
5300	A	NR. ANFANGS-DATENSATZ SEITE/ERHOEHUNG

13   DATENBLOCK von Diskette laden

5500	J	ZAEHLER DATENSAETZE/ANFANG
5500	J1	ZAEHLER DATENSAETZE/ERHOEHUNG
5520	B$	PUFFER DER LAENGE I/VEREINBARUNG
5540	B$	DATENSATZ NR. X/LADEN
5550	J	ZAEHLER DATENSAETZE/ERHOEHUNG
5550	X	ZAEHLER IN DER DATEI/ERHOEHUNG
5560	B$(J)	DATENSATZ IM BLOCK/UEBERTRAGUNG

14   DATENMASKE ausgeben

5790	A$	FORTSETZUNG TV-AUSGABE/SCROLLING

7.4 Alphabetische Liste der Variablen

A

A	1270	POSITION IN DATENMASKE/ANFANG
A	1290	POSITION IN DATENMASKE/AUFBAU
A	5100	ANFANGS-DATENSATZ NR. SEITE/ANFANG
A	5300	NR. ANFANGS-DATENSATZ SEITE/ERHOEHUNG
A$	0430	ANTWORT KATALOG DATEI-NAMEN
A$	1500	ANTWORT ITEM-ABFRAGE
A$	3080	ANTWORT DATEI-FREIGABE
A$	3780	PUFFER 2.DATEI/LADEN
A$	5250	ANTWORT ABBRUCH-ABFRAGE(TV)
A$	5790	FORTSETZUNG TV-AUSGABE/SCROLLING
A$(O)	3140	SORTIERANFANG 1.DATEI/SETZUNG
A$(O)	3610	SORTIERANFANG 1.DATEI/UEBERTRAGUNG
A$(BL)	0130	DATENBLOCK 1.DATEI
A$(NA)	3410	DATENSATZ 1.DATEI/UEBERTRAGUNG

B

B$	3500	PROBAND VERBUNDDATEI/ANFANG
B$	3520	PROBAND VERBUNDDATEI/AUFBAU
B$	3540	PROBAND VERBUNDDATEI/ERGAENZUNG
B$	5520	PUFFER DER LAENGE I/VEREINBARUNG
B$	5540	DATENSATZ NR. X/LADEN
B$(O)	3130	SORTIERANFANG/SETZUNG
B$(O)	3820	SORTIERANFANG 2.DATEI
B$(BL)	0130	DATENBLOCK 2.DATEI
B$(J)	5560	DATENSATZ IM BLOCK/UEBERTRAGUNG
B$(NB)	3780	DATENSATZ 2.DATEI/UEBERTRAGUNG
BB	3130	ANZAHL DER BLOECKE 2.DATEI/ANFANG
BB	3820	BLOCK-ZAEHLER 2.DATEI/ERHOEHUNG
BJ	0910	ANZAHL DER ITEM-BLOECKE/SETZUNG
BL	0120	LAENGE DES DATENBLOCKS

D

D$	0140	DRIVE-ZEICHEN(AKTUELL)
D$	1000	DRIVE-ZEICHEN/UEBERTRAGUNG
D$	3050	DRIVE-ZEICHEN VERBUNDDATEI/UEBERTRAGUNG
DA$	0140	DRIVE-ZEICHEN 1.DATEI
DB$	1000	DRIVE-ZEICHEN 2.DATEI
DX$	0410	ANTWORT DRIVE-ZEICHEN

F

F$	0150	ANTWORT DATEINAME
F$	1010	NAME 2.DATEI/EINGABE
F$	3060	NAME VERBUNDDATEI/EINGABE
FA$	0170	NAME 1.DATEI/UEBERTRAGUNG
FB$	1030	NAME 1.DATEI/UEBERTRAGUNG
FN AS(X)	0400	UMWANDLUNG ZEICHEN IN STELLENZAHL

I

I	0520	ANZAHL DER ITEMS/ANFANG
I	0550	GESAMTSTELLENZAHL/AUFBAU
I	0700	ANZAHL DER ITEMS VERBUNDDATEI/ANFANG
I	3000	ANZAHL DER ITEMS VERBUND/SETZUNG
I1	0900	ANZAHL ITEMS VERBUNDDATEI/AUFBAU
IA	0190	STELLENZAHL 1.DATEI/UEBERTRAGUNG
IB	1030	ANZAHL DER ITEMS 2.DATEI/UEBERTRAGUNG
IL(1)	0750	ANFANG DATENMASKE 1.DATEI/SETZUNG
IL(J)	0760	BLOCK-ANFANG/UEBERTRAGUNG
IL(J)	0870	POSITION BLOCK-ANFANG/SETZUNG
IL(WL)	0130	ITEM-BLOECKE(ANFANG)
IR(1)	0750	ENDE MASKE 1.DATEI/SETZUNG
IR(J)	0790	BLOCK-ENDE/UEBERTRAGUNG
IR(J)	0890	LAENGE ITEM-BLOCK/SETZUNG
IR(WL)	0130	ITEM-BLOECKE(ENDE/LAENGE)

J

J	0700	BLOCK-ZAEHLER/ANFANG
J	0910	BLOCK-ZAEHLER/ERHOEHUNG
J	3470	ZAEHLER DATENBLOCK 2.DATEI/ERHOEHUNG
J	3600	ZAEHLER 2.DATEI/REDUZIERUNG
J	3700	ZAEHLER IM DATENBLOCK/ANFANG
J	5100	ANZAHL DATENSAETZE IM BLOCK/SETZUNG
J	5500	ZAEHLER DATENSAETZE/ANFANG
J	5550	ZAEHLER DATENSAETZE/ERHOEHUNG
J1	5100	ZAEHLER IM DATENBLOCK/ANFANG
J1	5240	ZAEHLER IM DATENBLOCK/ERHOEHUNG
J1	5500	ZAEHLER DATENSAETZE/ERHOEHUNG

K, L

K	1310	STELLENZAHL/UEBERTRAGUNG
K	3190	LUECKENWERT/PASSIV SETZEN
L	0190	LAENGE VERBUND-ITEM/UEBERTRAGUNG
LP	0120	MAXIMALE LAENGE DATENSATZ
LZ	5060	LEERZEILE(DRUCKER)/PASSIV SETZEN
LZ	5070	LEERZEILE(DRUCKER)/AKTIV SETZEN

M

M$	0510	DATENMASKE/LADEN
M$	3180	DATENMASKE VERBUNDDATEI/SETZUNG
M1$	0700	DATENMASKE ITEM-BLOECKE/ANFANG
M1$	0830	DATENMASKE ITEM-BLOECKE/AUFBAU
MA$	0170	DATENMASKE 1.DATEI/UEBERTRAGUNG
MB$	1030	DATENMASKE 2.DATEI/UEBERTRAGUNG
ML	0520	ANZAHL DER ITEMS/UEBERTRAGUNG
ML	3190	ANZAHL DER ITEMS/UEBERTRAGUNG
MN$(J)	0540	ITEM-NAME DATEI F$/LADEN
MN$(J)	3240	ITEM-NAME VERBUNDDATEI/UEBERTRAGUNG
MN$(LP)	0130	ITEM-NAMEN
MT$( )	0840	ITEM-NAMEN IM BLOCK/AUFBAU
MT$( )	3230	ITEM-NAMEN 2.DATEI/UEBERTRAGUNG
MT$(LP)	0130	ITEM-NAMEN VERBUNDDATEI

N

NA	3370	ZAEHLER DATENBLOCK 1.DATEI/ANFANG
NA	3400	ZAEHLER DATENBLOCK 1.DATEI/ERHOEHUNG
NB	3700	ZAEHLER DATENBLOCK 2.DATEI/ANFANG
NB	3770	ZAEHLER DATENBLOCK 2.DATEI/ERHOEHUNG

O, P

OU	5000	ANTWORT AUSGABEART
P	0510	PROBANDEN-ANZAHL/LADEN
P	3000	PROBANDENANZAHL VERBUNDDATEI/ANFANG
P	3570	PROBANDEN-ZAEHLER VERBUNDDATEI/ERHOEHUNG
P$	0120	KENNZEICHEN PARAMETER-DATEI
P1	3330	BEGINN DATENBKOCK 1.DATEI/SETZUNG
P1	3720	BEGINN DATENBLOCK 2.DATEI/SETZUNG
P2	3340	ENDE DATENBLOCK 1.DATEI/SETZUNG
P2	3360	DATEIENDE/SETZUNG
P2	3730	DATEIENDE/SETZUNG
P2	3750	ENDE DATENBLOCK /SETZUNG
PA	0190	PROBANDEN-ANZAHL 1.DATEI/UEBERTRAGUNG
PB	1030	PROBANDENANZAHL 2.DATEI/UEBERTRAGUNG

R, S

RE	0510	RESERVE-PARAMETER/LADEN
S	1050	NR. VERBUND-ITEM 2.DATEI/SETZUNG
SA	0190	VERBUND-ITEM 1.DATEI/UEBERTRAGUNG
SB	1050	POSITION VERBUND-ITEM 2.DATEI/SETZUNG
SP	5060	ANZAHL DRUCKSPALTEN/SETZUNG
SP	5070	ANZAHL DRUCKSPALTEN/EINGABE

T

T	0860	BLOCK-ANFANG/UEBERTRAGUNG
T	0880	BLOCK-ENDE/UEBERTRAGUNG
T	1510	ITEM-NR./UMWANDLUNG

V, W

V	0280	GEWAEHLTE OPERATION
V$	3100	PUFFER VERBUNDDATEI/VEREINBARUNG
VS	3030	ANTWORT VERBUNDDATEI SPEICHERN
WL	0120	MAXIMALE ANZAHL ITEM-BLOECKE

X, Y

X	5550	ZAEHLER IN DER DATEI/ERHOEHUNG
X;Y	5040	ABSCHNITT DATEI/EINGABE
Y$	3310	PUFFER DER LAENGE IA/VEREINBARUNG
Y$	3390	PROBAND NR. K 1.DATEI/LADEN

Z

Z	5080	ANZAHL ZEILEN JE DATENSATZ/SETZUNG
ZL	5090	ANZAHL DATENSAETZE JE SEITE(60 ZEILEN)/S
ZL	5120	ANZAHL DER DATENSAETZE(ENDE)/SETZUNG

7.5 Benutzungsanleitung mit Beispiel

A. Starten des Programms

Das Programm wird als BAUSTEIN des DATEI-Menues mit der
Ziffer 4 oder unter dem Namen VERBINDEN direkt von der
DATEI-Diskette gestartet. Es erfolgt dann die Meldung

    VERBUND ZWEIER DATEIEN(83 CP/M)   DISKETTE IN DRIVE ?

Man kann also wie immer den Drive für die zu bearbeitende
DATEI auswählen. Hat man den Drive für die 1.DATEI des
gewünschten VERBUNDES gewählt, so erfolgt die Abfrage des
Namens der DATEI mit

      NAME DER 1.DATEI? TEST   (Bsp. DATEI TEST)

Jetzt werden die Parameter der 1.DATEI geladen und ausgegeben. Anschließend fragt das Programm das gewünschte Verbund-ITEM der 1.DATEI ab mit

    VERBUNDITEM IN DATEI TEST: WELCHES ITEM?

Bei der Angabe der ITEM-Nr. oder des ITEM-Namens ist zu
beachten, daß als Verbund-ITEM der 1.DATEI nur ein soge-
nanntes <u>identifizierendes</u> ITEM zugelassen ist. Das bedeutet, daß verschiedene PROBANDEN stets verschiedene ITEM-
Werte aufweisen müssen, also durch den Wert des ITEMS ein-
deutig identifizierbar sind. Treten gleiche Werte des Verbund-ITEMS auf, so wird der VERBUND abgebrochen, das bis
dorthin erzielte Ergebnis bleibt jedoch erhalten.
Strikte Voraussetzung für das Verbund-ITEM beider DATEIEN
ist die einwandfreie Sortierung bezüglich des jeweiligen
Verbund-ITEMS in beiden DATEIEN.
Nach der Angabe des Verbund-ITEMS der 1.DATEI erfolgt die
Abfrage von ITEM-Blöcken für die 1.DATEI analog zur Auswahl im BAUSTEIN TEILDATEI EINER DATEI.
Man kann bis zu zehn verschiedene ITEM-Blöcke der 1.DATEI
durch Angabe des jeweils ersten und letzten ITEMS des-
gewünschten Blocks auswählen. Dazu wird abgefragt:

    BLOCK-ANFANG (ENDE=0)
    WELCHES ITEM?

Nach Eingabe einer zulässigen ITEM-Nr. oder zulässigen
ITEM-Namens erfolgt die Abfrage

    BLOCK-ENDE
    WELCHES ITEM?

Bei zulässiger Eingabe wird erneut ein BLOCK-ANFANG abgefragt, solange bis das Ende-Zeichen Ø als BLOCK-ANFANG
eingegeben wird. Während der Eingabe wird die Zulässigkeit
der ITEM-Nr. bzw. des ITEM-Namens geprüft. Bei fehlerhafter
Eingabe erfolgt die Meldung

(Nr./Name)   EXISTIERT NICHT!

mit Rücksprung zur BLOCK-Abfrage. Liegt der BLOCK-ANFANG
hinter dem BLOCK-ENDE oder außerhalb der DATENMASKE, so
erfolgt die Meldung

    BLOCK FALSCH!

ebenfalls mit Rücksprung zur Abfrage von ITEM-Blöcken.
Werden mehr als 10 BLÖCKE angegeben, so erscheint

    BLOCK-ANZAHL ERSCHOEPFT!

unter Fortsetzung des normalen Ablaufes mit dem Menue:

```
**** MENUE-VERBINDEN ****

2 WAHL DER 2.DATEI

3 VERBINDEN

5 AUSGABE

6 DATENMASKE AUSGEBEN

7 PROGRAMM WAEHLEN

9 BEENDEN

WELCHE OPERATION?
```

Wie bei den anderen BAUSTEINEN kann nun mit einer der
angegebenen Ziffern ein Arbeitsgang aufgerufen werden.
Mit der (nicht genannten) Ziffer 1 kann zur Eingabe des
Namens der 1.DATEI, des Verbund-ITEMS und der ITEM-Blöcke
zurückgekehrt werden. Danach muß für einen korrekten Verlauf der Arbeitsgang 2 WAHL DER 2.DATEI ausgeführt werden.

B. <u>Beschreibung der Arbeitsgänge</u>

> **2 WAHL DER 2.DATEI**

Mit diesem Arbeitsgang wird der NAME der DATEI angegeben,
mit der die 1.DATEI verbunden werden soll. Außerdem muß
das Verbund-ITEM der 2.DATEI angegeben werden, über das
der VERBUND hergestellt werden soll.
Nach der üblichen Abfrage des Drives der 2.DATEI wird deren
NAME abgefragt mit

    NAME DER 2.DATEI? STAT   (Bsp. DATEI STAT)

Anschließend werden die Parameter der 2.DATEI gelesen und
in der üblichen Form ausgegeben. Dann wird das Verbund-
ITEM der 2.DATEI angefordert mit

    VERBUNDITEM IN DATEI STAT: WELCHES ITEM?

Es kann wie stets die ITEM-Nr. oder der ITEM-Name angegeben
werden. Stimmt die Stellenzahl des angegebenen ITEMS mit dem
der 1.DATEI überein, so erfolgt Rückkehr ins Menue. Sonst
erfolgt die Meldung

    VERBUNDITEM UNGLEICHE LAENGE

und der Rücksprung zur Abfrage des Verbund-ITEMS. Ist die
angegebene ITEM-Nr. oder der ITEM-Name nicht zulässig, so
erfolgt die Meldung

    OTTO EXISTIERT NICHT!

und die erneute Abfrage des Verbund-ITEMS. Wird als ITEM-
Nr. 0 angegeben, so erfolgt Rückkehr ins Menue. Man kann
dann z.B. die DATENMASKE der 2.DATEI mit dem Arbeitsgang
6 DATENMASKE AUSGEBEN ausgeben, um das gewünschte ITEM
festzustellen.
Anders als beim Verbund-ITEM der 1.DATEI muß das Verbund-
Item der 2.DATEI kein <u>identifizierendes</u> ITEM sein. Es muß
zwar ebenfalls eine Sortierung bezüglich des Verbund-ITEMS
vorliegen, der jeweilige Wert des ITEMS darf jedoch mehrfach
(nacheinander) auftreten. In der Praxis wird dieser Fall
häufig vorkommen, wenn es sich nicht um eine reine 1 zu 1
Verbindung der beiden DATEIEN handelt.
Ein möglicher Sortierfehler des Verbund-ITEMS wird erst
während des Verbundes entdeckt und führt zum Abbruch.

3 VERBINDEN

Dieser Arbeitsgang führt den VERBUND der fraglichen DATEIEN
bezüglich der gewählten ITEMS aus. Zunächst wird abgefragt,
ob die VERBUND-DATEI auf Diskette gespeichert werden soll:

    VERBUNDDATEI SPEICHERN(=1)?

Wird nicht die Ziffer 1 eingegeben, so erfolgt die Ausgabe
der VERBUND-DATEI lediglich auf dem Bildschirm. Eine Ausgabe auf einem Drucker ist nur über die gespeicherte DATEI
von der Diskette vorgesehen.

Wurde die Ziffer 1 eingegeben, so wird der gewünschte Name
der VERBUND-DATEI abgefragt mit

    NAME DER VERBUNDDATEI? ZIEL   (Bsp. DATEI ZIEL)

Der Name der 2.DATEI kann problemlos für die VERBUND-DATEI
verwendet werden, da die VERBUND-DATEI die 2.DATEI nicht
'einholen' kann. Der Name der 1.DATEI dagegen sollte nicht
gewählt werden, weil dann Fehler im VERBUND auftreten können.

Nach der Eingabe des NAMENS der VERBUND-DATEI wird zur
Sicherheit die Freigabe des NAMENS gefordert mit

    DATEI ZIEL FREIGEGEBEN(=1)??

Wird der NAME nicht freigegeben, so kehrt das Programm an
die Abfrage zum Speichern auf die Diskette zurück.

Werden während des Verbindens Sortierfehler entdeckt, werden die betr. DATEI und der betr. PROBAND angegeben und
der VERBUND abgebrochen. Die bis dahin erzeugte VERBUND-
DATEI wird jedoch korrekt abgeschlossen.

Bei regulärem Ende oder Abbruch, wird im Falle einer leeren
VERBUND-DATEI angezeigt

    VERBUNDDATEI ZIEL IST LEER!

Ist die VERBUND-DATEI dagegen nicht leer, so werden im Fal-
le der Speicherung auf Diskette die DATEI-Parameter mit den
ITEM-Namen der VERBUND-DATEI abgespeichert, so daß jede
VERBUND-DATEI wie eine normale DATEI weiter verwendbar ist.
In jedem Falle werden die Parameter der VERBUND-DATEI vor
der Rückkehr in das Menue auf dem Bildschirm ausgegeben.
Die DATENMASKE kann in jedem Fall ausgegeben werden.

5 AUSGABE

Dieser Arbeitsgang erlaubt die AUSGABE von DATEIEN, die
auf der Diskette gespeichert sind. Der Vorgang ist mit
der AUSGABE im BAUSTEIN GENERIEREN EINER DATEI identisch.
Er wurde hier aufgenommen, um ggf. Kontrollen der DATEIEN
durchzuführen, ohne den BAUSTEIN zu verlassen. Schließlich
kann man damit eine auf der Diskette erzeugte VERBUND-DATEI
direkt ausgeben.
Zunächst wird die gewünschte AUSGABE-Art abgefragt mit

    TV=0 DRUCKER=1 ENDE=2:?

Diese Abfrage wird nach jedem AUSGABE-Vorgang wiederholt,
so daß man zunächst über TV kurz in die DATEI "reinschauen"
kann, um eine aufwendige Drucker-AUSGABE vorher zu prüfen.
Hat man die Ziffer Ø(TV) oder 1(Drucker) eingegeben, so
wird die Anzahl der PROBANDEN angegeben und dann abgefragt,
welcher Abschnitt X,Y der DATEI ausgegeben werden soll:

     PROBAND X BIS PROBAND Y: X,Y?

Ist der Abschnitt zulässig, so erfolgt die gewählte Ausgabe,
wobei die Drucker-AUSGABE zur Kontrolle mit TV-AUSGABE erfolgt. Bei Drucker-AUSGABE erfolgt automatischer Seitenvorschub. Außerdem wird vor Beginn der AUSGABE eine Wahl
der Anzahl der DRUCKSPALTEN und einer Trennzeile angeboten

     ANZAHL DRUCKSPALTEN,LEERZEILE?

Die reine Bildschirm-AUSGABE erfolgt probandenweise, um
den Inhalt überprüfen zu können. Aus der Bildschirm-AUSGABE
kann mit dem Ende-Zeichen / ausgestiegen werden, sonst erfolgt mit Leertaste AUSGABE des nächsten PROBANDEN.
Jeder AUSGABE-Vorgang kehrt zur Abfrage der AUSGABE-Art
zurück, bis mit der Eingabe von Ziffer 2(OHNE) der Arbeitsgang insgesamt mit der Rückkehr in das Menue beendet wird.
Die AUSGABE der 1.DATEI ist solange möglich, bis der Arbeitsgang Ø WAHL DER 2.DATEI aufgerufen wurde. Die AUSGABE
der 2.DATEI ist nach dem Arbeitsgang Ø WAHL DER 2.DATEI
möglich.

6 DATENMASKE AUSGEBEN

Dieser Arbeitsgang ermöglicht die AUSGABE der DATENMASKE
einer auf Diskette erzeugten VERBUND-DATEI ebenso wie die
der dazu verwendeten 1. oder 2.DATEI. Damit ist z.B. die
Kontrolle der benötigten Verbund-ITEMS ohne Wechsel des
BAUSTEINS möglich.
Nach dem Aufruf mit Ziffer 6 wird die gewünschte AUSGABE-
Art abgefragt mit

     TV=0   DRUCKER=1   ENDE=2:?

Falls angegeben wird die betr. DATENMASKE in der Form

     ITEM   LAENGE   NAME

tabelliert. Bei reiner Bildschirm-AUSGABE erfolgt ein
automatischer Stopp nach je zehn ITEMS, der durch eine
beliebige Taste (z.B.Leertaste) aufgehoben werden kann.
Für den Zeitpunkt der AUSGABE gilt wie beim Arbeitsgang
5 AUSGABE: Die DATENMASKE der 1.DATEI kann nur vor dem
Arbeitsgang Ø WAHL DER 2.DATEI, die DATENMASKE der 2.DATEI
erst nach diesem Arbeitsgang und vor dem Arbeitsgang
3 VERBINDEN ausgegeben werden.

7 PROGRAMM WÄHLEN

Mit Ziffer 7 kann wie bei allen BAUSTEINEN das DATEI-MENUE
geladen und gestartet werden, um einen DATEI-BAUSTEIN
aufzurufen.

9 BEENDEN

Mit Ziffer 9 kann der Arbeitsvorgang beendet werden.

<u>Beispiel 4.</u> VERBUND ZWEIER DATEIEN

<table>
<tr><td>

1.DATEI sortiert nach
ITEM 1 (KLASSE)

DATEI KLASSEN DATENMASKE

```
ITEM    LAENGE     NAME
1       2          KLASSE
2       3          K-LEHRER
3       3          K-RAUM
4       2          ANZAHL
5       2          STUNDEN
```

DATEI :KLASSEN   PROBAND 1 BIS 4

```
1 KL 0022918

2 GR 0032523

3 BE 1013322

4 MA 1023221
```

</td><td>

2.DATEI sortiert nach
ITEM 2 (KLASSE)

DATEI LEHRER DATENMASKE

```
ITEM    LAENGE     NAME
1       10         NAME
2       2          KLASSE
3       2          FACH
4       3          RAUM
5       1          STUNDEN
```

DATEI :LEHRER   PROBAND 1 BIS 37

```
GROSS     00CHMS 1
GROSS     1 ER0021
KLEIN     1 K10021
KLEIN     1 LBTH 4
KLEIN     1 KT0021
KLEIN     1 M 0023
KLEIN     1 K2MS 1
KLEIN     1 D 0024
KLEIN     1 SK0023
PETERS    1 KRMS 1
BERGER    2 LBTH 4
GROSS     2 KTWR 2
GROSS     2 MUMS 1
GROSS     2 K10031
GROSS     2 K2MS 1
GROSS     2 M 0035
GROSS     2 SK0033
GROSS     2 D 0036
PETERS    2 KRMS 1
BERGER    3 K11011
BERGER    3 LBTH 2
BERGER    3 KTWR 2
BERGER    3 D 1016
KLEIN     3 SK1013
PETERS    3 KRMS 2
WEBER     3 LBSH 2
WEBER     3 M 1014
BERGER    4 LBTH 2
MEIER     4 KTWR 2
MEIER     4 LBTH 1
MEIER     4 K11021
MEIER     4 SK1023
MEIER     4 D 1026
PETERS    4 KRMS 2
WEBER     4 M 1024
WEBER     4 LBSH 2
WEBER     4 ER1021
```

</td></tr>
</table>

Hinweise.

Die 1.DATEI ist eine Liste von 4 Grundschulklassen.

Der DATENSATZ enthält 5 ITEMS: Klassenziffer, Klassenlehrer (als Kürzel), Klassenraum, Anzahl der Schüler und die Anzahl der Stunden(Kernunterricht).

Die 2.DATEI ist eine Liste der Lehraufträge mit 5 ITEMS: Name des Lehrers, Klasse, Fach, Raum und erteilte Stunden.

Legende der Fächer:

```
CH  Chor
ER  Evangelische Religion
K1  Kursunterricht
LB  Leibeserziehung(Sport)
KT  Kunst/Technisches Werken
M   Mathematik
K2  Musikkurs      KR Kath. Rel.
D   Deutsch        MU Musik
SK  Sachkunde
```

Beispiel 4. VERBUND ZWEIER DATEIEN

Start des Programms	2 WAHL DER 2.DATEI
VERBUND ZWEIER DATEIEN(83 CP/M)	**** MENUE-VERBINDEN ****
DISKETTE IN DRIVE? A	2 WAHL DER 2.DATEI
KATALOG(=ZWR)	3 VERBINDEN
NAME DER 1.DATEI? KLASSEN	5 AUSGABE
	6 DATENMASKE AUSGEBEN
DATEI: KLASSEN	7 PROGRAMM WAEHLEN
ANZAHL DER PROBANDEN:4	9 BEENDEN
ANZAHL DER STELLEN:12	
ANZAHL DER ITEMS:5	WELCHE OPERATION? 2
	DISKETTE IN DRIVE? A
FREIER SPEICHER=29591	KATALOG(=ZWR)
VERBUNDITEM IN DATEI KLASSEN:	NAME DER 2.DATEI? LEHRER
WELCHES ITEM? KLASSE	
BLOCK-ANFANG (ENDE=0)	DATEI: LEHRER
WELCHES ITEM? KLASSE	ANZAHL DER PROBANDEN:37
BLOCK-ENDE	ANZAHL DER STELLEN:18
WELCHES ITEM? ANZAHL	ANZAHL DER ITEMS:5
BLOCK-ANFANG (ENDE=0)	FREIER SPEICHER=29460
WELCHES ITEM? 0	VERBUNDITEM IN DATEI LEHRER:
	WELCHES ITEM? 2

Hinweise.

Das Verbund-Item in der 1.DATEI ist ITEM 1 (KLASSE). Als einziger ITEMBLOCK werden die ITEMS 1 bis 4 gewählt.
Das Verbund-Item in der 2.DATEI ist ITEM 2 (KLASSE). Ein ITEMBLOCK kann in der 2.DATEI nicht gewählt werden.
Ziel des VERBUNDES in diesem Beispiel ist es, die Information aus den ITEMS 2 bis 4 der 1.DATEI in die 2.DATEI einzubauen.
Als Ergebnis erhält man mit dem Arbeitsgang 3 VERBINDEN auf der folgenden Seite eine (sortierte) Liste der KLASSEN (in Rohform). Man könnte auch die ZEITEN(Tag,Std.) über die 2.DATEI(LEHRER) mit in die Liste aufnehmen.

Beispiel 4. VERBUND ZWEIER DATEIEN

Arbeitsgang 3 VERBINDEN

**** MENUE-VERBINDEN ****

WELCHE OPERATION? 3

VERBUNDDATEI SPEICHERN(=1)? 1

DISKETTE IN DRIVE? A

KATALOG(=ZWR)

NAME DER VERBUNDDATEI? K/L

DATEI K/L FREIGEGEBEN(=1)?? 1

DATEI: K/L

ANZAHL DER PROBANDEN:36
ANZAHL DER STELLEN:26
ANZAHL DER ITEMS:8

FREIER SPEICHER=28562

**** MENUE-VERBINDEN ****

WELCHE OPERATION? 6

TV=0   DRUCKER=1   ENDE=2:? 1
DATEI: K/L DATENMASKE
ITEM   LAENGE   NAME
1   2   KLASSE
2   3   K-LEHRER
3   3   K-RAUM
4   2   ANZAHL
5   10   NAME
6   2   FACH
7   3   RAUM
8   1   STUNDEN

WELCHE OPERATION? 5

TV=0   DRUCKER=1   ENDE=2:? 1

DATEI: K/L

ANZAHL DER PROBANDEN:36
ANZAHL DER STELLEN:26
ANZAHL DER ITEMS:8

FREIER SPEICHER=28555

PROBAND X BIS PROBAND Y: X,Y? 1,36

ANZAHL DRUCKSPALTEN,LEERZEILE? 30,0
DATEI :K/L   PROBAND 1 BIS 36

```
1 KL 00229GROSS       ER0021
1 KL 00229KLEIN       K10021
1 KL 00229KLEIN       LBTH 4
1 KL 00229KLEIN       KT0021
1 KL 00229KLEIN       M 0023
1 KL 00229KLEIN       K2MS 1
1 KL 00229KLEIN       D 0024
1 KL 00229KLEIN       SK0023
1 KL 00229PETERS      KRMS 1
2 GR 00325BERGER      LBTH 4
2 GR 00325GROSS       KTWR 2
2 GR 00325GROSS       MUMS 1
2 GR 00325GROSS       K10031
2 GR 00325GROSS       K2MS 1
2 GR 00325GROSS       M 0035
2 GR 00325GROSS       SK0033
2 GR 00325GROSS       D 0036
2 GR 00325PETERS      KRMS 1
3 BE 10133BERGER      K11011
3 BE 10133BERGER      LBTH 2
3 BE 10133BERGER      KTWR 2
3 BE 10133BERGER      D 1016
3 BE 10133KLEIN       SK1013
3 BE 10133PETERS      KRMS 2
3 BE 10133WEBER       LBSH 2
3 BE 10133WEBER       M 1014
4 MA 10232BERGER      LBTH 2
4 MA 10232MEIER       KTWR 2
4 MA 10232MEIER       LBTH 1
4 MA 10232MEIER       K11021
4 MA 10232MEIER       SK1023
4 MA 10232MEIER       D 1026
4 MA 10232PETERS      KRMS 2
4 MA 10232WEBER       M 1024
4 MA 10232WEBER       LBSH 2
4 MA 10232WEBER       ER1021
```

Das obige Ergebnis wird in
Beispiel 5 formatiert, um eine
lesbare Liste gegenüber der
Rohform zu erhalten.

8 FORMATIERTE DATEIAUSGABE

8.1 Überblick

Die bisherigen BAUSTEINE erlauben die Ausgabe von DATENSÄTZEN
nur in einer Rohform. Dabei wird der gesamte DATENSATZ ohne
eine Trennung der einzelnen ITEMS lückenlos ausgegeben. Für
viele Anwendungen wird man jedoch eine Auswahl der ITEMS in
einer bestimmten Form und Reihenfolge (=FORMULAR) bevorzugen.
In vielen DATEI-Systemen wird die FORMULAR-Form bereits für
die Eingabe der DATEN vorgeschrieben. Dieser BAUSTEIN geht
jedoch so vor, daß man für die gleiche DATEI verschiedene
Ausgabe-FORMULARE generieren kann. Reihenfolge und Auswahl
der ITEMS ist dabei völlig in das Belieben des Benutzers gestellt.
Mit dem Arbeitsgang FORMULAR GENERIEREN wird ein FORMULAR
erzeugt. Als Option steht zunächst die Reihenfolge der gewünschten ITEMS zu Verfügung. Außerdem kann die ZEILE,in der
das ITEM gedruckt wird, frei gewählt werden. Als weitere
Möglichkeit kann die Ausgabe des ITEM-Namens für jedes der
verwendeten ITEMS vorgesehen werden. Schließlich können beliebige Zwischenräume in einer Zeile eingesetzt werden.
Nach der Generierung eines FORMULARS können DRUCK-Parameter
gewählt werden. So kann eine einheitliche Überschrift für
die Ausgabe eines PROBANDEN gesetzt werden (z.B. HERRN/FRAU/
FRL.). Weiter kann vorgesehen werden, daß die PROBANDEN-Nr.
mit dem DATEI-Namen ausgegeben wird. Außerdem kann eine
Numerierung der Seiten mit der Vorgabe der Nr. der ersten
Seite gewählt werden. Schließlich ist ein Seitenvorschub
nach jedem PROBANDEN wählbar, falls es sich um genormte
Druck-Seiten handelt.
Ein wesentliches Hilfsmittel, z.B. zum Adressen-Druck, ist
die Möglichkeit, die Belegung der ITEMS bündig zu drucken.
Zwischenräume am Ende eines ITEMS werden also unterdrückt,
so daß ein schreibmaschinengerechter Ausdruck ohne Lücken
möglich ist. Damit wird der Nachteil der einheitlichen Anzahl
der Stellen für jedes ITEM für diese Art der Ausgabe wieder
aufgehoben. Die gewählten DRUCK-PARAMETER können für jeden
jeweiligen Druck-Vorgang natürlich aktuell geändert werden.

Für solche Änderungen steht der Arbeitsgang DRUCKPARAMETER
SETZEN zur Verfügung.

Ein erzeugtes FORMULAR kann mit den DRUCK-Parametern unter
einem gewählten Namen auf eine Diskette geschrieben werden,
so daß es für spätere Druck-Vorhaben ohne Wiederholung der
FORMULAR-Eingabe verwendet werden kann.

An einem gespeicherten FORMULAR können nach dem Laden von der
Diskette auch Änderungen vorgenommen werden. Diese beschränken
sich jedoch auf Änderungen innerhalb einer gewählten Zeile,
wobei auch ITEMS vertauscht oder ausgetauscht werden können.
Die Anzahl der ITEMS in der jeweiligen Zeile darf jedoch nicht
erhöht werden, da sonst Fehler im nachfolgenden FORMULAR-Aufbau entstehen.

Beim eigentlichen Ausgabe-Arbeitsgang FORMATIERTE AUSGABE ist
wieder die Möglichkeit vorhanden, nach der ursprünglichen
DATEI bzw. Abschnitten aus dieser, Anschluß-DATEIEN ohne
erneuten Start auszugeben.

Hier noch ein Hinweis zum Verständnis des FORMULAR-Aufbaus.
Für jedes auszugebende ITEM wird ein FORMULAR-Kennzeichen
angelegt. Das Kennzeichen enthält die zweistellige ITEM-Nr.
und die Nr. der Zeile, in der das ITEM gedruckt werden soll.
Hinzu kommt die Anzahl der Leerstellen vor dem ITEM-Namen
und vor dem ITEM selbst. Die Anzahl dieser Leerstellen kann
natürlich auch Null sein. Alle vier Angaben sind durch Ver-
setzung der Stellen in einem achtstelligen Kennzeichen unter-
gebracht. Die Angaben über den ITEM-Namen, sowie die Anfangsposition im DATENSATZ und die Stellenlänge werden mit Hilfe
der DATEI-Parameter der jeweiligen DATEI gewonnen. Die Übereinstimmung der DATENMASKEN ist hier nicht zwingend erforderlich. Sie wird jedoch zur Vermeidung von Irrtümern beim Laden
eines FORMULARS formal abgefragt. Für bestimmte Zwecke kann
der Benutzer diese Bedingung ggf. selbst entfernen.

8.2 Programm (FORMATIERTE DATEIAUSGABE)

1 Hauptprogramm
2 Katalog DATEI-Namen anbieten
3 DATEI-Parameter laden und ausgeben
4 FORMULAR generieren
5 FORMULAR abfragen
6 FORMULAR ausgeben/ändern
7 FORMULAR von Diskette laden
8 DRUCKPARAMETER setzen
9 FORMULAR speichern
10 FORMATIERTE AUSGABE
11 Ausgabe DATENSATZ/FORMULAR
12 Aufruf DATEI-Menue
13 BEENDEN

1   Hauptprogramm (FORMATIERTE DATEIAUSGABE)

Zeile   Wirkung

100   Bildschirm löschen
110   Ausgeben des BAUSTEIN-Namens
120   Kennzeichen für Parameter-DATEI setzen:
           Länge BL des DATENBLOCKS setzen:
           Maximale Länge LP des DATENSATZES setzen

130   DATENBLOCK B$(BL) dimensionieren:
           Feld für ITEM-Namen dimensionieren:
           Feld für Anfangspositionen ITEMS dimensionieren
           Feld für Formularzeilen dimensionieren
140   UP Katalogisierung DATEI-Namen:
           Zeichen für aktuellen Drive übertragen
150   Namen der DATEI abfragen
160   UP DATEI-Parameter laden und ausgeben
170-230   BAUSTEIN-Menue ausgeben
240   Ziffer für Operation abfragen
250   Verzweigung auf gewählte Operation
260   Rücksprung zur Menue-Ausgabe
270   Rückkehr ins Menue bei unzulässiger Operation

2   Katalog DATEI-Namen anbieten

400   Funktion AS Stellenzahl aus DATEIMASKE definieren
410   Zeichen des aktuellen Drives abfragen
420-430   Katalog-Option abfragen
440   Rückkehr, falls keine Katalogisierung gewünscht
450   DATEI-Namen in Drive DX$ auflisten
460   Rücksprung zur Katalog-Option

3   DATEI-Parameter laden und ausgeben

500   Parameter-DATEI in Drive D$ öffnen
510   DATEI-Parameter von Diskette laden
520   Stellenzahl auf Anfang: Länge der MASKE übertragen
530   Schleife DATEI-Namen, Stellenzahl eröffnen
540   DATEI-Name MN$(J) von Diskette laden
550   Anfangsposition ITEM Nr. J aufbauen
560   Stellenzahl ITEM Nr. J übertragen
570   Gesamtstellenzahl I aufbauen
580   Wiederholung ITEM Nr.
590   Parameter-Datei schließen
600-630   DATEI-Parameter ausgeben

640   Frei Speicherlänge ausgeben
650   Rückkehr

1 Hauptprogramm

```
100   HOME
110   PRINT "FORMATIERTE DATEIAUSGABE(83 CP/M)"
120 P$ = "+": BL = 50: LP = 255
130 DIM B$(BL), MN$(LP), A%(LP), F(LP)
140   GOSUB 400: D$ = DX$
150 PRINT : INPUT "NAME DER DATEI?";F$
160   GOSUB 500
170   PRINT : PRINT "       MENUE-FORMULAR"
180   PRINT : PRINT " O FORMULAR GENERIEREN"
190   PRINT " 1 FORMULAR LADEN"
200   PRINT " 2 DRUCK-PARAMETER SETZEN"
210   PRINT : PRINT "3 FORMATIERT AUSGEBEN"
220   PRINT : PRINT " 7 PROGRAMM WAEHLEN"
230   PRINT : PRINT " 9 BEENDEN"
240 PRINT : INPUT "WELCHE OPERATION?";V
250   ON V + 1 GOSUB 800,1800,2000,3000,270,270,270,7000,270,9000
260   GOTO 170
270   RETURN
```

2 Katalog DATEI-Namen anbieten

```
400 DEF  FN AS(X) = ASC(MID$(M$,X,1)) - 7*INT(ASC(MID$(M$,X,1))
410 PRINT : INPUT "DISKETTE IN DRIVE ?";DX$              /65) - 48
420   PRINT : PRINT "KATALOG (=ZWR)?";
430 GET A$: IF A$ = "" THEN 430
440   PRINT: IF A$ <> CHR$(32) THEN RETURN
450   RESET: FILES DX$ + ":" + "*.*"
460   GOTO 420
```

3 DATEI-Parameter laden und ausgeben

```
500 OPEN"I",#1,D$+": "+LEFT$(F$,10)+P$
510 INPUT#1, RE, P, M$
520 I = 0: ML =  LEN (M$)
530   FOR J = 1 TO ML
540 INPUT#1, MN$(J)
550 A%(J) = I + 1
560 L =  FN AS(J)
570 I = I + L
580   NEXT
590 CLOSE#1
600   PRINT : PRINT "DATEI: "F$
610   PRINT : PRINT " ANZAHL DER PROBANDEN: ";P - 1
620   PRINT "   ANZAHL DER STELLEN: "; I
630   PRINT "      ANZAHL DER ITEMS: ";ML
640   PRINT: PRINT"FREIER SPEICHER="FRE(O)
650   RETURN
```

4 FORMULAR generieren

Zeile   Wirkung

800-820   Beschreibung der Steuerzeichen ausgeben

830   Zeilenzähler, Formularzeilen-Zähler auf Anfang:
           Formularlänge, Anzahl Formular-Items auf Anfang:
           DATENMASKE auf FM$ setzen
840   Anzahl der gewünschten Druckspalten abfragen
850   UP FORMULAR abfragen
860   UP FORMULAR ausgeben/ändern
870   UP DRUCKPARAMETER setzen
880   UP FORMULAR speichern
890   Rückkehr in das Menue

5 FORMULAR abfragen

1000   Spaltenzähler auf Anfang setzen
1010-1020 ITEM abfragen
1030   Numerischen Wert der Abfrage ermitteln
1040   Rückkehr, falls Ende-Zeichen $\emptyset$ vorliegt
1050   Sprung zur Eingabe, falls ITEM-Nr. zulässig ist
1060   Schleife für ITEM-Nr. eröffnen
1070   Sprung zur Eingabe, falls ITEM-Name gefunden
1080   Wiederholung ITEM-Nr.
1090   Anzeige, daß NAME nicht existiert:Rücksprung
1100   Ausgabe ITEM-Name mit Stellenzahl
1110   FORMULAR-Zähler erhöhen
1120   ITEM-Nr. und Zeile in FORMULAR-Feld einsetzen
1130   Ausgabe Zeilen-Nr.:Cursor auf Position setzen
1140   Positions-Zähler auf Anfang setzen
1150   Steuerzeichen . oder : oder - abfragen
1160   Sprung, falls kein RETURN vorliegt
1170   Falls Leerzeile, Zeilenzähler erhöhen
1180   Falls Zeile größer als FORMULAR-Länge, dann
           FORMULAR-Länge gleich Zeilenzahl setzen
1190   Position auf Anfang:Rücksprung zur Speicherung
1200   Sprung, falls Steuerzeichen : oder - vorliegt
1210   Rücksprung Eingabe, falls Zeichen unzulässig
1220   Zeichen für Leerstelle ausgeben:Positionszähler
           erhöhen:Rücksprung zur Eingabe
1230   Sprung bei Steuerzeichen -
1240   Spaltenzähler erhöhen
1250   ITEM-Name und : ausgeben
1260   UP Anzeige, falls Druckbreite überschritten ist
1270   Position ITEM-Name in FORMULAR-Feld einsetzen
1280   Rücksprung zur Eingabe
1290   Spaltenzähler um Stellenzahl des ITEMS erhöhen
1300-1320 Je ITEM-Stelle ein - ausgeben
1330   UP Anzeige, falls Druckbreite überschritten ist
1340   Anzahl der Leerstellen in FORMULAR-Feld setzen
1350   Zähler FORMULAR-ITEM erhöhen, falls nötig
1360   Rücksprung zur Eingabe neues FORMULAR-ITEM
1370   Warnung, daß Druckbreite SP überschritten ist
1380   Rückkehr FORMULAR-Aufbau

4 FORMULAR generieren

```
800  PRINT : PRINT "  .  ERGIBT EINE LEERSTELLE"
810  PRINT : PRINT "  :  ERGIBT BEGINN ITEM-NAMEN"
820  PRINT : PRINT "  -  ERGIBT BEGINN DES ITEMS"
830 Z = 1: F = 0: FL = 0: FF = 0: FM$ = M$
840 PRINT: INPUT"ANZAHL DER DRUCKSPALTEN?"; SP
850  GOSUB 1000
860  GOSUB 1500
870  GOSUB 2000
880  GOSUB 2500
890  RETURN
```

5 FORMULAR abfragen

```
1000 S = 0
1010  P PRINT : PRINT  SPC( 10);
1020 INPUT "ITEM (ENDE=0)?"; A$
1030 IT =  VAL (A$)
1040  IF A$ = "0" THEN RETURN
1050  IF IT > 0 AND IT <  = ML THEN 1100
1060  FOR IT = 1 TO ML
1070  IF MN$(IT) = A$ THEN 1100
1080  NEXT IT
1090  PRINT : PRINT A$" EXISTIERT NICHT!": GOTO 1010
1100  PRINT  SPC( 10)MN$(IT)" HAT " FN AS(IT)" STELLEN"
1110 F = F + 1
1120 F(F) = IT * 1E+06 + Z * 10000
1130  PRINT "ZEILE "Z: PRINT  SPC( S);
1140 M = 0
1150 GET A$: IF A$ = "" THEN 1150
1160  IF A$ <  > CHR$ (13) THEN 1200
1170  IF M = 0 THEN Z = Z + 1
1180  IF Z > FL THEN FL = Z
1190 S = 0: PRINT : GOTO 1120
1200  IF A$ = ":" OR A$ = "-" THEN 1230
1210  IF A$ <  > "." THEN 1150
1220  PRINT "."; : M = M + 1: GOTO 1150
1230  IF A$ = "-" THEN 1290
1240 S = S + M + 1 + LEN(MN$(IT))
1250  PRINT MN$(IT)": ";
1260  IF S > SP THEN GOSUB 1370
1270 F(F) = F(F) + (M + 1) * 100
1280  GOTO 1140
1290 S = S + M + FN AS(IT)
1300  FOR J = 1 TO FN AS(IT)
1310  PRINT"-";
1320  NEXT J
1330  IF S > SP THEN GOSUB 1370
1340 F(F) = F(F) + M
1350  IF F > FF THEN FF = F
1360  GOTO 1010
1370  PRINT:PRINT"ZEILE "Z" ZU LANG !!"
1380  RETURN
```

6 FORMULAR ausgeben/ändern

Zeile	Wirkung

1500   UP FORMULAR ausgeben
1510   Abfrage, ob FORMULAR geändert werden soll
1520   Rückkehr, falls keine Änderung gewünscht
1530   Abfrage, welche ZEILE geändert werden soll
1540   Sprung DRUCK-PARAMETER, falls Ende-Zeichen
1550   Schleife für FF FORMULAR-KENNZEICHEN eröffnen
1560   FORMULAR-KENNZEICHEN auf S übertragen
1570   ITEM-Nr. aus KENNZEICHEN ausschneiden
1580   ZEILEN-Nr. aus KENNZEICHEN ausschneiden
1590   Falls Änderungszeile, KENNZEICHEN löschen
1600   Falls ZEILE gelöscht, Sprung zur Eingabe
1610   Wiederholung FORMULAR-KENNZEICHEN
1620   UP FORMULAR-Eingabe: Rücksprung zur Änderung
1630   Rückkehr

7 FORMULAR von Diskette laden

1810   Abfrage NAME des FORMULARS
1820   DATEI FORMULAR FF$ öffnen in Drive DX$
1830   FORMULAR-Parameter von Diskette laden
1840   Schleife für FORMULAR-Kennzeichen eröffnen
1850   FORMULAR-Kennzeichen von Diskette laden
1860   Wiederholung Kennzeichen
1870   DATEI schließen
1880   UP FORMULAR ÄNDERN, falls MASKEN identisch sind
1890   Anzeige, daß MASKEN nicht übereinstimmen:Rückkehr
1900   UP FORMULAR ÄNDERN
1910   Abfrage, ob DRUCKPARAMETER zu ändern sind
1920   UP DRUCK-PARAMETER setzen, falls gewünscht
1930   UP FORMULAR speichern
1940   Rückkehr

8 DRUCKPARAMETER setzen

2000   Bildschirm löschen: Überschrift abfragen
2010   Überschrift DRUCK-PARAMETER ausgeben
2020   Abfrage, ob PROBANDEN-Nr. ausgegeben werden soll
2030   Abfrage, ob SEITEN-Nr. ausgegeben werden soll
2040   Abfrage, ob SEITENVORSCHUB gewünscht wird
2050   Abfrage, ob ZWISCHENRÄUME wegfallen sollen
2060   Ausgabe der ZEILENZAHL je FORMULAR(IST)
2070-2080   Abfrage der ZEILENZAHL je FORMULAR(Soll)
2090   Rückkehr

6   FORMULAR ausgeben/ändern

```
1500  GOSUB 3000
1510 PRINT : INPUT "FORMULAR AENDERN (=1)?";A$
1520  IF A$ < > "1" THEN  RETURN
1530 PRINT : INPUT " WELCHE ZEILE AENDERN (ENDE=0)?",Z
1540  IF Z = 0 THEN 1500
1550  FOR F = FF TO 1 STEP -1
1560 S = F(F)
1570 IT =  INT (S / 1E+06)
1580 IZ =  INT (S / 10000) - 100 * IT
1590  IF Z = IZ THEN F(F) = 0
1600  IF Z > IZ THEN 1620
1610  NEXT F
1620  GOSUB 1000
1630  GOTO 1530
```

7   FORMULAR von Diskette laden

```
1800  GOSUB 410
1810 PRINT : INPUT "NAME DES FORMULARS?";FF$
1820 OPEN"I",#1,DX$ + ":" + FF$
1830 INPUT#1, FM$, FF, FL, U$, D1, D2, D3, D4, SP
1840  FOR J = 1 TO FF
1850 INPUT#1, F(J)
1860  NEXT
1870 CLOSE#1
1880  IF M$ = FM$ THEN 1900
1890  PRINT: PRINT"MASKE PASST NICHT ZU "F$: RETURN
1900  GOSUB 1500
1910 PRINT: INPUT"DRUCKPARAMETER AENDERN(=1)?";A$
1920  IF A$ = "1" THEN GOSUB 2000
1930  GOSUB 2500
1940  RETURN
```

8   DRUCKPARAMETER setzen

```
2000 HOME:  PRINT : INPUT "UEBERSCHRIFT:";U$
2010  PRINT : PRINT "DRUCKPARAMETER (INAKTIV=0)"
2020 PRINT : INPUT "   PROB.-NR.ANGEBEN(=1)?";D1
2030 PRINT : INPUT "        SEITEN-NR. (=NR.)?";D2
2040 PRINT : INPUT "      SEITENVORSCHUB(=1)?";D3
2050 PRINT : INPUT "    BUENDIG DRUCKEN(=1)?";D4
2060  PRINT : PRINT "ZEILENZAHL IST "1 + D1 + SGN(D2)"+"FL
2070  PRINT : PRINT "ERFORDERLICH   "1 + D1 + SGN(D2)"+?";
2080 INPUT FL
2090  RETURN
```

9 FORMULAR speichern

Zeile   Wirkung

2500   Abfrage, ob FORMULAR gespeichert werden soll
2510   Rückkehr, falls keine Speicherung gewünscht
2520   UP Katalog-Angebot
2530   Abfrage des FORMULAR-Namens
2540-2550   Abfrage, ob NAME freigegeben ist   gabe
2560   Rücksprung zur Namensabfrage, falls keine Frei-
2570   DATEI für FORMULAR FF$ öffnen
2580-2590   FORMULAR-Parameter auf Diskette schreiben
2600   Schleife für FORMULAR-Kennzeichen eröffnen
2610   KENNZEICHEN auf Diskette schreiben
2620   Wiederholung Kennzeichen
2630   DATEI schließen
2640   Rückkehr

10 FORMATIERTE AUSGABE

3000   Ausgabeart abfragen
3010   Rückkehr, falls keine Ausgabe
3020   UP DATEI-PARAMETER ausgeben
3030   SEITEN-Nr. auf Anfang setzen
3040   UP FORMULAR-Ausgabe bei V $\neq$ 3
3050   Rücksprung Ausgabeart bei V $\neq$ 3
3060   Abfrage des DATEI-Abschnitts X,Y
3070   Rücksprung zur Abfrage, falls X,Y unzulässig ist
3080   Sprung zur Anschluß-DATEI, falls Ende-Zeichen
3090   Zähler im DATENBLOCK auf Anfang setzen
3100   DATEI F$ in Drive D$ öffnen
3110   Puffer B$ der Länge I festlegen
3120   Sprung Ende, falls DATEI abgearbeitet ist
3130   Zähler DATENBLOCK, Abschnitt erhöhen
3140   DATENSATZ X in Puffer laden und übertragen
3150   Fortsetzung Laden, falls DATENBLOCK nicht voll
3160   DATEI schließen
3170   Schleife für DATENSÄTZE im DATENBLOCK eröffnen
3180   UP DATENSATZ ausgeben
3190   Sprung zur Wiederholung, falls Drucker-Ausgabe
3200   Ende-Zeichen / von Tastatur abfragen
3210   Wiederholung DATENSATZ
3220   Rücksprung zur Ausgabe
3230   Abfrage, ob Anschluß-DATEI gewünscht wird
3240   Rücksprung Ausgabeart, falls kein Anschluß
3250   UP Katalog-Angebot
3260   NAME der Anschluß-DATEI abfragen
3270   DATENMASKE M$ deponieren
3280   UP DATEI-Parameter laden und ausgeben
3290   Rücksprung Ausgabe, falls MASKEN übereinstimmen
3300   Anzeige, daß DATENMASKEN nicht übereinstimmen
3310   DATENMASKE M$ wiederherstellen
3320   Rückkehr

9 FORMULAR speichern

```
2500 PRINT : INPUT "FORMULAR SPEICHERN(=1)?";A$
2510  IF A$ < > "1" THEN RETURN
2520  GOSUB 410
2530 PRINT : INPUT "NAME DES FORMULARS?";FF$: PRINT
2540  PRINT "DATEI "FF$" F R E I G E G E B E N (=1)?";
2550  INPUT A$
2560  IF A$ < > "1" THEN 2500
2570  OPEN"O",#1,DX$ + ":" + FF$
2580  PRINT#1, FM$: PRINT#1, FF: PRINT#1, FL: PRINT#1, U$
2590  PRINT#1,D1: PRINT#1,D2: PRINT#1,D3: PRINT#1,D4: PRINT#1,SP
2600  FOR J = 1 TO FF
2610  PRINT#1, F(J)
2620  NEXT J
2630  CLOSE#1
2640  RETURN
```

10 FORMATIERTE AUSGABE

```
3000 PRINT : INPUT "AUSGABE: TV=0 DRUCKER=1 ENDE=2: ";DU
3010  IF DU > 1 OR FF = 0 OR FM$ < > M$ THEN  RETURN
3020  GOSUB 600
3030 SZ = D2
3040  IF V < > 3 THEN  GOSUB 3500
3050  IF V < > 3 THEN 3000
3060 PRINT : INPUT "PROBAND X BIS Y (ENDE=0,0): ";X,Y
3070  IF X < 0 OR X > Y OR Y > P - 1 THEN 3000
3080  IF X = 0 THEN 3230
3090 J = 0
3100 OPEN"R",#1,D$ + ":"+ F$, I + 1
3110 FIELD#1, I AS B$
3120  IF X > Y THEN 3160
3130 J = J + 1: X = X + 1
3140 GET#1, X: B$(J) = B$
3150  IF J < BL THEN 3120
3160 CLOSE#1
3170  FOR K = 1 TO J
3180  GOSUB 3540
3190  IF DU > 0 THEN 3210
3200 GET A$: IF A$ = "" THEN 3200
3210  IF A$ = CHR$(47) THEN 3230
3220  NEXT K: GOTO 3070
3230 PRINT : INPUT "ANSCHLUSSDATEI (=1)?";A$
3240  IF A$ < > "1" THEN 3000
3250  GOSUB 400: D$ = DX$
3260 PRINT : INPUT "NAME DER DATEI?";F$
3270 A$ = M$
3280  GOSUB 500
3290  IF M$ = A$ THEN 3060
3300  PRINT : PRINT "MASKEN STIMMEN NICHT UEBEREIN!"
3310 M$ = A$
3320  RETURN
```

11   AUSGABE DATENSATZ/FORMULAR

Zeile	Wirkung
3500-3530	String mit 128 - Zeichen erzeugen
3540	Zeilen-Zähler auf Anfang setzen
3550	Sprung bei fehlender Drucker-Ausgabe
3560	Sprung, falls keine SEITEN-Nr. gewünscht
3570	"SEITE" mit Nr. auf Drucker ausgeben
3580	Sprung, falls PROBANDEN-Nr. nicht gewünscht
3590-3600	DATEI-Name und PROBANDEN-Nr. ausgeben
3610	Bei Drucker-Ausgabe Überschrift drucken
3620	Überschrift auf Bildschirm ausgeben
3630	Schleife für FORMULAR-Kennzeichen eröffnen
3640	FORMULAR-Kennzeichen übertragen
3650	Sprung nächstes Kennzeichen, falls gelöscht
3660	ITEM-Nr. aus Kennzeichen ausschneiden
3670	ZEILEN-Nr. aus Kennzeichen ausschneiden
3680	LEERSTELLEN-Zahl vor ITEM-Namen ausschneiden
3690	LEERSTELLEN vor ITEM ausschneiden
3700	Sprung, falls aktuelle ZEILE vorliegt
3710-3720	LEERZEILE ausgeben:Zähler erhöhen:Rücksprung
3730	Sprung, falls kein ITEM-Name vorgesehen
3740-3750	ITEM-Name einschl. LEERSTELLEN ausgeben
3760	Stellenzahl ITEM Nr. J übertragen
3770	Sprung, falls FORMULAR-Ausgabe
3780	ITEM Nr. IT aus DATENSATZ K ausschneiden
3790	Sprung, falls nicht bündiger Druck gewünscht
3800	ITEM-Länge auf L1 übertragen
3810	Schleife für L1 ITEM-Stellen eröffnen
3820	Aussprung, falls kein Zwischenraum vorliegt
3830	Stellenzahl reduzieren
3840	Wiederholung ITEM-Stelle
3850-3860	ITEM einschl. eventueller LEERSTELLEN ausgeben
3870	Wiederholung FORMULAR-Kennzeichen
3880	Sprung, falls kein SEITENVORSCHUB gewünscht
3890	Drucker auf Seitenanfang
3900	SEITEN-Nr. erhöhen
3910	Rückkehr, falls FORMULAR-Ende erreicht ist
3920-3930	LEERZEILE ausgeben
3940	Zeilen-Zähler erhöhen: Rücksprung
3950	Rückkehr

12   Aufruf DATEI-Menue

7000	DATEI-Menue laden und aufrufen

13   BEENDEN

9000	Arbeitsende

11   AUSGABE DATENSATZ/FORMULAR

```
3500 B$ = "----"
3510  FOR J = 1 TO 4
3520 B$ = B$ + B$
3530  NEXT J
3540 Z = 1: IF V <> 3 THEN 3620
3550  IF OU = 0 THEN 3620
3560  IF D2 = 0 THEN 3580
3570  LPRINT "SEITE "SZ
3580  IF D1 = 0 THEN 3610
3590 LPRINT "  DATEI: "F$ SPC( 20 -  LEN (F$));
3600  LPRINT "PROBAND: "K + X - J - 1 SPC( 5)FF$
3610  IF OU = 1 THEN LPRINT U$
3620  PRINT U$
3630  FOR F = 1 TO FF
3640 S = F(F)
3650  IF S = 0 THEN 3870
3660 IT =  INT (S / 1E+06)
3670 IZ =  INT (S / 10000) - IT * 100
3680 IN =  INT (S / 100) - IT * 10000 - IZ * 100
3690 IM = S - IT * 1E+06 - IZ * 10000 - IN * 100
3700  IF Z = IZ THEN 3730
3710  IF OU = 1 THEN LPRINT
3720  PRINT: Z = Z + 1: GOTO 3700
3730  IF IN = 0 THEN 3760
3740  IF OU = 1 THEN LPRINT SPC(IN - 1)MN$(IT)":";
3750  PRINT  SPC( IN - 1)MN$(IT)":";
3760 L =  FN AS(IT)
3770  IF V < > 3 THEN 3850
3780 B$ =  MID$ (B$(K),A%(IT),L)
3790  IF D4 = 0 THEN 3850
3800 L1 =  LEN (B$)
3810  FOR J1 = 0 TO L1 - 1
3820  IF  MID$ (B$,L1 - J1,1) < > " " THEN 3850
3830 L = L -1
3840  NEXT J1
3850  PRINT  SPC( IM) MID$ (B$,1,L);
3860  IF OU = 1 THEN LPRINT SPC(IM) MID$(B$,1,L);
3870  NEXT F
3880  IF D3 = 0 THEN 3910
3890  LPRINT  CHR$ (12)
3900 SZ = SZ + 1
3910  IF Z > FL THEN 3950
3920  IF OU = 1 THEN LPRINT
3930  PRINT  CHR$ (13)
3940 Z = Z + 1: GOTO 3910
3950  RETURN
```

12   Aufruf DATEI-Menue

```
7000  RUN "DATEI"
```

13   BEENDEN

```
9000  END
```

8.3 Zeilenweise Liste der Variablen

1   Hauptprogramm

0120	BL	LAENGE DATENBLOCK
0120	LP	MAXIMALE LAENGE DATENSATZ
0120	P$	KENNZEICHEN PARAMETER-DATEI
0130	A%(LP)	ANFANGSPOSITION ITEM IM DATENSATZ
0130	B$(BL)	DATENBLOCK
0130	F(LP)	FORMULARFELD
0130	MN$(BL)	FELD FUER ITEM-NAMEN
0140	D$	ZEICHEN FUER AKTUELLEN DRIVE
0150	F$	ANTWORT DATEI-NAME
0240	V	GEWAEHLTE OPERATION

2   Katalog DATEI-Namen anbieten

0400	FN AS(X)	UMWANDLUNG ZEICHEN IN STELLENZAHL
0410	DX$	ANTWORT DRIVE-ZEICHEN
0430	A$	ANTWORT KATALOG-ANGEBOT

3   DATEI -Parameter laden und ausgeben

0510	M$	DATENMASKE/LADEN
0510	P	PROBANDENANZAHL(+1)/LADEN
0510	RE	RESERVE-PARAMETER/LADEN
0520	I	GESAMTSTELLENZAHL/ANFANG
0520	ML	LAENGE DATENMASKE/UEBERTRAGUNG
0540	MN$(J)	ITEM-NAME NR. J/LADEN
0550	A%(J)	ANFANGSPOSITION ITEM NR. J
0560	L	STELLENZAHL ITEM NR. J/SETZUNG
0570	I	GESAMTSTELLENZAHL/AUFBAU

4   FORMULAR generieren

0830	F	ZAEHLER FORMULAR-KENNZEICHEN/ANFANG
0830	FF	ANZAHL DER FORMULAR-KENNZEICHEN/ANFANG
0830	FL	FORMULARLAENGE/ANFANG
0830	FM$	DATENMASKE FORMULAR/UEBERTRAGUNG
0830	Z	ZEILENZAEHLER/ANFANG
0840	SP	ANZAHL DRUCKSPALTEN/EINGABE

5 FORMULAR abfragen

1000	S	SPALTENZAEHLER/ANFANG
1020	A$	ANTWORT ITEM NR. ODER -NAME
1030	IT	ITEM-NR./UMWANDLUNG
1110	F	ZAEHLER FORMULAR-KENNZEICHEN/ERHOEHUNG
1120	F(F)	FORMULARFELD/SPEICHERUNG
1140	M	LEERSTELLEN-ZAEHLER/ANFANG
1150	A$	ANTWORT EINZELZEICHEN
1170	Z	ZEILENZAEHLER/ERHOEHUNG
1180	FL	FORMULARLAENGE/SETZUNG
1190	S	SPALTENZAEHLER/ANFANG
1220	M	LEERSTELLEN-ZAEHLER/ERHOEHUNG
1240	S	SPALTENZAEHLER/AUFBAU
1270	F(F)	FORMULARFELD/SPEICHERUNG
1290	S	SPALTENZAEHLER/AUFBAU
1340	F(F)	FORMULARFELD/SPEICHERUNG
1350	FF	ANZAHL FORMULAR-KENNZEICHEN/SETZUNG

6 FORMULAR ausgeben/ändern

1510	A$	ANTWORT FORMULAR-AENDERUNG
1530	Z	ZEILENZAEHLER/EINGABE
1560	S	FORMULAR-KENNZEICHEN/UEBERTRAGUNG
1570	IT	ITEM-NR./SETZUNG
1580	IZ	ZEILEN-NR./SETZUNG
1590	F(F)	FORMULAR-KENNZEICHEN/LOESCHUNG

7 FORMULAR von Diskette laden

1810	FF$	ANTWORT FORMULAR-NAME
1830	D1	PARAMETER PROBANDEN-NR./LADEN
1830	D2	PARAMETER SEITEN-NR./LADEN
1830	D3	PARAMETER SEITENVORSCHUB/LADEN
1830	D4	PARAMETER BUENDIG DRUCKEN/LADEN
1830	FF	ANZAHL KENNZEICHEN/LADEN
1830	FL	FORMULARLAENGE/LADEN
1830	FM$	DATENMASKE/LADEN
1830	SP	ANZAHL DRUCKSPALTEN/LADEN
1830	U$	UEBERSCHRIFT/LADEN
1850	F(J)	FORMULAR-KENNZEICHEN/LADEN
1910	A$	ANTWORT DRUCK-PARAMETER AENDERN

8 DRUCK-PARAMETER setzen

2000	U$	UEBERSCHRIFT/EINGABE
2020	D1	ANTWORT PROBANDEN-NR.
2030	D2	ANTWORT SEITEN-NR.
2040	D3	ANTWORT SEITENVORSCHUB
2050	D4	ANTWORT BUENDIG DRUCKEN
2080	FL	ANTWORT FORMULARLAENGE

9   FORMULAR speichern

2500	A$	ANTWORT FORMULAR SPEICHERN
2530	FF$	NAME DES FORMULARS/EINGABE
2550	A$	ANTWORT FREIGABE NAME

10   FORMATIERTE AUSGABE

3000	OU	ANTWORT AUSGEBEART
3030	SZ	SEITEN-NR./UEBERTRAGUNG
3060	X:Y	DATEI-ABSCHNITT/EINGABE
3090	J	ZAEHLER IM DATENBLOCK/ANFANG
3110	B$	PUFFER LAENGE I/VEREINBARUNG
3130	J	ZAEHLER IM DATENBLOCK/ERHOEHUNG
3130	X	NR. DATENSATZ/ERHOEHUNG
3140	B$	DATENSATZ/PUFFER LADEN
3140	B$(J)	DATENSATZ J IM BLOCK /UEBERTRAGUNG
3200	A$	ANTWORT AUSGABE BEENDEN
3230	A$	ANTWORT ANSCHLUSS-DATEI
3250	D$	DRIVE-ZEICHEN/UEBERTRAGUNG
3260	F$	ANTWORT NAME ANSCHLUSS-DATEI
3270	A$	DATENMASKE/DEPOT
3310	M$	DATENMASKE/UEBERTRAGUNG

11   AUSGABE DATENSATZ/FORMULAR

3500	B$	LEERSTELLEN-STRING/ANFANG
3520	B$	LEERSTELLEN-STRING/AUFBAU
3540	Z	ZEILENZAEHLER/ANFANG
3640	S	SPALTENZAEHLER/UEBERTRAGUNG
3660	IT	ITEM-NR./SETZUNG
3670	IZ	FORMULAR-ZEILE/UEBERTRAGUNG
3680	IN	ZWISCHENRAUM ITEM-NAME/UEBERTRAGUNG
3690	IM	ZWISCHENRAUM ITEM/UEBERTRAGUNG
3720	Z	ZEILENZAEHLER/ERHOEHUNG
3760	L	STELLENZAHL ITEM NR. IT/SETZUNG
3780	B$	ITEM IT AUS DATENSATZ K/SETZUNG
3800	L1	STELLENZAHL ITEM NR. IT/DEPOT
3830	L	STELLENZAHL ITEM NR. IT/REDUZIERUNG
3900	SZ	SEITEN-NR./ERHOEHUNG
3940	Z	ZEILENZAEHLER/ERHOEHUNG

8.4 Alphabetische Liste der Variablen

A

A$	0430	ANTWORT KATALOG-ANGEBOT
A$	1020	ANTWORT ITEM NR. ODER -NAME
A$	1150	ANTWORT EINZELZEICHEN
A$	1510	ANTWORT FORMULAR-AENDERUNG
A$	1910	ANTWORT DRUCK-PARAMETER AENDERN
A$	2500	ANTWORT FORMULAR SPEICHERN
A$	2550	ANTWORT FREIGABE NAME
A$	3200	ANTWORT AUSGABE BEENDEN
A$	3230	ANTWORT ANSCHLUSS-DATEI
A$	3270	DATENMASKE/DEPOT
A%(J)	0550	ANFANGSPOSITION ITEM NR. J
A%(LP)	0130	ANFANGSPOSITION ITEM IM DATENSATZ

B

B$	3110	PUFFER LAENGE I/VEREINBARUNG
B$	3140	DATENSATZ/PUFFER LADEN
B$	3500	LEERSTELLEN-STRING/ANFANG
B$	3520	LEERSTELLEN-STRING/AUFBAU
B$	3780	ITEM IT AUS DATENSATZ K/SETZUNG
B$(BL)	0130	DATENBLOCK
B$(J)	3140	DATENSATZ J IM BLOCK /UEBERTRAGUNG
BL	0120	LAENGE DATENBLOCK

D

D$	0140	ZEICHEN FUER AKTUELLEN DRIVE
D$	3250	DRIVE-ZEICHEN/UEBERTRAGUNG
D1	1830	PARAMETER PROBANDEN-NR./LADEN
D1	2020	ANTWORT PROBANDEN-NR.
D2	1830	PARAMETER SEITEN-NR./LADEN
D2	2030	ANTWORT SEITEN-NR.
D3	1830	PARAMETER SEITENVORSCHUB/LADEN
D3	2040	ANTWORT SEITENVORSCHUB
D4	1830	PARAMETER BUENDIG DRUCKEN/LADEN
D4	2050	ANTWORT BUENDIG DRUCKEN
DX$	0410	ANTWORT DRIVE-ZEICHEN

F

F	0830	ZAEHLER FORMULAR-KENNZEICHEN/ANFANG
F	1110	ZAEHLER FORMULAR-KENNZEICHEN/ERHOEHUNG
F$	0150	ANTWORT DATEI-NAME
F$	3260	ANTWORT NAME ANSCHLUSS-DATEI
F(F)	1120	FORMULARFELD/SPEICHERUNG
F(F)	1270	FORMULARFELD/SPEICHERUNG
F(F)	1340	FORMULARFELD/SPEICHERUNG
F(F)	1590	FORMULAR-KENNZEICHEN/LOESCHUNG
F(J)	1850	FORMULAR-KENNZEICHEN/LADEN
F(LP)	0130	FORMULARFELD
FF	0830	ANZAHL DER FORMULAR-KENNZEICHEN/ANFANG
FF	1350	ANZAHL FORMULAR-KENNZEICHEN/SETZUNG
FF	1830	ANZAHL KENNZEICHEN/LADEN
FF$	1810	ANTWORT FORMULAR-NAME
FF$	2530	NAME DES FORMULARS/EINGABE
FL	0830	FORMULARLAENGE/ANFANG
FL	1180	FORMULARLAENGE/SETZUNG
FL	1830	FORMULARLAENGE/LADEN
FL	2080	ANTWORT FORMULARLAENGE
FM$	0830	DATENMASKE FORMULAR/UEBERTRAGUNG
FM$	1830	DATENMASKE/LADEN
FN AS(X)	0400	UMWANDLUNG ZEICHEN IN STELLENZAHL

I

I	0520	GESAMTSTELLENZAHL/ANFANG
I	0570	GESAMTSTELLENZAHL/AUFBAU
IM	3690	ZWISCHENRAUM ITEM/UEBERTRAGUNG
IN	3680	ZWISCHENRAUM ITEM-NAME/UEBERTRAGUNG
IT	1030	ITEM-NR./UMWANDLUNG
IT	1570	ITEM-NR./SETZUNG
IT	3660	ITEM-NR./SETZUNG
IZ	1580	ZEILEN-NR./SETZUNG
IZ	3670	FORMULAR-ZEILE/UEBERTRAGUNG

J

J	3090	ZAEHLER IM DATENBLOCK/ANFANG
J	3130	ZAEHLER IM DATENBLOCK/ERHOEHUNG

L

L	0560	STELLENZAHL ITEM NR. J/SETZUNG
L	3760	STELLENZAHL ITEM NR. IT/SETZUNG
L	3830	STELLENZAHL ITEM NR. IT/REDUZIERUNG
L1	3800	STELLENZAHL ITEM NR. IT/DEPOT
LP	0120	MAXIMALE LAENGE DATENSATZ

8.5 Benutzungsanleitung mit Beispiel

A. <u>Starten des Programms</u>

Das Programm wird als Baustein des DATEI-Menues mit der
Ziffer 5 oder unter dem Namen FORMULAR direkt von der
Datei-Diskette geladen. Es erfolgt dann die Meldung

    FORMATIERTE DATEIAUSGABE(83 CP/M)

    DISKETTE IN DRIVE:?

Wie bei den anderen Bausteinen kann man den Drive wählen
und zur Kontrolle die File-Namen der verwendeten Diskette
nach der Abfrage

    KATALOG (=ZWR)?

mittels der Leertaste(=ZWR) auflisten. Antwortet man mit
der Return-Taste, so fordert das Programm den Namen der
zu bearbeitenden Datei an mit der Abfrage

    NAME DER DATEI?

Nach der Eingabe des Datei-Namens werden die zugehörigen
Dateiparameter geladen und auf dem Bildschirm ausgegeben:

    DATEI:

    ANZAHL DER PROBANDEN:
     ANZAHL DER STELLEN:
      ANZAHL DER ITEMS:

    FREIER SPEICHER=

Anschließend wird das Menue für die formatierte Datei-Aus-
gabe aufgelistet

```
┌─────────────────────────────────┐
│         MENUE-FORMULAR          │
│                                 │
│    0 FORMULAR DEFINIEREN        │
│    1 FORMULAR LADEN             │
│    2 DRUCK-PARMETER SETZEN      │
│                                 │
│    3 FORMATIERT AUSGEBEN        │
│                                 │
│    7 PROGRAMM WAEHLEN           │
│                                 │
│    9 BEENDEN                    │
│                                 │
│    WELCHE OPERATION?            │
└─────────────────────────────────┘
```

Vor dem Arbeitsgang 3 muß mindestens der Arbeitsgang Ø
oder 1 erfolgreich abgelaufen sein.

B. <u>Beschreibung der Arbeitsgänge</u>

| Ø FORMULAR DEFINIEREN |

Mit diesem Arbeitsgang kann für die formatierte Ausgabe
von Probandendaten ein Formular festgelegt werden. Dazu
wird die gewünschte Form der Ausgabe Zeile für Zeile mit
den folgenden Angaben vom Benutzer vorgegeben.
Das Programm beginnt den Arbeitsgang mit der Festlegung
des Ausgaberumpfes(Zeile 1 bis N). Danach wird der Aus-
gabekopf (Überschrift und Kennzeichen) abgefragt.
Der Ablauf beginnt mit der Meldung und Abfrage

```
. ERGIBT EINE LEERSTELLE

: ERGIBT BEGINN ITEM-NAMEN

- ERGIBT BEGINN DES ITEMS

ANZAHL DER DRUCKSPALTEN? 50
```

Nach der Angabe der gewünschten Druckbreite können die
ITEMS mit Nummer oder Namen in der Reihenfolge genannt
werden, wie sie später im FORMULAR gedruckt werden sollen
    ITEM (ENDE=0)?
Nach Eingabe des Items wird die Länge ausgegeben. Es folgt
    ZEILE 1   (der Cursor steht auf Spalte 1)

Will man nicht in dieser Zeile das angegebenen Item an-
ordnen, so kann man mit der Return-Taste in die nächste
Zeile übergehen
Innerhalb einer Zeile kann man ein oder mehrere Items an-
ordnen. Dazu gibt es die oben angebenen 3 Optionen: Leerstelle (Punkt), Beginn des Item-Namens (Doppelpunkt) und
Beginn des Items (Minus bzw. Bindestrich). Der jeweilige
Item-Name kann entfallen. Nach Eingabe des Doppelpunktes
wird der Name in die Zeile gesetzt,gefolgt von einem Do-
pelpunkt. Nach Eingabe des Bindestrichs wird für jede erforderliche Stelle des Items ein - Zeichen gesetzt. Dann
wird das folgende ITEM abgefragt(s. auch Beispiel 4).
Die Eingabe des Formularrumpfes wird beendet, sobald für
die Item-Nr. die Ziffer Ø eingegeben wird.

Nach der Eingabe der Formular-Items wird zunächst die
Ausgabe des definierten FORMULARS angeboten mit

    AUSGABE: TV=0 DRUCKER=1 ENDE=2:

Nach Abschluß der AUSGABE mit Ziffer 2 wird es häufig
nötig, das FORMULAR zu ändern. Dazu wird abgefragt

    FORMULAR AENDERN (=1)?

Wird die Ziffer 1 eingegeben, so wird weiter gefragt

    WELCHE ZEILE AENDERN (ENDE=0)?

Will man eine schon vorhandene DRUCKZEILE (keine Leerzeile)
ändern, so gibt es keine Probleme, wenn man beachtet, daß
die Anzahl der ITEMS in der betr. Zeile nicht <u>erhöht</u> wird.
Auch das Verschieben einer Zeile in eine benachbarte Leerzeile ist zulässig. Das Einfügen weiterer ITEMS oder ZEI-
LEN dagegen ist nur mit dem Arbeitsgang Ø möglich. Nach
der Änderung einer oder mehrer Zeilen wird erneut die
Ausgabe und die FORMULAR-Änderung angeboten. Wird dann
die ITEM-Nr. Ø eingeben, werden die DRUCK-Parameter fällig:

<table>
<tr><td>
UEBERSCHRIFT:

DRUCKPARAMETER (INAKTIV=0)

  PROB.-NR.ANGEBEN(=1)?

  SEITEN-NR. ANGEBEN(=NR)?

    SEITENVORSCHUB(=1)?

    BUENDIG DRUCKEN(=1)?
</td><td>
Erläuterungen zur Be-
deutung der Parameter
siehe Arbeitsgang 2
DRUCKPARAMETER SETZEN
</td></tr>
</table>

Jetzt wird die Gesamtzahl der Zeilen des Formulars einschließlich der Überschrift(Zeile Ø) ausgegeben und dann
die erforderliche Gesamtlänge des Formulars angefordert

    ZEILENZAHL IST 1+

    ERFORDERLICH   1+??

Abschließend wird die Abspeicherung des Formulars auf
Diskette unter einem Namen zur späteren Wiederverwendung
angeboten mit   FORMULAR SPEICHERN(=1)?

    NAME DES FORMULARS? TEST   DATEI TEST FREIGEGEBEN(=1)??

```
┌─────────────────────┐
│ 1 FORMULAR LADEN    │
└─────────────────────┘
```

Mit diesem Arbeitsgang kann ein mittels des Arbeitsganges
Ø FORMULAR DEFINIEREN abgespeichertes Formular für eine
aktuelle Ausgabe geladen und -falls gewünscht- auch geändert werden.
Nach der üblichen Angabe des Drives und einer möglichen
Katalogisierung wird der Name des gewünschten Formulars
abgefragt mit

    NAME DES FORMULARS?

Zur Kontrolle wird eine Ausgabe des Formulars angeboten mit
    AUSGABE: TV=0 DRUCKER=1 ENDE=2:

Jetzt wird die Korrektur des Formulars möglich mit
    FORMULAR AENDERN (=1)?

Gibt man die Ziffer Ø ein, so steht das Formular unverän-
dert für eine Ausgabe mit Arbeitsgang 3 zur Verfügung.
Gibt man die Ziffer 1 ein, so erfolgt die Abfrage

    WELCHE ZEILE AENDERN (ENDE=0)?

Man kann nun durch Angabe der Zeilen-Nr. des Formularrumpfes die betr. Zeile abändern oder mittels Return-Taste
auch löschen. Das restliche Formular bleibt dabei erhalten.
Das Programm kehrt solange zur Abfrage einer Zeilen-Nr.
zurück, bis die Ziffer Ø als Zeilen-Nr. eingeben wird.
Danach wird die Änderung des Formularkopfes angeboten mit

    DRUCK-PARAMETER AENDERN(=1)?

Nach Eingabe der Ziffer 1 kann die Überschrift/Druckpara-
meter abgeändert werden. Mit Ziffer Ø wird direkt zum
Angebot der Ausgabe des geänderten Formulars zurückgekehrt.
Hat man eine Ausgabe vorgenommen oder übergangen, so wird
erneut die Änderung des Formulars zugelassen (schrittweise
Abänderung), bis mit Eingabe der Ziffer Ø die Speicherung
des geänderten Formulares angeboten wird mit der Abfrage

    FORMULAR SPEICHERN(=1)?

Das geänderte Formular steht nun zur direkten Ausgabe mit
3 FORMATIERT AUSGEBEN   und auf der Diskette bereit.

2 DRUCK-PARAMETER SETZEN

Mit diesem Arbeitsgang können die Angaben zum Formular-
kopf(Überschrift/Druck-Paramter) für eine aktuelle Ausgabe
von Probanden verändert bzw. gesetzt werden. Normalerweise
sind diese Angaben in den Arbeitsgängen $\emptyset$ oder 1 bereits
vorgegeben und gespeichert worden. Vor dem Arbeitsgang
3 AUSGEBEN kann man diese Vorgaben also noch verändern.
Die Eingabeliste besteht aus den Abfragen

```
UEBERSCHRIFT:
DRUCKPARAMETER (INAKTIV=0)
    PROB.-NR.ANGEBEN(=1)?
 SEITEN-NR. ANGEBEN(=NR)?
     SEITENVORSCHUB(=1)?
    BUENDIG DRUCKEN(=1)?
```

a)Überschrift: Es kann eine Formular-Überschrift als Kopf-
   zeile $\emptyset$ vereinbart werden. Bei Antwort mit Return-Taste
   wird eine Leerzeile als Zeile $\emptyset$ ausgegeben.

b)Prob.-Nr. angeben: Oberhalb der Überschrift wird der
   Datei-Name, die Probanden-Nummer und der Formular-Name
   ausgegeben. Bei Antwort mit der Ziffer $\emptyset$ wird keine
   Zeile ausgegeben.

c)Seiten-Nr. angeben: Als erste Zeile wird eine lfd. Seiten-
   nummer ausgegeben. Die Nummer der ersten Seite ist einzugeben. Bei Antwort mit Ziffer 1 beginnt die Seitenzählung
   also mit Seite 1. Bei Antwort mit Ziffer $\emptyset$ wird keine
   Zeile ausgegeben.

d)Seitenvorschub: Eingabe von Ziffer 1 bewirkt einen Vorschub auf den Anfang der nächsten Seite nach der Ausgabe
   eines Probanden. Bei Eingabe von Ziffer $\emptyset$ wird fortlaufend ohne Seitenvorschub ausgegeben,(s. Beispiel).

e)Bündig drucken: Abweichend von den Vorgaben des Formulars
   in einer Zeile werden Leerstellen am Ende eines Merkmals
   bei der Ausgabe unterdrückt. Auf diese Weise lassen sich
   zusammengehörige Items, wie z.B. Vorname und Name bündig,
   d.h. ohne störende Zwischenräume ausgeben. Bei Eingabe
   von Ziffer $\emptyset$ wird entsprechend der Stellenzahl gedruckt.

Für einfache Anwendungen dürften die oben genannten
Optionen meist ausreichen. Der Leser kann sich auch
weitere Möglichkeiten für seine speziellen Bedürfnisse
selbst schaffen. Natürlich ist es auch möglich, Daten
von Probanden in vorgedruckte Einzelformulare einzu-
drucken,wenn der betr. Drucker ein Einzelblatt zuläßt.
In der vorgegebenen Form besteht ein vom Programm mit
dem Arbeitsgang 1 oder 2 gebildetes Formular aus einer
Überschrift(die leer sein kann) und mindestens einer
Datenzeile. In der Regel wird der Benutzer jedoch mehr
als eine Datenzeile und geeignete Leerzeilen vereinbaren.
Um nun auch noch die Gesamtanzahl der zu druckenden Zeilen
einschließlich der Leerzeilen nach der letzten Datenzeile
vorgeben zu können, erfolgt zunächst die Meldung der
Anzahl der Kopf- bzw. Rumpfzeilen, wie sie vom Benutzer
in Arbeitsgang 1 oder 2 vorgegeben wurden. Dabei werden
die Anzahlen getrennt als Summe z.B. 1 + 7 angegeben:

    ZEILENZAHL IST 1+

Jetzt wird nach der erforderlichen Anzahl der Rumpfzeilen
gefragt, wobei die Anzahl der vereinbarten Kopfzeilen als
erster Summand z.B. 1 + ? nochmals genannt wird:

    ERFORDERLICH   1+??

Achtung! Die im Arbeitsgang 2 DRUCK-PARAMETER SETZEN
         gemachten Angaben gelten nur für den direkten
         Druckvorgang mit 3 FORMATIERT AUSGEBEN.
         Werden diese Angaben jedoch im Arbeitsgang
         Ø FORMULAR DEFINIEREN oder bei der Korrektur
         in 1 FORMULAR LADEN gemacht, so sind sie
         unter dem betr. Formularnamen gespeichert.

3 FORMATIERT AUSGEBEN

In diesem Arbeitsgang erfolgt die Druck-Ausgabe aus der
angegeben Datei entsprechend dem geladenen oder definierten Formular (=Formatierte Dateiausgabe).

Nach Eingabe der Ziffer 3 wird die Art der Ausgabe gefragt

    AUSGABE: TV=0 DRUCKER=1 ENDE=2:

Man kann also wie üblich zwischen Bildschirm und Drucker
auswählen. Da nach der Ausgabe an diese Abfrage zurückgekehrt wird, kann man auch die Ausgabeart wechseln.

Steht kein Formular zur Verfügung oder stimmt die Datenmaske der Datei nicht mit der Datenmaske des Formulars
überein, so kehrt das Programm ins Menue (ohne Kommentar)
zurück.
Ist die Druck-Ausgabe aus der angegebenen Datei möglich,
so erfolgt die Abfrage

    PROBAND X BIS Y (ENDE 0,0)?

Man kann also nun den Abschnitt in der Datei auswählen,
für den man die Probanden-Daten formatiert drucken will.
Ist der angegebene Abschnitt nicht zulässig, so wird
zur obigen Abfrage zurückgekehrt.
Nach der Ausgabe der angegebenen Probanden kehrt das
Programm ebenfalls an die obige Abfrage zurück, um
ggf. weitere Abschnitte ausdrucken zu können. Wird dann
Ø,Ø eingegeben, so wird weiter abgefragt

    ANSCHLUSSDATEI (=1)?

Mit Eingabe der Ziffer 1 kann man also mit dem gleichen
Formular aus weiteren Dateien Probanden ausgeben. Das ist
häufig zweckmässig, wenn nicht alle Probanden einer Gesamtdatei auf einer Diskette Platz finden oder getrennt gene-
riert wurden.
Mit Eingabe der Ziffer Ø wird der Druck-Vorgang beendet
und das Programm kehrt wie üblich in das Menü zurück.

Beispiel 5. FORMATIERTE DATEIAUSGABE (für DATEI BEISPIEL 1)

Start des Programms und Arbeitsgang Ø FORMULAR GENERIEREN

```
FORMATIERTE DATEIAUSGABE(83 CP/M)

DISKETTE IN DRIVE:? A

KATALOG (=ZWR)?

NAME DER DATEI? BEISPIEL 1


DATEI: BEISPIEL 1

  ANZAHL DER PROBANDEN:2
    ANZAHL DER STELLEN:100
      ANZAHL DER ITEMS:10

FREIER SPEICHER=29886

      MENUE-FORMULAR

0 FORMULAR DEFINIEREN
1 FORMULAR LADEN
2 DRUCK-PARMETER SETZEN

3 FORMATIERT AUSGEBEN

7 PROGRAMM WAEHLEN

9 BEENDEN

WELCHE OPERATION? O

  . ERGIBT EINE LEERSTELLE

  : ERGIBT BEGINN ITEM-NAMEN

  - ERGIBT BEGINN DES ITEMS

ANZAHL DER DRUCKSPALTEN? 30
```

```
            ITEM (ENDE=O)? VORNAME
            VORNAME HAT 12 STELLEN
ZEILE 1
------------

            ITEM (ENDE=O)? NAME
            NAME HAT 18 STELLEN
ZEILE 1
          .--------------------
ZEILE 1 ZU LANG !!

            ITEM (ENDE=O)? STRASSE/NR
            STRASSE/NR HAT 20 STELLEN
ZEILE 1

ZEILE 2
---------------------

            ITEM (ENDE=O)? LAND
            LAND HAT 2 STELLEN
ZEILE 2

ZEILE 3

ZEILE 4
--

            ITEM (ENDE=O)? PLZ
            PLZ HAT 4 STELLEN
ZEILE 4
    ..-----

            ITEM (ENDE=O)? WOHNORT
            WOHNORT HAT 20 STELLEN
ZEILE 4
    ..-----------------------

            ITEM (ENDE=O)? O
```

```
    DATEI BEISPIEL 1 DATENMASKE

    ITEM    LAENGE    NAME
    1        3        LFD. NR.
    2        18       NAME
    3        12       VORNAME
    4        8        GEBURTSTAG
    5        20       STRASSE/NR
    6        2        LAND
    7        4        PLZ
    8        20       WOHNORT
```

Hinweis.

Mit Hilfe der nebenstehenden DATENMASKE läßt sich der Aufbau des FORMULARS nachvollziehen (Aufbau für den DRUCK von Adressaufklebern).

Beispiel 5. FORMATIERTE DATEIAUSGABE (für DATEI BEISPIEL 1)
Ausgabe FORMULAR und Arbeitsgang 3 FORMATIERT AUSGEBEN

```
AUSGABE: TV=0 DRUCKER=1 ENDE=2: 1              MENUE-FORMULAR

DATEI: BEISPIEL 1                      WELCHE OPERATION? 3

  ANZAHL DER PROBANDEN:2               AUSGABE: TV=0 DRUCKER=1 ENDE=2: 1
    ANZAHL DER STELLEN:100
     ANZAHL DER ITEMS:10               DATEI: BEISPIEL 1

FREIER SPEICHER=29776                    ANZAHL DER PROBANDEN:2
                                           ANZAHL DER STELLEN:100
------------ ------------------            ANZAHL DER ITEMS:10
--------------------
                                       FREIER SPEICHER=29627
--  ----  --------------------
                                       PROBAND X BIS Y (ENDE 0,0)? 1,2

AUSGABE: TV=0 DRUCKER=1 ENDE=2: 2      HERNN/FRAU/FRL.
                                       SIEGLINDE MAIER-ROHR
FORMULAR AENDERN (=1)? 0               GOETHESTR.7

UEBERSCHRIFT:HERNN/FRAU/FRL.           D  3000  HANNOVER

DRUCKPARAMETER (INAKTIV=0)

  PROB.-NR.ANGEBEN(=1)? 0

SEITEN-NR. ANGEBEN(=NR)?0

    SEITENVORSCHUB(=1)? 0              HERNN/FRAU/FRL.
                                       GERHARD HAGEDORN
  BUENDIG DRUCKEN(=1)? 1               WIESENGRUEN 19.

ZEILENZAHL IST 1+4                     CH  8023  ZUERICH

ERFORDERLICH   1+??8

FORMULAR SPEICHERN(=1)? 0


                                       PROBAND X BIS Y (ENDE 0,0)? 0,0

                                       ANSCHLUSSDATEI (=1)? 0

                                       AUSGABE: TV=0 DRUCKER=1 ENDE=2: 2

                                            MENUE-FORMULAR

                                       WELCHE OPERATION? 9
```

Beispiel 5. FORMATIERTE DATEIAUSGABE (DATEI K/L aus Bsp.4)
  Start des Programms und Arbeitsgang   Ø FORMULAR GENERIEREN

```
FORMATIERTE DATEIAUSGABE(83 CP/M)          ITEM (ENDE=0)? KLASSE
                                           KLASSE HAT 2 STELLEN
DISKETTE IN DRIVE:? A             ZEILE 1

KATALOG (=ZWR)?                   ZEILE 2
                                           KLASSE:--
NAME DER DATEI? K/L
                                           ITEM (ENDE=0)? NAME
                                           NAME HAT 10 STELLEN
DATEI: K/L                        ZEILE 2

                                           ...........NAME:----------
 ANZAHL DER PROBANDEN:36
   ANZAHL DER STELLEN:26                   ITEM (ENDE=0)? FACH
    ANZAHL DER ITEMS:8                     FACH HAT 2 STELLEN
                                  ZEILE 2
FREIER SPEICHER=29910
                                  ZEILE 3
     MENUE-FORMULAR
                                  ZEILE 4
                                  ..FACH:--
0 FORMULAR DEFINIEREN
1 FORMULAR LADEN
2 DRUCK-PARMETER SETZEN                    ITEM (ENDE=0)? STUNDEN
                                           STUNDEN HAT 1 STELLEN
3 FORMATIERT AUSGEBEN             ZEILE 4

                                           ....STUNDEN:-
7 PROGRAMM WAEHLEN
                                           ITEM (ENDE=0)? RAUM
9 BEENDEN                                  RAUM HAT 3 STELLEN
                                  ZEILE 4
WELCHE OPERATION? 0
                                             ......RAUM:---
   . ERGIBT EINE LEERSTELLE
                                           ITEM (ENDE=0)? ANZAHL
   : ERGIBT BEGINN ITEM-NAMEN              ANZAHL HAT 2 STELLEN
                                  ZEILE 4
   - ERGIBT BEGINN DES ITEMS      ZEILE 5

ANZAHL DER DRUCKSPALTEN? 40       ZEILE 6
                                  ANZAHL:--


                                           ITEM (ENDE=0)? K-LEHRER
                                           K-LEHRER HAT 3 STELLEN
                                  ZEILE 6

                                           ...K-LEHRER:---

                                           ITEM (ENDE=0)? K-RAUM
                                           K-RAUM HAT 3 STELLEN
                                  ZEILE 6

                                             ..K-RAUM:---

                                           ITEM (ENDE=0)? 0
```

Beispiel 5. FORMATIERTE DATEIAUSGABE (DATEI K/L aus Bsp. 4)
Ausgabe FORMULAR und Arbeitsgang 3 FORMATIERT AUSGEBEN

AUSGABE: TV=0 DRUCKER=1 ENDE=2: 1	MENUE-FORMULAR
DATEI: K/L	WELCHE OPERATION? 3
ANZAHL DER PROBANDEN:36 ANZAHL DER STELLEN:26 ANZAHL DER ITEMS:8	AUSGABE: TV=0 DRUCKER=1 ENDE=2: 1
FREIER SPEICHER=29810	DATEI: K/L
KLASSE:-- NAME:----------	ANZAHL DER PROBANDEN:36 ANZAHL DER STELLEN:26 ANZAHL DER ITEMS:8
FACH:-- STUNDEN:- RAUM:---	FREIER SPEICHER=29647
ANZAHL:-- K-LEHRER:--- K-RAUM:---	PROBAND X BIS Y (ENDE 0,0)? 8,10
AUSGABE: TV=0 DRUCKER=1 ENDE=2: 2	SCHULJAHR 82/83/2
FORMULAR AENDERN (=1)? 1	KLASSE:1 NAME:KLEIN
WELCHE ZEILE AENDERN (ENDE=0)? 0	FACH:SK STUNDEN:3 RAUM:002
AUSGABE: TV=0 DRUCKER=1 ENDE=2: 2	ANZAHL:29 K-LEHRER:KL K-RAUM:002
FORMULAR AENDERN (=1)? 0	
UEBERSCHRIFT:SCHULJAHR 82/83/2	
DRUCKPARAMETER (INAKTIV=0)	SCHULJAHR 82/83/2
PROB.-NR.ANGEBEN(=1)? 0	KLASSE:1 NAME:PETERS
SEITEN-NR. ANGEBEN(=NR)?0	FACH:KR STUNDEN:1 RAUM:MS
SEITENVORSCHUB(=1)? 0	ANZAHL:29 K-LEHRER:KL K-RAUM:002
BUENDIG DRUCKEN(=1)? 0	
ZEILENZAHL IST 1+6	
ERFORDERLICH 1+??10	SCHULJAHR 82/83/2
FORMULAR SPEICHERN(=1)? 1	KLASSE:2 NAME:BERGER
	FACH:LB STUNDEN:4 RAUM:TH
	ANZAHL:25 K-LEHRER:GR K-RAUM:003

9 STATISTISCHE AUSWERTUNG
9.1 Überblick

Mit diesem BAUSTEIN ist es möglich, numerische Daten in einem
bescheidenen Umfang statistisch auszuwerten. Es können die
absoluten Häufigkeiten(Anzahlen) der auftretenden Merkmale,
die relativen Häufigkeiten(Prozentanteile) sowie der arithmetische Mittelwert und die Varianz/Streuung bestimmt werden.
Dieser BAUSTEIN fügt sich trotz seiner Sonderstellung in dem
DATEIVERARBEITUNGSSYSTEM in die DATEI-Struktur ein. Die DATEN
werden mit dem BAUSTEIN GENERIEREN EINER DATEI erfasst. Eine
statistische Auswertung numerischer DATEN ist jedoch nur für
ein- oder zweistellige ITEMS vorgesehen. Dabei werden pro
ITEM höchstens zwanzig Ausprägungen(Werte) zugelassen. Damit
lassen sich einfachere Probleme, einschließlich der Auswertung
von Fragebögen, durchaus bewältigen. Man kann z.B. in einem
Fragebogen Prozentangaben zulassen (Frage: Wieviel Prozent
ihrer Freizeit verwenden Sie für a) Lesen, b)Sport c)Reisen
usw.). Da hier mehr als zwanzig verschiedene Antworten möglich
sind, werden diese nach Angaben des Benutzers dann in maximal
20 verschiedene Klassen zusammengefaßt und dann diese Klassen
(0 bis 100 Prozent mit Abstand 5 Prozent etwa) ausgewertet.
Natürlich besteht auch die Möglichkeit, als Antwort in dem
jeweiligen Fragebogen nur etwa die Vielfachen von 5 Prozent
als Antwort zuzulassen. Dann kann man die Antworten bereits
als einstelliges ITEM codieren(0 Prozent ergibt Merkmal 0,
5 Prozent ergibt Merkmal 1 usw.). Um bei einem einstelligen
ITEM zu zwanzig Ausprägungen zu kommen, werden neben den
Werten 0 bis 9 noch A(=10) bis J(=19) als zulässige numerische
Werte angesehen. Bei zweistelligen ITEMS sind nur zweistellige
Zahlen oder einstellige Zahlen mit Vorzeichen erlaubt.
Bei der Erhebung empirischer DATEN z.B. in einer Befragung
sollte man sich stets die spätere Codierung der Werte vor
der Erhebung bereits gründlich überlegen, um von unange-
nehmen Überraschungen später verschont zu bleiben.
Für größere DATEN-Mengen ergeben sich recht umfangreiche
Laufzeiten auf dem Microcomputer bei der statistischen Aus-
wertung(Größenordnung Stunden). Gerade deshalb zahlt sich die

sorgfältige Vorbereitung sicher aus, wenn man die mehrmalige
Wiederholung eines Produktionslaufes vermeiden kann.
Es empfiehlt sich auch, größere DATEN-Mengen in kleinere
DATEIEN aufzuteilen und dann sukzessive auszuwerten. Treten
dabei Fehler auf, so muß man nicht den gesamten Lauf wiederholen. Sind die Teilergebnisse korrekt, so kann man sie nach
dem Ende einer DATEI auf Diskette abspeichern und später
wieder in eine Auswertung einbeziehen.
Der arithmetische Mittelwert, Streuung und Varianz werden
stets routinemässig bei der Ausgabe der Ergebnisse ermittelt
und ausgegeben. Der Benutzer muß dabei immer sorgfältig feststellen, ob seine Merkmal-Struktur(Skalierung) überhaupt zu
sinnvollen Werten führen. Andererseits kann mit der Operation
*MITTELWERT/STREUUNG auch auf die Ausgabe der absoluten und
relativen Häufigkeiten verzichtet werden. Rechenzeit wird
dabei jedoch nicht eingespart.
Als zusätzliche einfache statistische Auswertung ist die Her-
stellung von KREUZTABELLEN möglich. Dazu stelle man sich eine
Tabelle vor, in der horizontal(Eingangszeile) alle Ausprägungen eines ITEMS eingetragen sind. Vertikal(Eingangsspalte)
werden dann alle Ausprägungen eines zweiten ITEMS eingetragen.
Jede Tabellenposition gibt also ein Paar von ITEM-Werten aus
zwei verschiedenen ITEMS an. Jetzt werden die Häufigkeiten
der beiden ITEMS auf die einzelnen Tabellenpositionen verteilt. Damit ist es z.B. möglich, bei Fragebogenauswertungen
die Antworten auf verschiedene Ausprägungen (etwa weiblich/
männlich) aufzuteilen. Der zugehörige Arbeitsgang läßt zu
einem Ausgangs-ITEM bis zu 10 verschiedene ITEMS zu, mit
denen 'gekreuzt' werden kann. Die Ergebnisse werden dann
gemeinsam ausgegeben bzw. gespeichert.
Die Ergebnisse der statistischen Auswertung können in allen
Fällen auf Diskette gespeichert und unter dem betr. DATEI-
Namen (mit einem Zusatz) wieder geladen werden. Diese sequentiellen DATEIEN können jedoch nicht von den anderen BAU-
STEINEN verarbeitet werden.

9.2 Programm (STATISTISCHE AUSWERTUNG)

     1   Hauptprogramm
     2   Katalog DATEI-Namen anbieten
     3   DATEI-Parameter laden und ausgeben
     4   Rahmenprogramm Häufigkeiten auszählen
     5   Ergebnisse von Diskette laden
     6   Häufigkeiten laden
     7   Kreuztabellen laden
     8   Klassen oder Bereiche bilden
     9   Bereich eines ITEMS abfragen
    10   Merkmal für Kreuztabelle auswerten
    11   DATENBLOCK laden
    12   Ergebnisse auf Diskette schreiben
    13   Häufigkeiten schreiben
    14   Kreuztabellen schreiben
    15   Merkmal auswerten
    16   KREUZTABELLEN herstellen
    17   ITEM Nr. abfragen oder bestimmen
    18   AUSGABE der Ergebnisse
    19   KOPF(HÄUFIGKEITEN) ausgeben
    20   Ergebnis für ITEM Nr. J ausgeben
    21   Häufigkeiten ausgeben
    22   KOPF(KREUZTABELLEN) ausgeben
    23   Aufruf DATEI-Menue
    24   BEENDEN

1 Hauptprogramm (STATISTISCHE AUSWERTUNG)

Zeile	Wirkung
100	Bildschirm löschen
110	BAUSTEIN-Überschrift ausgeben
120	Kennzeichen DATEI-Parameter setzen:
	Länge DATENBLOCK setzen:
	Anzahl der ITEM-Ausprägungen setzen
130	Konstanten(Integer) setzen
140	DATENBLOCK dimensionieren
150	UP Katalog-Angebot/Drive-Zeichen
160	Name der DATEI abfragen
170	DATEI-Name übertragen: UP DATEI-Parameter laden
180-230	Menue STATISTIK ausgeben
240	Gewählte Operation abfragen
250	Anzahl der ausgewerteten PROBANDEN auf Anfang
260	Verzweigung nach gewählter Operation
270	Rücksprung zur Menue-Ausgabe
280	Rückkehr

2 Katalog DATEI-Namen anbieten

500	Funktion Stellenzahl für ITEM X definieren
510	Drive-Zeichen abfragen
520-530	Katalog-Ausgabe abfragen
540	Rückkehr, falls kein ZWR(Space) vorliegt
550	DATEI-Namen in Drive DX$ auflisten
560	Rücksprung Katalog-Angebot

3 DATEI-Parameter laden und ausgeben

600	Parameter-DATEI in Drive D$ öffnen
610	DATEI-Parameter von Diskette laden
620	Sprung zur Ausgabe, falls Wiederholung aktiv
630	Länge der DATENMASKE auf ML übertragen
640	Felder für Häufigkeiten, Anfangspositionen,
	Stellenlängen, Klassenbildung und ITEM-Namen
650	Stellenzahl I und Anfangsposition auf Anfang
660	Schleife für ITEM 1 bis ML eröffnen
670	ITEM-Name Nr. J von Diskette laden
680	Stellenzahl ITEM nr. J übertragen
690	Anfangsposition ITEM NR. J bestimmen
700	Stellenzahl DATENSATZ erhöhen
710	Wiederholung ITEM
720	Parameter-DATEI in Drive D$ schließen
730-760	DATEI-Parameter ausgeben
770	Freien Speicher angeben
780	Wiederholung aktiv setzen
790	Rückkehr

1 Hauptprogramm

```
100   HOME
110   PRINT "STATISTISCHE AUSWERTUNG(83 C/PM)"
120   P$="+": BL = 50: AL = 20
130   C% = 1: C1% = 48: C2% = 74: C3% = 57: C4% = 65: C5% = 7
140   DIM B$(BL)
150   GOSUB 500: D$ = DX$
160   PRINT : INPUT "NAME DER DATEI?"; FS$
170   F$ = FS$: GOSUB 600
180   PRINT : PRINT "     MENUE STATISTIK"
190   PRINT : PRINT "1 *HAUEFIGKEITEN/MW/STREUUNG"
200   PRINT : PRINT "2 *MITTELWERT/STREUUNG"
210   PRINT : PRINT "3 *KREUZTABELLIERUNG"
220   PRINT : PRINT "7  PROGRAMM WAEHLEN"
230   PRINT : PRINT "9  BEENDEN"
240   PRINT : PRINT : INPUT "WELCHE OPERATION?"; V
250   E = 1
260   ON V GOSUB 1000, 1000, 3000, 280, 280, 280, 7000, 280, 9000
270   GOTO 180
280   RETURN
```

2 Katalog DATEI-Namen anbieten

```
500 DEF   FN AS(X) = ASC(MID$(M$, X, 1))-48-7*INT(ASC(MID$(M$, X, 1))
510 PRINT : INPUT "DISKETTE IN DRIVE?"; DX$               /65)
520   PRINT : PRINT "KATALOG (=ZWR)?";
530 GET A$: IF A$ = "" THEN 530
540   PRINT: IF A$ <> CHR$(32) THEN RETURN
550   RESET: FILES DX$ + ":" + "* *"
560   GOTO 520
```

3 DATEI-Parameter laden und ausgeben

```
600 OPEN"I", #1, D$+": "+LEFT$(F$, 10)+P$
610 INPUT#1, RE, P, M$
620   IF PW = 1 THEN 720
630 ML =  LEN (M$)
640   DIM M%(ML, AL), A%(ML), L%(ML), KL(ML, 2), MN$(ML)
650 I = 0: A%(0) = 1
660   FOR J = 1 TO ML
670 INPUT#1, MN$(J)
680 L%(J) =   FN AS(J)
690 A%(J) = A%(J - 1) + L%(J - 1)
700 I = I + L%(J)
710   NEXT J
720 CLOSE#1
730 PRINT: PRINT "DATEI: "F$
740   PRINT : PRINT " ANZAHL DER PROBANDEN:"; P - 1
750   PRINT "    ANZAHL DER STELLEN:"; I
760   PRINT "     ANZAHL DER ITEMS :"; ML
770   PRINT:PRINT "FREIER SPEICHER="; FRE(0)
780 PW = 1
790   RETURN
```

4   Rahmenprogramm Häufigkeiten auszählen

Zeile	Wirkung
1000	Abfrage, ob Ergebnisse von Diskette gewünscht
1010	UP Ergebnisse von Diskette, falls gewünscht
1020	Sprung Anschluß-DATEI, falls keine Auszählung
1030	Sprung Auszählung der Anschluß-DATEI
1040	Rückkehr, falls KREUZTABELLEN gewünscht
1050	Wiederholungszeiger passiv setzen(abgeschaltet)
1060-1080	Schleife für UP Klassenbildung
1090	UP Vorgabe Bereich
1100	Anzahl der ausgewerteten PROBANDEN erhöhen
1110	Schleife für DATENBLÖCKE von Diskette eröffnen
1120	UP DATENBLOCK von Diskette laden
1130	Schleife für Auszählung DATENBLOCK eröffnen
1140	UP Kreuztabellierung auswerten
1150	Sprung nächster PROBAND bei KREUTABELLIERUNG
1160	Schleife Auszählung PROBAND N eröffnen
1170	Schleifenvariable in Integer umwandeln
1180	Anfangsposition, Stellenlänge ITEM Nr. J setzen
1190	UP ITEM Nr. J auswerten
1200	Sprung nächstes ITEM, falls ITEM unzulässig ist
1210	Merkmal M% des ITEMS Nr. J% hochzählen
1220	Gesamtzahl Merkmale ITEM Nr. J% erhöhen
1230	Wiederholung ITEM
1240	Erledigung aktueller PROBAND anzeigen
1250	Wiederholung PROBAND
1260	Wiederholung DATENBLOCK
1270	Anzeige, daß aktuelle DATEI erledigt ist
1280	UP Ausgabe
1290	Abfrage, ob Ergebnisse auf Diskette gewünscht
1300	UP Ergebnisse auf Diskette schreiben
1310	Abfrage, ob Anschluß-DATEI gewünscht wird
1320	Rückkehr, falls keine Anschluß-DATEI gewünscht
1330	UP KATALOG-Angebot: Driev-Zeichen übertragen
1340	Name der Anschluß-DATEI abfragen
1350	DATENMASKE alte DATEI übertragen
1360	DATEI-Parameter neue DATEI laden und ausgeben
1370	Sprung zur Auszählung, falls MASKEN identisch
1380	Anzeige, daß MASKEN verschieden: MASKE erneuern
1390	Sprung zur Ausgabe

4 Rahmenprogramm Häufigkeiten auszählen

```
1000 PRINT: INPUT"***ERGEBNISSE VON DISKETTE (=1)";B$
1010  IF B$ = "1" THEN GOSUB 1400
1020  IF B$ = "1" THEN 1280
1030  IF AN$ = "1" THEN 1100
1040  IF V = 3 THEN RETURN
1050 F = 0
1060  FOR J = 1 TO ML
1070  GOSUB 1650
1080  NEXT J
1090  GOSUB 1800
1100 E = E + P - 1
1110  FOR B = 1 TO  INT ((P - 2) / BL) + 1
1120  GOSUB 2000
1130  FOR N = 1 TO BB
1140  IF V = 3 THEN GOSUB 1860
1150  IF V = 3 THEN 1240
1160  FOR J = 1 TO ML
1170 A% = A%(J)
1180 L% = L%(J)
1190  GOSUB 2500
1200  IF M% < 0 THEN 1230
1210 M%(J,M%) = M%(J,M%) + C%
1220 M%(J,AL) = M%(J,AL) + C%
1230  NEXT
1240  PRINT "PROBAND "E - P + PA + N - 1
1250  NEXT N
1260  NEXT B
1270  PRINT : PRINT "ENDE DATEI "F$" ERREICHT!"
1280  GOSUB 5000
1290 PRINT : INPUT "***ERGEBNISSE AUF DISKETTE (=1)?";B$
1300 IF B$ = "1" THEN  GOSUB 2200
1310 PRINT : INPUT "ANSCHLUSSDATEI(=1)?";AN$
1320  IF AN$ < > "1" THEN RETURN
1330  GOSUB 510: D$ = DX$
1340  PRINT : INPUT "NAME DER ANSCHLUSSDATEI?: ";F$
1350 A$ = M$
1360  GOSUB 600
1370  IF M$ = A$ THEN 1000
1380  PRINT F$" HAT ANDERE MASKE!!": M$ = A$
1390  GOTO 1280
```

182

5   Ergebnisse von Diskette laden

Zeile   Wirkung

1400   UP Katalog DATEI-Namen:Drive-Zeichen übertragen
1410   DATEI-Namen für Häufigkeiten von FØ bilden
1420   DATEI-Namen für Kreuztabellen von FØ bilden
1430   DATEI mit Ergenissen öffnen in Drive DZ
1440   Anzahl der verarbeiteten PROBANDEN laden
1450   Aktuelle Anzahl der PROBANDEN bilden
1460   UP Häufigkeiten laden, falls keine Kreuztabellen
1470   UP Kreuztabellen laden
1480   Ergebnis-DATEI schließen: Rückkehr

6   Häufigkeiten laden

1490   Schleife für ML ITEMS eröffnen
1500   Klassenbildung für ITEM Nr. J laden
1510   Schleife für AL+1 Merkmale eröffnen
1520   Häufigkeit des Merkmals K laden
1530   Häufigkeit Merkmal K von ITEM Nr. J erhöhen
1540   Wiederholung Merkmal und ITEM:Rückkehr

7   Kreuztabellen laden

1550   Nr. Ausgangs-ITEM, Anzahl der Tabellen laden
1560   Sprung, falls Anschluß-DATEI vorliegt
1570   Kreuztabelle dimensionieren
1580   Schleife für KT Tabellen eröffnen
1590   Nr. des Kreuzungs-ITEMS laden und speichern
1600   Klassenbildung für ITEM Nr. J laden
1610   Schleife für Ausgangs-ITEM eröffnen
1620   Schleife für Kreuzungs-ITEM eröffnen
1630   Tabellenwert laden und zum bisherigen Wert addieren
1640   Wiederholung K-ITEM, A-ITEM, Tabelle: Rückkehr

8   Klassen oder Bereiche bilden

1650   Stellenzahl ITEM Nr. J übertragen
1660   Rückkehr, falls kein zweistelliges ITEM vorliegt
1670   Überschrift ausgeben
1680-1690   Name und Stellenzahl ITEM Nr. J ausgeben
1700   Sprung zur Eingabe, falls Wiederholung abgeschaltet
1710-1720   Abfrage, ob gleiche Werte wie vorher gewünscht
1730   Sprung zur Übernahme, falls gleiche Werte gewünscht
1740   Abfrage unterer, oberer Wert und Abstand
1750   Rücksprung Eingabe, falls Abstand Null ist
1760   Rücksprung Eingabe, falls Werte unzulässig sind
1770   Eingabe-Werte speichern
1780   Rückkehr

5 Ergebnisse von Diskette laden

```
1400  GOSUB 510: DZ$ = DX$
1410 S$ = LEFT$(F$,6) + "*HAE"
1420 IF V = 3 THEN S$ = LEFT$(F$,6) + "*K" +  STR$ (KO)
1430 OPEN"I",#1,DZ$+": "+S$
1440 INPUT#1, EA
1450 E = E + EA - 1
1460  IF V < > 3 THEN  GOSUB 1490
1470  IF V = 3 THEN  GOSUB 1550
1480 CLOSE#1: RETURN
```

6 Häufigkeiten laden

```
1490  FOR J = 1 TO ML
1500 INPUT#1, KL(J,1),KL(J,2),KL(J,0)
1510  FOR K = 0 TO AL
1520 INPUT#1, M%
1530 M%(J,K) = M%(J,K) + M%
1540  NEXT : NEXT : RETURN
```

7 Kreuztabellen laden

```
1550 INPUT#1, KO,KT
1560   IF AN$ = "1" THEN 1580
1570 DIM K%(KT,AL,AL)
1580  FOR K1 = 0 TO KT
1590 INPUT#1, J: KT(K1) = J
1600 INPUT#1, KL(J,1), KL(J,2), KL(J,0)
1610  FOR JO = 0 TO AL
1620  FOR K = 0 TO AL
1630  INPUT#1, K%: K%(K1,JO,K) = K%(K1,JO,K) + K%
1640  NEXT : NEXT : NEXT : RETURN
```

8 Klassen oder Bereiche bilden

```
1650 L = L%(J)
1660  IF L < > 2 THEN  RETURN
1670  PRINT : PRINT "DATEN FUER KLASSENBILDUNG"
1680  PRINT : PRINT "ITEM-NR.:"; J;
1690  PRINT " ITEMNAME=";MN$(J) SPC(5)L%(J)"-STELLIG"
1700  IF F = 0 THEN 1740
1710  PRINT : PRINT "GLEICHE WERTE(=ZWR)?";
1720 GET A$: IF A$ = "" THEN 1720
1730  PRINT: IF A$ =  CHR$ (32) THEN 1770
1740  PRINT : INPUT "UNTERGRENZE, OBERGRENZE, ABSTAND?"; U, O, A
1750  IF A = 0 THEN 1740
1760 L = (O-U)/A: IF L >= AL OR L < > INT(L) THEN 1740
1770 KL(J,1) = U: KL(J,2) = O: KL(J,0) = A: F = 1
1780  PRINT : RETURN
```

9   Bereich eines ITEMS abfragen

Zeile   Wirkung

1800   Abfrage des ITEMS
1810   UP ITEM Nr. abfragen oder bestimmen
1820   Rückkehr, falls Ende-Zeichen vorliegt
1830   Rücksprung zur Abfrage, falls ITEM unzulässig ist
1840   UP Klassen oder Bereiche bilden
1850   Rücksprung zur Abfrage ITEM

10   Merkmal für Kreuztabelle auswerten

1860   Stellenzahl und Anfangsposition Ausgangs-ITEM
1870   Nr. Ausgangs-ITEM setzen:UP Merkmal feststellen
1880   Rückkehr, falls Merkmal unzulässig ist
1890   Merkmal übertragen
1900   Schleife für KT Tabellen eröffnen
1910   Anfnagsposition, Stellenzahl K-ITEM übertragen
1920   Nr. K-ITEM setzen:UP Merkmal feststellen
1930   Sprung Wiederholung Tabelle, falls Merkmal falsch
1940   Häufigkeit des Merkmals in Tabelle erhöhen
1950   Anzahl für Merkmal des Ausgangs-ITEMS erhöhen
1960   Gesamtzahl aller Merkmale erhöhen
1970   Wiederholung Tabelle
1980   Rückkehr

11   DATENBLOCK laden

2000   Anfang in DATEI F$ ermitteln
2010   Ende des DATENBLOCKS in DATEI F$ ermitteln
2020   Sprung, falls DATEI-Ende nicht überschritten
2030   Ende DATENBLOCK auf Ende DATEI F$ setzen
2040   Zeiger im DATENBLOCK auf Anfang setzen
2050   DATEI F$ in Drive D$ öffnen
2060   Puffer der Länge I vereinbaren
2070   Schleife für DATENSÄTZE eröffnen
2080   DATENSATZ Nr. K von Diskette laden
2090   Zeiger im DATENBLOCK erhöhen
2100   Puffer in DATENBLOCK speichern
2110   Wiederholung DATENSATZ
2120   DATEI F$ schließen
2130   Rückkehr

9 Bereich eines ITEMS abfragen

```
1800 PRINT : INPUT "BEREICH FUER ITEM (ENDE=0)?";A$
1810  GOSUB 4000
1820  IF J = 0 THEN  RETURN
1830  IF J < 0 OR J > ML OR L%(J) < > 1 THEN 1800
1840  GOSUB 1680
1850  GOTO 1800
```

10 Merkmal für Kreuztabelle auswerten

```
1860 L% = L%(KO): A% = A%(KO)
1870 J = KO: GOSUB 2500
1880  IF M% < 0 THEN RETURN
1890 L = M%
1900  FOR K = 0 TO KT
1910 A% = A%(KT(K)): L% = L%(KT(K))
1920 J = KT(K): GOSUB 2500
1930  IF M% < 0 THEN 1970
1940 K%(K,L,M%) = K%(K,L,M%) + C%
1950 K%(K,L,AL) = K%(K,L,AL) + C%
1960 K%(K,AL,AL)= K%(K,AL,AL) + C%
1970  NEXT K
1980  RETURN
```

11 DATENBLOCK laden

```
2000 PA = BL * (B - 1) + 1
2010 PE = BL * B
2020  IF P - 1 > BL * B THEN 2040
2030 PE = P - 1
2040 BB = 0
2050 OPEN"R",#1,D$+": "+F$, I+1
2060 FIELD#1, I AS B$
2070  FOR K = PA TO PE
2080 GET#1,K
2090 BB = BB + 1
2100 B$(BB) = B$
2110  NEXT K
2120 CLOSE#1
2130  RETURN
```

186

12   Ergebnisse auf Diskette schreiben

Zeile   Wirkung

2200   UP Katalog DATEI-Namen:Drive-Zeichen übertragen
2210   DATEI-Namen für Häufigkeiten bilden
2220   DATEI-Namen für Kreuztabellen bilden
2230   Ergebnis-DATEI S$ in Drive D% öffnen
2240   Anzahl der ausgewerteten PROBANDEN schreiben
2250   UP Häufigkeiten schreiben, falls keine Kreuztabelle
2260   UP Kreuztabellen schreiben
2270   DATEI schließen
2280   Rückkehr

13   Häufigkeiten schreiben

2300   Schleife für ML ITEMS eröffnen
2310   Klassenbildung für ITEM Nr. J schreiben
2320   Schleife für Häufigkeiten eröffnen
2330   Merkmal K für ITEM Nr. J auf Diskette schreiben
2340   Wiederholung Häufigkeiten, ITEM: Rückkehr

14   Kreuztabellen schreiben

2350   Nr. Ausgangs-ITEM,Anzahl der Tabellen schreiben
2360   Schleife für KT Tabellen eröffnen
2370   Nr. des Kreuzungs-ITEMS übertragen und schreiben
2380   Klassenbildung für ITEM Nr. J schreiben
2390   Schleife für Merkmale des Ausgangs-ITEMS eröffnen
2400   Schleife für Merkmale des Kreuzungs-ITEMS eröffnen
2410   Häufigkeit der Kreuzungstabelle schreiben
2420   Wiederholung K-ITEM,Ausgangs-ITEM,Tabelle
2430   Rückkehr

15   Merkmal auswerten

2500   Merkmal auf Fehlerausgang(negativ) setzen
2510   Rückkehr, falls Stellenzahl unzulässig ist
2520   Merkmal aus DATENSATZ N ausschneiden
2530   Sprung bei zweistelligem ITEM
2540   Numerischen Wert des ITEMS bilden und übertragen
2550   Rückkehr bei Zahl ohne Klassenbildung
2560   ASCII-Zeichen des Merkmals bilden und übertragen
2570   Sprung Fehlerausgang, falls Zeichen unzulässig
2580   Sprung Fehlerausgang, falls Zeichen unzulässig
2590   Zeichen in Zahlwert umwandeln:Rückkehr ohne Klassen
2600   Rückkehr, falls Zahl im angegebenen Bereich
2610   Merkmal auf Fehlerausgang(negativ)ß Rückkehr
2620   Zahlwert des Merkmals bilden
2630   Rückkehr, falls Zahlwert außerhalb des Bereiches
2640   Rückkehr, falls kein zulässiger Wert vorliegt
2650   Zahlwert in Klasse einordnen
2660   Rückkehr

12 Ergebnisse auf Diskette schreiben

```
2200   GOSUB 510: DZ$ = DX$
2210 S$ = LEFT$(FS$,6) + "*HAE"
2220 IF V = 3 THEN S$ = LEFT$(FS$,6) + "*K" +  STR$ (KO)
2230   OPEN"O",#1,DZ$+":"+S$
2240   PRINT#1, E
2250   IF V < > 3 THEN  GOSUB 2300
2260   IF V = 3 THEN  GOSUB 2350
2270   CLOSE#1
2280   RETURN
```

13 Häufigkeiten schreiben

```
2300   FOR J = 1 TO ML
2310   PRINT#1, KL(J,1): PRINT#1, KL(J,2): PRINT#1, KL(J,0)
2320   FOR K = 0 TO AL
2330   PRINT#1, M%(J,K)
2340   NEXT : NEXT : RETURN
```

14 Kreuztabellen schreiben

```
2350   PRINT#1, KO: PRINT#1, KT
2360   FOR K1 = 0 TO KT
2370 J = KT(K1): PRINT#1,J
2380   PRINT#1, KL(J,1): PRINT#1, KL(J,2): PRINT#1, KL(J,0)
2390   FOR JO = 0 TO AL
2400   FOR K = 0 TO AL
2410   PRINT#1, K%(K1,JO,K)
2420   NEXT : NEXT : NEXT
2430   RETURN
```

15 Merkmal auswerten

```
2500 M% =  -C%
2510   IF L% >2 OR L% = 0 THEN RETURN
2520 W$ =  MID$ (B$(N),A%,L%)
2530   IF L% = 2 THEN 2620
2540 M% =  VAL (W$)
2550   IF KL(J,0) = 0 AND (W$ = "0" OR M% < > 0) THEN  RETURN
2560 W% =  ASC (W$)
2570   IF W% < C1% OR W% > C2% THEN 2610
2580   IF W% > C3% AND W% < C4% THEN 2610
2590 M% = W%-C1%-C5% *INT(W%/C4%): IF KL(J,0) = 0 THEN RETURN
2600   IF M% >  = KL(J,1) AND M% <  = KL(J,2) THEN  RETURN
2610 M% =  - C%: RETURN
2620 W% =  VAL (W$)
2630   IF W% < KL(J,1) OR W% > KL(J,2) THEN  RETURN
2640   IF W% = 0 AND W$ < > "00" THEN  RETURN
2650 M% =  INT ((W% - KL(J,1)) / KL(J,0) + .5)
2660   RETURN
```

16 KREUZTABELLEN herstellen

Zeile	Wirkung
3000	Ausgangs-ITEM abfragen
3010	UP ITEM-Nr. abfragen oder bestimmen
3020	Rücksprung, falls ITEM-Nr. unzulässig ist
3030	ITEM-Nr.,-Name und Stellenzahl ausgeben
3040	Rücksprung, falls Stellenzahl unzulässig ist
3050	UP Rahmenprogramm Häufigkeiten auszählen
3060	Rückkehr, falls Anschluß-DATEI vorliegt
3070	UP Klassenbildung für Ausgangs-ITEM Nr. KØ
3080	Abfrage der KREUZ-ITEMS
3090	ITEM-Nr. abfragen oder bestimmenund übertragen
3100	Sprung, falls Ende-Zeichen vorliegt
3110	Rücksprung zur Abfrage, falls Nr. unzulässig ist
3120	ITEM-Nr.,-Name und Stellenzahl ausgeben
3130	Rücksprung Abfrage, falls Stellenzahl unzulässig
3140	Nr. des KREUZ-ITEMS speichern
3150	UP Klassenbildung für ITEM-Nr. K1
3160	Tabellenanzahl erhöhen: Rückkehr zur Abfrage
3170	Rückkehr, falls kein KREUZ-ITEM vorhanden ist
3180	Tabellenzähler reduzieten: KREUZTABELLEN-Dimension
3190	UP Häufigkeiten auszählen
3200	Rückkehr

17 ITEM Nr. abfragen oder bestimmen

Zeile	Wirkung
4000	Abfrage in Zahlwert umwandeln und übertragen
4010	Falls Ende-Zeichen vorliegt, dann Rückkehr
4020	Falls ITEM-Nr. zulässig ist, dann Rückkehr
4030	Schleife für ML ITEM-Namen eröffnen
4040	Rückkehr, falls ITEM-Name gefunden wurde
4050	Wiederholung ITEM-Name
4060	Anzeige, daß der genannte Name nicht existiert
4070	Rückkehr

16   KREUZTABELLEN herstellen

```
3000 PRINT : INPUT "AUSGANGS-ITEM?: ";A$
3010  GOSUB 4000: KO = J
3020  IF KO < 1 OR KO > ML THEN 3000
3030  PRINT : PRINT "ITEM "KO" "MN$(KO)" "L%(KO)" - STELLIG"
3040  IF L%(KO) = 0 OR L%(KO) > 2 THEN 3000
3050  GOSUB 1000
3060  IF E > 1 THEN RETURN
3070 J = KO: GOSUB 1650
3080 PRINT : INPUT "KREUZEN MIT ITEM(ENDE=0)?";A$
3090  GOSUB 4000: K1 = J
3100  IF K1 = 0 THEN 3170
3110  IF K1 < 1 OR K1 > ML THEN 3080
3120  PRINT : PRINT "ITEM "K1" "MN$(K1)" "L%(K1)"-STELLIG"
3130  IF L%(K1) = 0 OR L%(K1) > 2 THEN 3080
3140 KT(KT) = K1
3150 J = K1: GOSUB 1650
3160 KT = KT + 1: GOTO 3080
3170  IF KT = 0 THEN RETURN
3180 KT = KT - 1: DIM K%(KT,AL,AL)
3190  GOSUB 1090
3200  RETURN


17   ITEM Nr. abfragen oder bestimmen

4000 J = VAL(A$)
4010  IF A$ = "0" THEN RETURN
4020  IF J > 0 AND J <= ML THEN RETURN
4030  FOR J = 1 TO ML
4040  IF MN$(J) = A$ THEN RETURN
4050  NEXT J
4060  PRINT: PRINT A$" EXISTIERT NICHT!"
4070  RETURN
```

18   AUSGABE der Ergebnisse

Zeile   Wirkung

5000   Überschrift ausgeben
5010   Ausgabeart abfragen
5020   Rückkehr, falls keine Ausgabe gewünscht ist
5030   Seitenlänge in DRUCK-ZEILEN setzen
5040   Verzweigung für Ausgabe der KREUZTABELLEN
5050   Ausgabe der Anzahl der vorhandenen ITEMS
5060   Abfrage des Ausgabe-ABSCHNITTES X,Y
5070   Rücksprung zur Abfrage, falls X,Y unzulässig ist
5080   Bildschirm löschen
5090   Schleife für Ausgabe ITEM X bis ITEM Y eröffnen
5100   UP Kopf ausgeben nach je 10 ITEMS/Seitenvorschub
5110   Gesamthäufigkeit des ITEMS Nr. J übertragen
5120   UP Ergebnis für ITEM Nr. J ausgeben
5130   Rücksprung zur Abfarge, falls Ende-Zeichen /
5140   Wiederholung ITEM
5150   Seitenvorschub bei Drucker-Ausgabe
5160   Rücksprung zur Ausgabe-Abfrage
5170   Bildschirm löschen
5180   Abstand, unterer Wert auf Anfang setzen
5190   Sprung, falls Ausgangs-ITEM einstellig ist
5200   Werte der Klassenbildung übertragen
5210   Schleife für Werte des Ausgangs-ITEMS eröffnen
5220   Schleife für Kreuztabellen eröffnen
5230   Gesamtanzahl in einer Tabellenzeile übertragen
5240   Sprung nächster Wert, falls Häufigkeit Null ist
5250   UP Kopf KREUZTABELLEN ausgeben
5260   Merkmal des Ausgangs-ITEMS ausgeben
5270   Merkmal des Ausgangs-ITEMS drucken, falls gefordert
5280   Nr. des jeweiligen KREUZ-ITEMS übertragen:
            Zeilenzähler erhöhen
5290   UP Ergebnis für ITEM Nr. J ausgeben
5300   Rückkehr zur Abfrage, falls Ende-Zeichen /
5310   Wiederholung Merkmal K-ITEM, Merkmal Ausgangs-ITEM
5320   Rücksprung (Seitenvorschub)

19   Kopf (HÄUFIGKEITEN) ausgeben

5400   Sprung, falls keine Drucker-Ausgabe gewünscht ist
5410   Seitenvorschub, falls kein Druck-Beginn
5420-5450 Überschrift drucken

5460-5490 Überschrift ausgeben

5500   Zeilenanzahl auf Anfang setzen:Rückkehr

18   AUSGABE der Ergebnisse

```
5000   PRINT : PRINT "AUSGABE"
5010 PRINT : INPUT "TV=0   DRUCKER=1    OHNE=2: ?"; OU
5020   IF OU > 1 THEN  RETURN
5030 Z = 72
5040   IF V = 3 THEN 5170
5050   PRINT : PRINT "ANZAHL DER ITEMS: "ML
5060 PRINT : INPUT "VON ITEM X BIS ITEM Y: X, Y?"; X, Y
5070   IF X < 1 OR X > Y OR Y > ML THEN 5060
5080   HOME
5090   FOR J = X TO Y
5100   IF J - X = 10*V* INT((J - X)/(10 * V)) THEN  GOSUB 5400
5110 N = M%(J, AL)
5120   GOSUB 6000
5130   IF OU = 0 AND A$ = CHR$(47) THEN 5000
5140   NEXT J
5150   IF OU = 1 THEN LPRINT CHR$(12)
5160   GOTO 5000
5170   HOME
5180 AO = 1: UO = 0
5190   IF L%(KO) = 1 THEN 5210
5200 AO = KL(KO, 0): UO = KL(KO, 1)
5210   FOR JO = 0 TO AL - 1
5220   FOR J1 = 0 TO KT
5230 N = K%(J1, JO, AL)
5240   IF N = 0 THEN 5300
5250   IF Z > 60 THEN  GOSUB 6600
5260   PRINT "MERKMAL DES AUSGANGS-ITEMS:"AO * JO + UO
5270   IF OU=1 THEN LPRINT"MERKMAL DES AUSGANGS-ITEMS:"AO*JO+UO
5280 J = KT(J1): Z = Z + 1
5290   GOSUB 6000
5300   IF OU = 0 AND A$ = CHR$(47) THEN 5000
5310   NEXT J1: NEXT JO
5320   GOTO 5150
```

19   Kopf (HÄUFIGKEITEN) ausgeben

```
5400   IF OU = 0 THEN 5460
5410   IF J > X THEN LPRINT CHR$(12)
5420   LPRINT "DATEI "F$" HAEUFIGKEITEN/ MW/ VA/STREUUNG";
5430   LPRINT SPC(10)"ANZAHL DER PROBANDEN: "E-1
5440   LPRINT "(1. ZEILE MERKMALE/ 2. ZEILE HAEUFIGKEITEN/";
5450   LPRINT "3. ZEILE PROZENTANTEILE": LPRINT
5460   PRINT   "DATEI "F$" HAEUFIGKEITEN/ MW/ VA/ STREUUNG";
5470   PRINT   SPC( 10)"ANZAHL DER PROBANDEN: "E - 1
5480   PRINT   "(1. ZEILE MERKMALE/ 2. ZEILE HAEUFIGKEITEN/";
5490   PRINT   "3. ZEILE PROZENTANTEILE)": PRINT
5500 Z = 3:  RETURN
```

20 Ergebnis für ITEM Nr. J ausgeben

Zeile	Wirkung
6000	Stellenzahl übertragen
6010	Unteren Wert und Abstand auf normal setzen
6020	Rückkehr, falls kein Ergebnis vorliegt
6030	Sprung, falls keine Drucker-Ausgabe gewünscht ist
6040-6070	ITEM-Nr.,Stellenzahl, Name und Anzahl ausgeben
6080	Zeilenzähler erhöhen
6090	Sprung, falls keine Klassenbildung nötig
6100	Unteren Wert und Abstand der Klassen übertragen
6110	Sprung, falls keine Drucker-Ausgabe gewünscht ist
6120-6130	Klassen-Parameter ausgeben
6140	Sprung bei zweistelligem ITEM
6150	Unteren Wert und Abstand auf normal setzen
6160	Zeilenvorschub bei Drucker-Ausgabe
6170	Leerzeile: UP Häufigkeiten ausgeben außer V = 3
6180	Sprung, falls Anzahl gleich 1 ist
6190	Mittelwert und Quadrate auf Anfang setzen
6200	Schleife für Werte des ITEMS eröffnen
6210	Absolute Häufigkeit Merkmal K des ITEMS J setzen
6220	Bei Kreuztabellierung Tabellenwert setzen
6230	WertxHäufigkeit zu M addieren
6240	Quadratsumme aufbauen
6250	Wiederholung Wert des Merkmals
6260	Quadratsumme an Klassenbildung anpassen
6270	Mittelwert bilden
6280	Varianz bilden
6290	Sprung, falls keine Drucker-Ausgabe gewünscht ist
6300-6330	Gerundete Werte für MITTELWERT/VARIANZ/STREUUNG ausgeben bzw. drucken, falls gewünscht
6340	Zeilenzähler erhöhen
6350	Ende-Zeichen bei TV-Ausgabe abfragen
6360	Zeilenvorschub bei Drucker-Ausgabe
6370	Leerzeile: Rückkehr

20 Ergebnis für ITEM Nr. J ausgeben

```
6000 L% = L%(J)
6010 U = 0: A = 1
6020   IF L% > 2 OR N = 0 THEN  RETURN
6030   IF OU = 0 THEN 6060
6040   LPRINT "ITEM "J" ("L%")  "MN$(J);
6050   LPRINT SPC(12 - LEN(MN$(J)))"ANZAHL:"N;
6060   PRINT "ITEM "J" ("L%")  "MN$(J);
6070   PRINT  SPC( 12 -  LEN (MN$(J)))"ANZAHL:"N;
6080 Z = Z + 1
6090   IF KL(J,0) = 0 THEN 6160
6100 U = KL(J,1): A = KL(J,0)
6110   IF OU = 0 THEN 6130
6120   LPRINT " KLASSEN: "U" BIS "KL(J,2)" ABSTAND:  "KL(J,0);
6130   PRINT  "KLASSEN: "U" BIS "KL(J,2)" ABSTAND:  "KL(J,0);
6140   IF L% = 2 THEN 6160
6150 U = 0: A = 1
6160   IF OU = 1 THEN LPRINT
6170   PRINT : IF V < > 2 THEN  GOSUB 6400
6180   IF N = 1 THEN 6350
6190 M = 0: M2 = 0
6200   FOR K = 0 TO AL - 1
6210 M% = M%(J,K)
6220 IF V = 3 THEN M% = K%(J1,JO,K)
6230 M = M + K * M%
6240 M2 = M2 + K * K * M%
6250   NEXT K
6260 M2 = A * A * M2 + 2 * A * U * M + U * U * N
6270 M = A * M / N + U
6280 VA = (M2 - N * M * M) / (N - 1)
6290   IF OU = 0 THEN 6320
6300   LPRINT "ARITH. MW: " INT(10*M+.5)/10 "  *VAR: ";
6310   LPRINT INT(VA+.5)"  *STREU: "  INT(10*SQR(VA)+.5)/10
6320   PRINT  "ARITH. MW: " INT(10*M + .5)/10"  *VAR: ";
6330   PRINT  INT(VA+.5)"  *STREU: " INT(10* SQR(VA)+ .5)/10
6340 Z = Z + 2
6350 IF OU = 0 THEN  GET A$: IF A$ = "" THEN 6350
6360   IF OU = 1 THEN LPRINT
6370   PRINT: RETURN
```

21   Häufigkeiten ausgeben

Zeile   Wirkung

6400   Schleife für 3 Z4ilen eröffnen
6410   Schleife für Merkmal-Werte eröffnen
6420   Häufigkeit von Merkmal M des ITEMS Nr. J übertragen
6430   Bei Kreutabellierung Tabellenwert übertragen
6440   Sprung nächster Wert, falls Häufigkeit Null ist
6450   Verzweigung auf Ausgabezeile
6460   Drucker-Ausgabe, falls gewünscht
6470   Bildschirm-Ausgabe
6480   Wiederholung Merkmal-Wert
6490   Zeilenvorschub bei Drucker-Ausgabe
6500   Leerzeile
6510   Wiederholung Zeile
6520   Zeilenzähler erhöhen: Rückkehr
6530   Skalenwert des Merkmales bilden
6540   Rückkehr
6550   Prozentanteil des Wertes bilden
6560   Rückkehr

22   Kopf (KREUZTABELLEN) ausgeben

6600   Sprung, falls keine Drucker-Ausgabe gewünscht
6610   Seitenvorschub, falls kein Druck-Beginn

6620-6650 Drucker-Ausgabe Überschrift, Anzahl der PROBANDEN
          und Ausgangs-ITEM(Nr.,Stellenzahl,Name)

6660-6690 Bildschirm-Ausgabe Überschrift, Anzahl PROBANDEN
          und Ausgangs-ITEM(Nr.,Stellenzahl,Name)

6700   Zeilenzähler auf Anfang: Rückkehr

23   Aufruf DATEI-Menue

7000   Laden und Starten des DATEI-Menues

24   BEENDEN

9000   Arbeitsende

21   Häufigkeiten ausgeben

```
6400   FOR K = 1 TO 3
6410   FOR M = 0 TO AL - 1
6420 M% = M%(J,M)
6430 IF V = 3 THEN M% = K%(J1,JO,M)
6440   IF M% = 0 THEN 6480
6450   ON K GOSUB 6530,6540,6550
6460   IF OU = 1 THEN LPRINT SPC(3-LEN(STR$(M%))) M%;
6470   PRINT  SPC( 3 -  LEN ( STR$ (M%))) M%;
6480   NEXT M
6490   IF OU = 1 THEN LPRINT
6500   PRINT
6510   NEXT
6520 Z = Z + 3: RETURN
6530 M% = M * A + U
6540   RETURN
6550 M% =  INT (100 * M% / N +  5)
6560   RETURN
```

22   Kopf (KREUZTABELLEN) ausgeben

```
6600   IF OU = 0 THEN 6660
6610   IF JO > 0 THEN LPRINT CHR$(12)
6620   LPRINT "DATEI "F$ TAB(20) "KREUZTABELLEN";
6630   LPRINT SPC(10)"ANZAHL DER PROBANDEN: "E-1
6640   LPRINT "AUSGANGS-ITEM: "KO" ("L%(KO)")"SPC(5)MN$(KO)
6650   LPRINT
6660   PRINT   "DATEI "F$ TAB(20) "KREUZTABELLEN";
6670   PRINT   SPC( 10)"ANZAHL DER PROBANDEN: "E - 1
6680   PRINT   "AUSGANGS-ITEM: "KO" ("L%(KO)")" SPC( 5)MN$(KO)
6690   PRINT
6700 Z = 3: RETURN
```

23   Aufruf DATEI -Menue

```
7000   RUN "DATEI"
```

24   BEENDEN

```
9000   END
```

9.3 Zeilenweise Liste der Variablen

1   Hauptprogramm

0120	AL	MAXIMALE ANZAHL DER MERKMAL-WERTE
0120	BL	LAENGE DES DATENBLOCKS
0120	P$	KENNZEICHEN FUER PARAMETER-DATEI
0130	C%	KONSTANTE 1
0130	C1%	KONSTANTE 48
0130	C2%	KONSTANTE 74
0130	C3%	KONSTANTE 57
0130	C4%	KONSTANTE 65
0130	C5%	KONSTANTE 7
0140	B$(BL)	DATENBLOCK/DIMENSIONIERUNG
0150	D$	ZEICHEN DES DATEI-DRIVES
0160	FS$	ANTWORT DATEI-NAME
0170	F$	DATEI-NAME/RESERVIERUNG
0240	V	GEWAEHLTE OPERATION
0250	E	ANZAHL DER BEARBEITETEN PROBANDEN/ANFANG

2   Katalog DATEI-Namen anbieten

0500	FN AS(X)	FUNKTION ZEICHEN IN STELLENZAHL/DEF.
0510	DX$	ANTWORT DRIVE-ZEICHEN
0530	A$	ANTWORT KATALOG-ANGEBOT

3   DATEI-Parameter laden und ausgeben

0610	M$	DATENMASKE/LADEN
0610	P	PROBANDENANZAHL(+1)/LADEN
0610	RE	RESERVE-PARAMETER/LADEN
0630	ML	STELLENZAHL DATENSATZ/UEBERTRAGUNG
0640	A%(ML)	ANFANGSPOSITION IM DATENSATZ/DIMENSION
0640	KL(ML;2)	WERTE FUER KLASSENBILDUNG/DIMENSION
0640	L%(ML)	ITEM-LAENGEN/DIMENSION
0640	M%(ML;AL)	HAEUFIGKEITSTABELLE/DIMENSION
0640	MN$(ML)	FELD FUER ITEM-NAMEN/DIMENSION
0650	A%(0)	ANFANGSPOSITION IM DATENSATZ/ANFANG
0650	I	GESAMTSTELLENZAHL/ANFANG
0670	MN$(J)	ITEM-NAME/LADEN
0680	L%(J)	LAENGE ITEM NR. J/SETZUNG
0690	A%(J)	ANFANGSPOSITION ITEM NR. J/SETZUNG
0700	I	GESAMTSTELLENZAHL/AUFBAU
0780	PW	ZEIGER WIEDERHOLUNG/AKTIV SETZEN

4 Rahmenprogramm Häufigkeiten auszählen

1000	B$	ANTWORT ERGEBNISSE LADEN
1050	F	ZEIGER GLEICHE WERTE/PASSIV SETZEN
1100	E	ANZAHL DER BEARB. PROBANDEN/ERHOEHUNG
1170	A%	ANFANGSPOSITION/UEBERTRAGUNG
1180	L%	STELLENZAHL/UEBERTRAGUNG
1210	M%(J%;AL)	ANZAHL ALLER MERKMALE/ERHOEHUNG
1210	M%(J%;M%)	HAEUFIGKEIT MERKMAL/ERHOEHUNG
1290	B$	ANTWORT ERGEBNISSE SCHREIBEN
1310	AN$	ANTWORT ANSCHLUSS-DATEI
1330	D$	DRIVE-ZEICHEN ANSCHLUSS-DATEI/UEBERTRAGU
1340	F$	ANTWORT NAME ANSCHLUSS-DATEI
1350	A$	DATENMASKE/DEPOT
1380	M$	DATENMASKE/UEBERTRAGUNG

5 Ergebnisse von Diskette laden

1400	DZ$	DRIVE-ZEICHEN SCHREIBEN/UEBERTRAGUNG
1410	S$	NAME ERGEBNIS-DATEI HAEUF/SETZUNG
1420	S$	NAME ERGEBNIS-DATEI KREUZ/SETZUNG
1440	EA	PROBANDENANZAHL/LADEN
1450	E	ANZAHL BEARBEIT. PROBANDEN/ERHOEHUNG

6 Häufigkeiten laden

1500	KL(J;0)	ABSTAND KLASSEN/BEREICH/LADEN
1500	KL(J;1)	UNTERE GRENZE KLASSEN;BEREICH/LADEN
1500	KL(J;2)	OBERE GRENZE KLASSEN;BEREICH/LADEN
1520	M%	HAEUFIGKEIT/LADEN
1530	M%(J;K)	SUMME DER HAEUFIGKEIT/AUFBAU

7 Kreuztabellen laden

1550	KO	NR. AUSGANGS-ITEM/LADEN
1550	KT	ANZAHL DER KREUZ-ITEMS/LADEN
1570	K%(; ;)	KREUZTABELLE/DIMENSION
1590	J	NR. KREUZ-ITEM/LADEN
1590	KT(K1)	NR. KREUZ-ITEM/SPEICHERUNG
1600	KL(J;0)	ABSTAND KLASSEN/BEREICH/LADEN
1600	KL(J;1)	UNTERE GRENZE KLASSEN;BEREICH/LADEN
1600	KL(J;2)	OBERE GRENZE KLASSEN;BEREICH/LADEN
1630	K%	WERT DER KREUZTABELLE/LADEN
1630	K%(; ;)	KREUZUNGSTABELLE/ERHOEHUNG

8 Klassen oder Bereiche bilden

1650	L	STELLENZAHL ITEM NR. J/UEBERTRAGUNG
1720	A$	ANTWORT GLEICHE WERTE
1740	A	ABSTAND KLASSEN/BEREICH
1740	O	OBERE GRENZE KLASSEN;BEREICH/EINGABE
1740	U	UNTERE GRENZE KLASSEN;BEREICH/EINGABE
1760	L	ANZAHL DER KLASSEN(-1)/SETZUNG
1770	KL(J;0)	ABSTAND/SPEICHERUNG
1770	KL(J;1)	UNTERE GRENZE/SPEICHERUNG
1770	KL(J;2)	OBERE GRENZE/SPEICHERUNG

```
  9   Bereich eines ITEMS abfragen

1800      A$        ANTWORT BEREICH BILDEN

 10   Merkmal für Kreuztabelle auswerten

1860      A%        ANFANGSPOSITION A-ITEM/UEBERTRAGUNG
1860      L%        STELLENZAHL AUSGANGS-ITEM/UEBERTRAGUNG
1870      J         NR. AUSGANGS-ITEM/UEBERTRAGUNG
1890      L         WERT AUSGANGS-ITEM/UEBERTRAGUNG
1910      A%        ANFANGSPOSITION KREUZ-ITEM/UEBERTRAGUNG
1910      L%        STELLENZAHL KREUZ-ITEM/UEBERTRAGUNG
1920      J         NR. KREUZ-ITEM/UEBERTRAGUNG
1940      K%( ; ; ) HAEUFIGKEIT EINZELNES MERKMAL/ERHOEHUNG
1950      K%( ; ; ) GESAMTHAEUFIGKEIT ITEM/ERHOEHUNG
1960      K%( ; ; ) GESAMTHAEUFIGKEIT TABELLE/ERHOEHUNG

 11   DATENBLOCK laden

2000      PA        ANFANG DATENBLOCK IN DATEI/SETZUNG
2010      PE        ENDE DATENBLOCK IN DATEI/SETZUNG
2030      PE        ENDE DATEI/SETZUNG
2040      BB        ZAEHLER IM DATEBBLOCK/ANFANG
2060      B$        PUFFER DER LAENGE I/VEREINBARUNG
2080      B$        PRBAND K IN PUFFER/LADEN
2090      BB        ZAEHLER IM DATENBLOCK/ERHOEHUNG
2100      B$(BB)    DATENSATZ IM DATENBLOCK/UEBERTRAGUNG

 12   Ergebnisse auf Diskette schreiben

2200      DZ$       DRIVE-ZEICHEN ERGEBNIS-DATEI/UEBERTRAGUN
2210      S$        NAME DER ERGEBNIS-DATEI HAEUF/SETZUNG
2220      S$        NAME DER ERGEBNIS-DATEI KREUZ/SETZUNG

 14   Kreuztabellen schreiben

2370      J         NR. KREUZ-ITEM/UEBERTRAGUNG

 15   Merkmal auswerten

2500      M%        MERKMAL-WERT/FEHLERAUSGANG SETZEN
2520      W$        MERKMAL ALS ZEICHEN/SETZUNG
2540      M%        NUMERISCHER WERT MERKMAL/UMWANDLUNG
2560      W%        ASCII-WERT DES MERKMALS/SETZUNG
2590      M%        NUMERISCHER WERT DES MERKMALS/SETZUNG
2610      M%        MERKMAL-WERT/FEHLERAUSGANG SETZEN
2620      W%        NUMERISCHEN WERT MERKMAL-ZEICHEN/SETZUNG
2650      M%        KLASSENBILDUNG MERKMAL-WERT

 16   KREUZTABELLEN herstellen

3000      A$        AUSGANGS-ITEM/EINGABE
3010      KO        NR. AUSGANGS-ITEM/UEBERTRAGUNG
3070      J         NR. AUSGANGS-ITEM/UEBERTRAGUNG
3080      A$        ANTWORT KREUZ-ITEM
3090      K1        NR. KREUZ-ITEM/UEBERTRAGUNG
3140      KT(K1)    NR. KREUZ-ITEM/SPEICHERUNG
3150      J         NR. KREUZ-ITEM/UEBERTRAGUNG
3160      KT        ANZAHL DER KREUZ-ITEMS/ERHOEHUNG
3180      K%( ; ; ) KREUZTABELLEN/DIMENSIONIERUNG
3180      KT        ANZAHL DER KREUZ-ITEMS/REDUZIERUNG
```

17 ITEM-Nr. abfragen oder bestimmen

| 4000 | J | ITEM-NR./UMWANDLUNG |

18 AUSGABE der Ergebnisse

5010	OU	AUSGABEART ANTWORT
5030	Z	ZEILENZAEHLER/MAXIMUM SETZEN
5060	X;Y	ANTWORT DATEI-ABSCHNITT
5110	N	GESAMTHAEUFIGKEIT ITEM NR.J/SETZUNG
5180	AO	ABSTAND KLASSEN/NORMALFALL
5180	UO	UNTERE GRENZE/NORMALFALLSETZEN
5200	AO	ABSTAND KLASSEN/VORGABE SETZEN
5200	UO	UNTERE GRENZE/VORGABE SETZEN
5230	N	WERT KREUZ-TABELLE/UEBERTRAGUNG
5280	J	NR. KREUZ-ITEM/UEBERTRAGUNG
5280	Z	ZEILENZAEHLER/ERHOEHUNG

19 KOPF ausgeben

| 5500 | Z | ZEILENZAEHLER/ANFANG |

20 Ergebnis für ITEM nr. J ausgeben

6000	L%	STELLENZAHL ITEM NR. J/UEBERTRAGUNG
6010	A	ABSTAND/NORMALFALL SETZEN
6010	U	UNTERE GRENBZE/NORMALFALL
6080	Z	ZEILENZAEHLER/ERHOEHUNG
6100	A	ABSTAND KLASSEN/VORGABE SETZEN
6100	U	UNTERE GRENZE KLASSEN/VORGABE SETZEN
6150	A	ABSTAND/NORMALFALL SETZEN
6150	U	UNTERE GRENZE/NORMALFALL SETZEN
6190	M	MITTELWERT/ANFANG
6190	M2	SUMME DER QUADRATE/ANFANG
6210	M%	HAEUFIGKEIT/UEBERTRAGUNG
6220	M%	WERT CREUZTABELLE/UEBERTRAGUNG
6230	M	MITTELWERT/AUFBAU
6240	M2	SUMME DER QUADRATE/AUFBAU
6260	M2	SUMME DER QUADRATE/UMWANDLUNG
6270	M	MITTELWERT/NORMIERUNG
6280	VA	VARIANZ/SETZUNG
6340	Z	ZEILENZAEHLER/ERHOEHUNG

21 Häufigkeiten ausgeben

6420	M%	HAEUFIGKEITS-WERT/UEBERTRAGUNG
6430	M%	WERT DER KREUZTABELLE/UEBERTRAGUNG
6520	Z	ZEILENZAEHLER/ERHOEHUNG
6530	M%	MITTELWERT/NORMIERUNG
6550	M%	PROZENTWERT/SETZUNG

22 KOPF(KREUZTABELLEN) ausgeben

| 6700 | Z | ZEILENZAEHLER/ERHOEHUNG |

9.4 Alphabetische Liste der Variablen

A

A	1740	ABSTAND KLASSEN/BEREICH
A	6010	ABSTAND/NORMALFALL SETZEN
A	6100	ABSTAND KLASSEN/VORGABE SETZEN
A	6150	ABSTAND/NORMALFALL SETZEN
A$	0530	ANTWORT KATALOG-ANGEBOT
A$	1350	DATENMASKE/DEPOT
A$	1720	ANTWORT GLEICHE WERTE
A$	1800	ANTWORT BEREICH BILDEN
A$	3000	AUSGANGS-ITEM/EINGABE
A$	3080	ANTWORT KREUZ-ITEM
A%	1170	ANFANGSPOSITION/UEBERTRAGUNG
A%	1860	ANFANGSPOSITION A-ITEM/UEBERTRAGUNG
A%	1910	ANFANGSPOSITION KREUZ-ITEM/UEBERTRAGUNG
A%(0)	0650	ANFANGSPOSITION IM DATENSATZ/ANFANG
A%(J)	0690	ANFANGSPOSITION ITEM NR. J/SETZUNG
A%(ML)	0640	ANFANGSPOSITION IM DATENSATZ/DIMENSION
AO	5180	ABSTAND KLASSEN/NORMALFALL
AO	5200	ABSTAND KLASSEN/VORGABE SETZEN
AL	0120	MAXIMALE ANZAHL DER MERKMAL-WERTE
AN$	1310	ANTWORT ANSCHLUSS-DATEI

B

B$	1000	ANTWORT ERGEBNISSE LADEN
B$	1290	ANTWORT ERGEBNISSE SCHREIBEN
B$	2060	PUFFER DER LAENGE I/VEREINBARUNG
B$	2080	PRBAND K IN PUFFER/LADEN
B$(BB)	2100	DATENSATZ IM DATENBLOCK/UEBERTRAGUNG
B$(BL)	0140	DATENBLOCK/DIMENSIONIERUNG
BB	2040	ZAEHLER IM DATEBBLOCK/ANFANG
BB	2090	ZAEHLER IM DATENBLOCK/ERHOEHUNG
BL	0120	LAENGE DES DATENBLOCKS

C

C%	0130	KONSTANTE 1
C1%	0130	KONSTANTE 48
C2%	0130	KONSTANTE 74
C3%	0130	KONSTANTE 57
C4%	0130	KONSTANTE 65
C5%	0130	KONSTANTE 7

D

D$	0150	ZEICHEN DES DATEI-DRIVES
D$	1330	DRIVE-ZEICHEN ANSCHLUSS-DATEI/UEBERTRAGU
DX$	0510	ANTWORT DRIVE-ZEICHEN
DZ$	1400	DRIVE-ZEICHEN SCHREIBEN/UEBERTRAGUNG
DZ$	2200	DRIVE-ZEICHEN ERGEBNIS-DATEI/UEBERTRAGUN

E

E	0250	ANZAHL DER BEARBEITETEN PROBANDEN/ANFANG
E	1100	ANZAHL DER BEARB. PROBANDEN/ERHOEHUNG
E	1450	ANZAHL BEARBEIT. PROBANDEN/ERHOEHUNG
EA	1440	PROBANDENANZAHL/LADEN

F

F	1050	ZEIGER GLEICHE WERTE/PASSIV SETZEN
F$	0170	DATEI-NAME/RESERVIERUNG
F$	1340	ANTWORT NAME ANSCHLUSS-DATEI
FN AS(X)	0500	FUNKTION ZEICHEN IN STELLENZAHL/DEF.
FS$	0160	ANTWORT DATEI-NAME

I, J

I	0650	GESAMTSTELLENZAHL/ANFANG
I	0700	GESAMTSTELLENZAHL/AUFBAU
J	1590	NR. KREUZ-ITEM/LADEN
J	1870	NR. AUSGANGS-ITEM/UEBERTRAGUNG
J	1920	NR. KREUZ-ITEM/UEBERTRAGUNG
J	2370	NR. KREUZ-ITEM/UEBERTRAGUNG
J	3070	NR. AUSGANGS-ITEM/UEBERTRAGUNG
J	3150	NR. KREUZ-ITEM/UEBERTRAGUNG
J	4000	ITEM-NR./UMWANDLUNG
J	5280	NR. KREUZ-ITEM/UEBERTRAGUNG

K

K%	1630	WERT DER KREUZTABELLE/LADEN
K%(; ;)	1570	KREUZTABELLE/DIMENSION
K%(; ;)	1630	KREUZUNGSTABELLE/ERHOEHUNG
K%(; ;)	1940	HAEUFIGKEIT EINZELNES MERKMAL/ERHOEHUNG
K%(; ;)	1950	GESAMTHAEUFIGKEIT ITEM/ERHOEHUNG
K%(; ;)	1960	GESAMTHAEUFIGKEIT TABELLE/ERHOEHUNG
K%(; ;)	3180	KREUZTABELLEN/DIMENSIONIERUNG
KO	1550	NR. AUSGANGS-ITEM/LADEN
KO	3010	NR. AUSGANGS-ITEM/UEBERTRAGUNG
K1	3090	NR. KREUZ-ITEM/UEBERTRAGUNG
KL(J;0)	1500	ABSTAND KLASSEN/BEREICH/LADEN
KL(J;0)	1600	ABSTAND KLASSEN/BEREICH/LADEN
KL(J;0)	1770	ABSTAND/SPEICHERUNG
KL(J;1)	1500	UNTERE GRENZE KLASSEN;BEREICH/LADEN
KL(J;1)	1600	UNTERE GRENZE KLASSEN;BEREICH/LADEN
KL(J;1)	1770	UNTERE GRENZE/SPEICHERUNG
KL(J;2)	1500	OBERE GRENZE KLASSEN;BEREICH/LADEN
KL(J;2)	1600	OBERE GRENZE KLASSEN;BEREICH/LADEN
KL(J;2)	1770	OBERE GRENZE/SPEICHERUNG
KL(ML;2)	0640	WERTE FUER KLASSENBILDUNG/DIMENSION
KT	1550	ANZAHL DER KREUZ-ITEMS/LADEN
KT	3160	ANZAHL DER KREUZ-ITEMS/ERHOEHUNG
KT	3180	ANZAHL DER KREUZ-ITEMS/REDUZIERUNG
KT(K1)	1590	NR. KREUZ-ITEM/SPEICHERUNG
KT(K1)	3140	NR. KREUZ-ITEM/SPEICHERUNG

L

L	1650	STELLENZAHL ITEM NR. J/UEBERTRAGUNG
L	1760	ANZAHL DER KLASSEN(-1)/SETZUNG
L	1890	WERT AUSGANGS-ITEM/UEBERTRAGUNG
L%	1180	STELLENZAHL/UEBERTRAGUNG
L%	1860	STELLENZAHL AUSGANGS-ITEM/UEBERTRAGUNG
L%	1910	STELLENZAHL KREUZ-ITEM/UEBERTRAGUNG
L%	6000	STELLENZAHL ITEM NR. J/UEBERTRAGUNG
L%(J)	0680	LAENGE ITEM NR. J/SETZUNG
L%(ML)	0640	ITEM-LAENGEN/DIMENSION

M

M	6190	MITTELWERT/ANFANG
M	6230	MITTELWERT/AUFBAU
M	6270	MITTELWERT/NORMIERUNG
M$	0610	DATENMASKE/LADEN
M$	1380	DATENMASKE/UEBERTRAGUNG
M%	1520	HAEUFIGKEIT/LADEN
M%	2500	MERKMAL-WERT/FEHLERAUSGANG SETZEN
M%	2540	NUMERISCHER WERT MERKMAL/UMWANDLUNG
M%	2590	NUMERISCHER WERT DES MERKMALS/SETZUNG
M%	2610	MERKMAL-WERT/FEHLERAUSGANG SETZEN
M%	2650	KLASSENBILDUNG MERKMAL-WERT
M%	6210	HAEUFIGKEIT/UEBERTRAGUNG
M%	6220	WERT CREUZTABELLE/UEBERTRAGUNG
M%	6420	HAEUFIGKEITS-WERT/UEBERTRAGUNG
M%	6430	WERT DER KREUZTABELLE/UEBERTRAGUNG
M%	6530	MITTELWERT/NORMIERUNG
M%	6550	PROZENTWERT/SETZUNG
M%(J%;AL)	1210	ANZAHL ALLER MERKMALE/ERHOEHUNG
M%(J%;M%)	1210	HAEUFIGKEIT MERKMAL/ERHOEHUNG
M%(J;K)	1530	SUMME DER HAEUFIGKEIT/AUFBAU
M%(ML;AL)	0640	HAEUFIGKEITSTABELLE/DIMENSION
M2	6190	SUMME DER QUADRATE/ANFANG
M2	6240	SUMME DER QUADRATE/AUFBAU
M2	6260	SUMME DER QUADRATE/UMWANDLUNG
ML	0630	STELLENZAHL DATENSATZ/UEBERTRAGUNG
MN$(J)	0670	ITEM-NAME/LADEN
MN$(ML)	0640	FELD FUER ITEM-NAMEN/DIMENSION

N

| N | 5110 | GESAMTHAEUFIGKEIT ITEM NR.J/SETZUNG |
| N | 5230 | WERT KREUZ-TABELLE/UEBERTRAGUNG |

O, P

O	1740	OBERE GRENZE KLASSEN;BEREICH/EINGABE
OU	5010	AUSGABEART ANTWORT
P	0610	PROBANDENANZAHL(+1)/LADEN
P$	0120	KENNZEICHEN FUER PARAMETER-DATEI
PA	2000	ANFANG DATENBLOCK IN DATEI/SETZUNG
PE	2010	ENDE DATENBLOCK IN DATEI/SETZUNG
PE	2030	ENDE DATEI/SETZUNG
PW	0780	ZEIGER WIEDERHOLUNG/AKTIV SETZEN

R, S

RE	0610	RESERVE-PARAMETER/LADEN
S$	1410	NAME ERGEBNIS-DATEI HAEUF/SETZUNG
S$	1420	NAME ERGEBNIS-DATEI KREUZ/SETZUNG
S$	2210	NAME DER ERGEBNIS-DATEI HAEUF/SETZUNG
S$	2220	NAME DER ERGEBNIS-DATEI KREUZ/SETZUNG

U

U	1740	UNTERE GRENZE KLASSEN;BEREICH/EINGABE
U	6010	UNTERE GRENBZE/NORMALFALL
U	6100	UNTERE GRENZE KLASSEN/VORGABE SETZEN
U	6150	UNTERE GRENZE/NORMALFALL SETZEN
UO	5180	UNTERE GRENZE/NORMALFALLSETZEN
UO	5200	UNTERE GRENZE/VORGABE SETZEN

V, W

V	0240	GEWAEHLTE OPERATION
VA	6280	VARIANZ/SETZUNG
W$	2520	MERKMAL ALS ZEICHEN/SETZUNG
W%	2560	ASCII-WERT DES MERKMALS/SETZUNG
W%	2620	NUMERISCHEN WERT MERKMAL-ZEICHEN/SETZUNG

X, Y, Z

X;Y	5060	ANTWORT DATEI-ABSCHNITT
Z	5030	ZEILENZAEHLER/MAXIMUM SETZEN
Z	5280	ZEILENZAEHLER/ERHOEHUNG
Z	5500	ZEILENZAEHLER/ANFANG
Z	6080	ZEILENZAEHLER/ERHOEHUNG
Z	6340	ZEILENZAEHLER/ERHOEHUNG
Z	6520	ZEILENZAEHLER/ERHOEHUNG
Z	6700	ZEILENZAEHLER/ERHOEHUNG

9.5 Benutzungsanleitung mit Beispiel

A. <u>Starten des Programms</u>

Das Programm wird als Baustein des Programm-Menues mit
der Ziffer 7 oder unter dem Namen STATISTIK direkt von
der Datei-Diskette geladen. Es erfolgt dann die Meldung

    STATISTISCHE AUSWERTUNG(83 CPM)

    DISKETTE IN DRIVE:?

Wie bei den anderen Bausteinen kann der Drive für die
zu bearbeitende Datei frei gewählt werden. Nach der Angabe
des gewünschten Drive erfolgt wie immer die Abfrage

    KATALOG (=ZWR)?

Mit der Antwort ZWR(=Leertaste) lassen sich die Namen
aller Files der Diskette im gewählten Drive auflisten.
Wird mit der Return-Taste geantwortet, so fordert das
Programm den Namen der auszuwertenden Datei an mit

    NAME DER DATEI?

Eine besondere Freigabe kann hier entfallen, da aus der
angegebenen Datei nur gelesen werden muß.
Das Programm bietet jetzt das folgende Menue an

```
            MENUE-STATISTIK

    1  *HAUEFIGKEITEN/MW/STREUUNG

    2  *MITTELWERT/STREUUNG

    3  *KREUZTABELLIERUNG

    7   PROGRAMM WAEHLEN

    9   BEENDEN


    WELCHE OPERATION?
```

<u>Achtung</u>! Die Arbeitsgänge 1 und 2 dürfen nicht nachein-
ander verwendet werden, weil die Häufigkeitszähler nicht
auf Null zurückgesetzt werden. Dazu muß man den BAUSTEIN
mit Ziffer 7 neu aufrufen.
Die Arbeitsgänge 1 oder 2 dürfen im Wechsel mit der KREUZ-
TABELLIERUNG verwendet werden.

B. <u>Beschreibung der Arbeitsgänge</u>

> **1 *HAEUFIGKEITEN/MW/STREUUNG**

Hierbei handelt es sich um den Hauptarbeitsgang, der aus
vorgegebenen empirischen Daten die absoluten Häufigkeiten,
die prozentualen Anteile(relative Häufigkeiten), den arith-
metischen Mittelwert und die statistische Streuung berech-
net.
Nach dem Starten des Arbeitsganges mit Ziffer 1 erfolgt
die Abfrage

　　***ERGEBNISSE VON DISKETTE (=1)?

Liegen noch keine Ergebnisse aus der gleichen Auswertung
vor, so wird Ziffer Ø eingegeben. Über den Anschluß mit
Ziffer 1 erfahren Sie weiter unten näheres.
Das Programm prüft nun ab, welche Items zweistellig sind.
Für solche Items muß eine Klassenbildung der Merkmale vorgegeben werden, da nur maximal 20 Merkmale je Item zugelassen werden. Es erfolgt die Meldung

　　DATEN FUER KLASSENBILDUNG

　　ITEM-NR.:　　ITEMNAME=

　　UNTERGRENZE, OBERGRENZE, ABSTAND?

Man muß also jetzt das 'kleinste' Merkmal, das 'größte'
Merkmal und den (gleichen) Abstand der zu bildenden Klas-
sen eingeben. Beachten Sie, daß zweistellige Items nur
Ziffern als Merkmale besitzen dürfen, die im Rahmen der
zwei Stellen auch negativ sein können, z.B. -9 bis +9 mit
dem Abstand 1.
Für die nachfolgenden zweistelligen Items kann dieselbe
Klasseneinteilung direkt übernommen werden. Dazu erfolgt

　　GLEICHE WERTE(=ZWR)?

Mit der Leertaste werden die zuletzt eingegebenen Werte
für die Untergrenze, Obergrenze, Abstand übernommen.
Will man andere Werte für die Klassenbildung verwenden,
so antwortet man mit der Return-Taste und gibt die drei
Werte ein.

Vor der Auszählung der ITEM-Werte können für <u>einstellige</u>
ITEMS noch Bereichsvorgaben gemacht werden. Damit lassen
sich die ITEM-Werte für die Auszählung auf einen zusammenhängenden Wertebereich einschränken. Sind für ein ITEM
z.B. die Werte Ø bis 15(=F) möglich, so kann die Auswertung etwa auf die Werte 1 bis 5 beschränkt werden.
Das gewünschte ITEM ist mit Nummer oder Namen anzugeben
auf die Abfrage

     BEREICH FUER ITEM (ENDE=0)?

Ist das ITEM zulässig, so wird der gewünschte Wertebereich
abgefragt mit

     UNTERGRENZE, OBERGRENZE, ABSTAND?

Wurden bereits Bereichswerte eingegeben, so wird zur direkten Übernahme des letzten Bereiches gefragt
     GLEICHE WERTE(=ZWR)?

Will man andere Werte eingeben, antwortet man statt mit der
LEERTASTE(=ZWR) mit RETURN und Eingabe der drei Werte.
Ist die Bereichsangabe durch Ziffer Ø abgeschlossen wor-
den, so beginnt die Auszählung. Sie endet mit der Meldung
     ENDE DATEI STAT ERREICHT!

Vor der Erläuterung der Ergebnis-AUSGABE soll zunächst die
Option der Speicherung der Ergebnisse beschrieben werden:

<u>ERGEBNISSE VON DISKETTE/ AUF DISKETTE</u> (Option)

Nach dem Start des Arbeitsganges wird stets abgefragt
     ***ERGEBNISSE VON DISKETTE (=1)?

Man kann dann mit Ziffer 1 bereits abgespeicherte Ergeb-
nisse einschließlich der Bereichsvorgaben für die betr.
Datei laden. Dazu wird Drive-Wahl und Katalogisierung der
DATEI-Namen angeboten.
Eine Ergebnis-DATEI erhält als Namen die ersten <u>sechs</u>
Zeichen der ursprünglichen DATEI mit dem Zusatz *HAE .
Werden Ergebnisse von einer Diskette geladen, so bietet
das Programm die AUSGABE genauso wie nach einem Ablauf
mit der Auszählung der ursprünglichen DATEN durch die
Wahl der Ausgabeart an

    TV=0 DRUCKER=1 OHNE=2:?
Damit wird es also möglich, bereits abgespeicherte Ergebnisse einer Auswertung erneut auszugeben,ohne die Auswertung erneut durchführen zu müssen.
Eine weitere Möglichkeit besteht jetzt darin, bereits vorliegende Ergebnisse aus einer vorherigen Auswertung in
eine Fortsetzung mit weiteren Daten einer anderen Datei
mit gleicher Datenstruktur (=Datenmaske) einzubringen.
Das ist immer dann zweckmässig, wenn die Daten auf verschiedenen Stammdateien erzeugt wurden und nicht gleichzeitig ausgewertet werden sollen.
Nehmen wir an, die Ausgabe sei beendet oder übergangen
worden. Dann lädt das Programm die (alten) Ergebnisse von
der angegebenen Diskette. Dabei werden die Ergebnisse im
Rechner zu den geladenen Werten addiert, so daß sich ein
korrektes Gesamtergebnis der Auszählung ergibt. Die Anzahl
der Probanden wird entsprechend erhöht.
Das Programm bietet nun die Ausgabe des bisherigen Gesamt-
ergebnisses an mit
    ***ERGEBNISSE AUF DISKETTE (=1)?
Dazu kann wieder ein Zieldrive angegeben werden oder der
bisherige Drive erneut angegeben werden nach
    DISKETTE IN DRIVE:?
Natürlich wird auch wieder die Katalogisierung der Files
angeboten. Man achte stets darauf, daß auf der gewählten
Diskette noch ausreichender Speicherplatz vorhanden ist,
da sonst ein Systemabbruch erfolgt. Die Abspeicherung
unter dem ersten Dateinamen stellt i.a. sicher, daß kein
solcher Abbruch erfolgt.
Man erkennt, daß sich Ergebnisse aus verschiedenen Aus-
wertungen zusammenführen lassen. Damit besitzt man eine
Möglichkeit, spezielle Datengruppen getrennt auszuwerten
und sie später zu einer Gesamtauswertung ohne erneute
zeitaufwendige Auszählung zu verbinden.
Kehren wir nun zur Eingabe bisheriger Ergebnisse von der
Diskette zurück. Nach jeder Eingabe erfolgt die Option

```
    TV=0  DRUCKER=1  OHNE=2:?
```

Die Beschreibung der Ausgabe erfolgt weiter unten. Nehmen
wir an mit Eingabe der Ziffer 2 sei die Ausgabe übergangen
worden, die Speicherung der Ergebnisse abgeschlossen.
Jetzt ist es möglich, eine weitere Datei mit gleicher
Datenmaske als Anschlußdatei auszuwerten, so daß eine
Gesamtauswertung aus verschiedenen Dateien entsteht.
Dazu wird abgefragt

```
    ANSCHLUSSDATEI(=1)?
```

Gibt man Ziffer 1 ein, so wird wie üblich eine Katalogisierung nach Wahl des gewünschten Drive angeboten und
danach der Name der Anschlußdatei abgefragt mit

```
    NAME DER ANSCHLUSSDATEI?
```

Nach der Eingabe des Namens wird die Übereinstimmung der
Datemmasken geprüft. Stimmen die Masken nicht überein, so
erfolgt die Meldung

```
   X HAT ANDERE MASKE!!
```

danach kehrt das Programm zum obigen Angebot der Ausgabe
der bisherigen Ergebnisse zurück.
Stimmen die Datenmasken überein, so wird wieder die Eingabe der (alten) Ergebnisse der Anschlußdatei angeboten mit

```
   ***ERGEBNISSE VON DISKETTE (=1)?
```

Liegen dafür jedoch noch keine Ergebnisse vor, so wird
die Anschlußdatei ausgewertet.
<u>Achtung!</u> Der Name der ursprünglichen Datei, der beim Auf-
ruf des Bausteines zuerst eingegeben wurde, bleibt ebenso
wie die Item-Namen für alle weiteren Arbeitsgänge erhalten.
Man muß also stets mit der Datei starten, deren Namen die
Gesamtergebnisse einschließlich aller gewünschten Anschluß-
datein erhalten sollen. Damit soll vor allem verhindert
werden, daß für jede Anschlußdatei eine neue Ergebnisdatei
erzeugt wird. Will man das Zwischenergebnis dennoch unter
eigenem Namen abspeichern, so kann man z.B. vor der Ab-
speichrung die Diskette wechseln und die Datei später mit
einem Systembefehl(meist RENAME X,Y) umbenennen.

2 *MITTELWERT/STREUUNG

Hierbei handelt es sich um eine verkürzte Form für den
Arbeitsgang 1 *HAEUFIGKEITEN/MW/STREUUNG . Ermittelt wer-
den wieder die absoluten und relativen Häufigkeiten. Ausgegeben werden jedoch nur die anschließend ermittelten
MITTELWERTE, die VARIANZEN und die STREUUNGEN.
Der Arbeitsablauf für den Arbeitsgang 2 ist völlig gleich
dem für den Arbeitsgang 1 * HAEUFIGKEITEN/MW/STREUUNG
und soll hier nicht wiederholt werden.
Die Möglichkeit, Zwischenergebnisse der Auswertung auf eine
Diskette zu schreiben und für spätere Abläufe wieder abzu-
rufen, soll hier noch genauer beschrieben werden.
Für eine statistische Auswertung mit Zwischenspeicherung
von Teilergebnissen wird es folgende Anlässe geben:
1.Die erhobenen DATEN liegen nicht gleichzeitig vor oder
   finden nicht auf einer einzigen Diskette Platz.
2.Man möchte gewisse Teilgesamtheiten aller DATEN getrennt
   auswerten und anschließend eine Gesamtauswertung herstellen.
In beiden Fällen ist es möglich, die Ergebnisse aus einer
DATEI(einschließlich gewünschter Anschluß-DATEIEN) auf einer
Diskette zwischenzuspeichern. Als Name der Ergebnis-DATEI
werden die ersten <u>sechs</u> Zeichen des DATEI-Namens mit dem
Zusatz *HAE verwendet!
Man kann sogar eine Auswertung gleich mit dem Laden von
Zwischenergebnissen beginnen. Dazu wird nach der Eingabe
des betr. DATEI-Namens die Abfrage

     ***ERGEBNISSE VON DISKETTE (=1)?

mit der Ziffer 1 beantwortet. Nach Angabe des Drive werden
dann die (alten) Ergebnisse geladen. Man kann diese dann
entweder ausgeben(TV/DRUCKER) oder nach der Abfrage

     ANSCHLUSSDATEI(=1)?

weitere Ergebnisse von Diskette laden oder die eigentlichen
DATEN anderer DATEIEN in die gleiche Auswertung einbringen.

3 *KREUZTABELLIERUNG

Neben den Gesamtauszählungen der Arbeitsgänge 1 und 2 wird
die Möglichkeit geboten, die Häufigkeiten einzelner ITEMS
untereinander in Form der KREUZTABELLIETUNG zu gewinnen.
Nach Eingabe der Ziffer 3 des Arbeitsganges wird zunächst
ein AUSGANGS-ITEM angefordert, dessen Merkmale einzeln mit
den Merkmalen anderer ITEMS gekreuzt werden sollen

    AUSGANGS-ITEM?:

Nach der Angabe der Nummer oder des Namens eines ein- oder
zweistelligen ITEMS werden Nummer, Name und Stellenzahl des
gewählten AUSGANGS-ITEMS ausgegeben. Danach ist es wieder
möglich bisherige Ergebnisse zu diesem ITEM von der Diskette
zu laden nach der Abfrage

    ***ERGEBNISSE VON DISKETTE (=1)?

Werden keine Ergebnisse einschließlich der Bereichsangaben
von einer Diskette angefordert, so wird bei einem zweistelligen AUSGANGS-ITEM eine KLASSENBILDUNG (analog zu den Arbeitsgängen 1 oder 2) angefordert mit

    DATEN FUER KLASSENBILDUNG

    UNTERGRENZE, OBERGRENZE, ABSTAND?

Es muß jetzt eine Klasseneinteilung der ITEM-Werte durch
Eingabe des 'kleinsten' und des 'größten' Wertes und des
Abstandes der KLASSEN so vorgenommen werden, daß maximal
AL(=20) Werte-Klassen entstehen. Die Differenz des größten
und kleinsten Wertes muß dabei ohne Rest durch den Abstand
teilbar sein. Das bedeutet, daß die wiederholte Addition
des Abstandes zum kleinsten Wert exakt den größten Wert
erreichen kann.
Nun können bis zu zehn ITEMS genannt werden, um die betr.
Kreuztabellen zu ermitteln. Dazu wird gefragt

    KREUZEN MIT ITEM(ENDE=0)?

Ist das jeweils angegebene ITEM ein- oder zweistellig, so
wird dessen Nummer, Name und Stellenzahl ausgegeben. Für

jedes zweistellige ITEM ist wie bei einem zweistelligen
Ausgangs-ITEM eine Klassenbildung erforderlich. Sie wird
wieder als Eingabe von UNTERGRENZE, OBERGRENZE und ABSTAND
angefordert. Zusätzlich ist es möglich, die Angaben direkt
auf das folgende ITEM zu übertragen. Dazu wird gefragt

    GLEICHE WERTE(=ZWR)?
Will man die Angaben des vorhergehenden ITEM übernehmen, so
antwortet man mit der LEERTASTE(=ZWR), sonst gibt man die
gewünschten drei Werte ein.
Der weitere Verlauf entspricht völlig dem bei den Arbeitsgängen 1 oder 2. Dabei stehen dem Benutzer folgende Optionen zur Verfügung:
1.Für ein einstelliges AUSGANGS-ITEM und für jedes einstellige KREUZUNGS-ITEM kann der Wertebereich auf einen
   zusammenhängenden Abschnitt eingeschränkt werden. Dazu
   sind wieder drei Bereichsangaben wie bei der Klassenbildung erforderlich.
2.Nach der Abarbeitung einer DATEI wird die AUSGABE der Er-
   gebnisse(TV/DRUCKER) angeboten. Dabei werden zu jedem
   Merkmal des AUSGANGS-ITEMS alle Kreuzungs-WERTE der eingegebenen ITEMS als absolute und relative Häufigkeiten
   einschließlich Mittelwert, Varianz und Streuung der Reihe
   nach ausgegeben.
3.Die Ergebnisse können einschließlich der Parameter(ITEMS,
   Bereiche) auf Diskette gespeichert werden. Als Name der
   DATEI werden die ersten sechs Zeichen des ursprünglichen
   DATEI-Namens und der Zusatz *K und die Nummer des AUS-
   GANGS-ITEMS verwendet!
4.Es können wieder Anschluß-DATEIEN in die gleiche Auswertung einbezogen werden.

7 PROGRAMM WAEHLEN

Wie gewohnt kann das BAUSTEIN-Menue aufgerufen werden.

9 BEENDEN

Der gesamte Arbeitsablauf wird beendet.

Beispiel 6. STATISTISCHE AUSWERTUNG

   Start des Programms und 1 *HAEUFIGKEITEN/MW/STREUUNG

STATISTISCHE AUSWERTUNG(83 CP/M)

DISKETTE IN DRIVE:? A

KATALOG (=ZWR)?

NAME DER DATEI? TEST
DATEI: TEST

  ANZAHL DER PROBANDEN:20
   ANZAHL DER STELLEN:9
   ANZAHL DER ITEMS :6

FREIER SPEICHER=29286

   MENUE-STATISTIK

1 *HAUEFIGKEITEN/MW/STREUUNG

2 *MITTELWERT/STREUUNG

3 *KREUZTABELLIERUNG

7 PROGRAMM WAEHLEN

9 BEENDEN

WELCHE OPERATION? 1

***ERGEBNISSE VON DISKETTE (=1)? 0

DATEN FUER KLASSENBILDUNG

ITEM-NR.:2 ITEMNAME=ITEM 2

UNTERGRENZE, OBERGRENZE, ABSTAND? 0,100,10

DATEN FUER KLASSENBILDUNG

ITEM-NR.:4 ITEMNAME=ITEM 4

GLEICHE WERTE(=ZWR)?

UNTERGRENZE, OBERGRENZE, ABSTAND? -9,9,1

(Fortsetzung auf S. 213)

Bearbeitete DATEI

DATEI :TEST   PROBAND 1 BIS 20

```
000P01-9A
110P02-8B
220P03-7C
330P04-6D
440P05-5E
550P06-4F
660P07-3G
770P08-2H
880P09-1I
990P1000J
005P11+1K
115P12+2L
225P13+3M
335P14+4N
445P15+50
555P16+6P
665P17+7Q
775P18+8R
885P19+9S
995P200 T
```

DATEI TEST DATENMASKE

ITEM	LAENGE	NAME
1	1	ITEM 1
2	2	ITEM 2
3	3	ITEM 3
4	2	ITEM 4
5	1	ITEM 5
6	0	ITEM 6

Beispiel 6. STATISTISCHE AUSWERTUNG

Fortsetzung Arbeitsgang 1 *HAEUFIGKEITEN/MW/STREUUNG

```
                                          ┌─────────────────────┐
                                          │  DATEI :TEST        │
                                          │                     │
BEREICH FUER ITEM (ENDE=0)? 5             │  000P01-9A          │
                                          │  110P02-8B          │
                                          │  220P03-7C          │
ITEM-NR.:5 ITEMNAME=ITEM 5                │  330P04-6D          │
                                          │  440P05-5E          │
GLEICHE WERTE(=ZWR)?                      │  550P06-4F          │
                                          │  660P07-3G          │
UNTERGRENZE, OBERGRENZE, ABSTAND?12,18,1  │  770P08-2H          │
                                          │  880P09-1I          │
                                          │  990P1000J          │
BEREICH FUER ITEM (ENDE=0)? 0             │  005P11+1K          │
                                          │  115P12+2L          │
                                          │  225P13+3M          │
ENDE DATEI TEST ERREICHT!                 │  335P14+4N          │
                                          │  445P15+50          │
AUSGABE                                   │  555P16+6P          │
                                          │  665P17+7Q          │
TV=0  DRUCKER=1  OHNE=2:? 1               │  775P18+8R          │
                                          │  885P19+9S          │
ANZAHL DER ITEMS: 6                       │  995P200 T          │
                                          └─────────────────────┘
VON ITEM X BIS ITEM Y: X,Y? 1,6
DATEI TEST HAEUFIGKEITEN/ MW/ VA/ STREUUNG          ANZAHL DER PROBANDEN:20
(1.ZEILE MERKMALE/ 2.ZEILE HAEUFIGKEITEN/3.ZEILE PROZENTANTEILE)


ITEM 1 (1)  ITEM 1      ANZAHL:20
   0   1   2   3   4   5   6   7   8   9
   2   2   2   2   2   2   2   2   2   2
  10  10  10  10  10  10  10  10  10  10
ARITH.MW: 4.5  *VAR: 9  *STREU: 2.9


ITEM 2 (2)  ITEM 2      ANZAHL:20  KLASSEN: 0 BIS 100 ABSTAND: 10
   0  10  20  30  40  50  60  70  80  90 100
   1   2   2   2   2   2   2   2   2   2   1
   5  10  10  10  10  10  10  10  10  10   5
ARITH.MW: 50  *VAR: 895  *STREU: 29.9


ITEM 4 (2)  ITEM 4      ANZAHL:19  KLASSEN: -9 BIS 9 ABSTAND: 1
  -9  -8  -7  -6  -5  -4  -3  -2  -1   0   1   2   3   4   5   6   7   8   9
   1   1   1   1   1   1   1   1   1   1   1   1   1   1   1   1   1   1   1
   5   5   5   5   5   5   5   5   5   5   5   5   5   5   5   5   5   5   5
ARITH.MW: 0  *VAR: 32  *STREU: 5.6


ITEM 5 (1)  ITEM 5      ANZAHL:7  KLASSEN: 12 BIS 18 ABSTAND: 1
  12  13  14  15  16  17  18
   1   1   1   1   1   1   1
  14  14  14  14  14  14  14
ARITH.MW: 15  *VAR: 5  *STREU: 2.2
```

Beispiel 6. STATISTISCHE AUSWERTUNG
  Arbeitsgang 3 *KREUZTABELLIERUNG

```
WELCHE OPERATION? 3

AUSGANGS-ITEM?: ITEM 1

ITEM 1 ITEM 1 1 - STELLIG

***ERGEBNISSE VON DISKETTE (=1)? 0

KREUZEN MIT ITEM(ENDE=0)? ITEM 2

ITEM 2 ITEM 2 2-STELLIG

DATEN FUER KLASSENBILDUNG

ITEM-NR.:2 ITEMNAME=ITEM 2

UNTERGRENZE, OBERGRENZE, ABSTAND? 0,100,10

KREUZEN MIT ITEM(ENDE=0)? 0

BEREICH FUER ITEM (ENDE=0)? 0

ENDE DATEI TEST ERREICHT!
```

AUSGABE (nur Auszug)

```
TV=0  DRUCKER=1  OHNE=2:?1
DATEI TEST           KREUZTABELLEN           ANZAHL DER PROBANDEN:20
AUSGANGS-ITEM:1 (1)       ITEM 1

MERKMAL DES AUSGANGS-ITEMS:0
ITEM 2 (2)   ITEM 2       ANZAHL:2  KLASSEN: 0 BIS 100 ABSTAND: 10
   0  10
   1   1
  50  50
ARITH.MW: 5  *VAR: 50  *STREU: 7.1

MERKMAL DES AUSGANGS-ITEMS:1
ITEM 2 (2)   ITEM 2       ANZAHL:2  KLASSEN: 0 BIS 100 ABSTAND: 10
  10  20
   1   1
  50  50
ARITH.MW: 15  *VAR: 50  *STREU: 7.1

MERKMAL DES AUSGANGS-ITEMS:2
ITEM 2 (2)   ITEM 2       ANZAHL:2  KLASSEN: 0 BIS 100 ABSTAND: 10
  20  30
   1   1
  50  50
ARITH.MW: 25  *VAR: 50  *STREU: 7.1
```

```
DATEI :TEST

000ABC-9A
110P02-8B
220P03-7C
330P04-6D
440P05-5E
550P06-4F
660P07-3G
770P08-2H
880P09-1I
990P1000J
005P11+1K
115P12+2L
225P13+3M
335P14+4N
445P15+50
555P16+6P
665P17+7Q
775P18+8R
885P19+9S
995P200 T
```

1o DATEI-Struktur und FLOPPY-DISK-Befehle

Die sechs BAUSTEINE zur DATEIVERARBEITUNG wurden in den vorhergehenden Kapiteln in MBASIC(Mikrosoft-BASIC) angegeben.
Jeder Anwender, der einen CP/M-fähigen Microcomputer besitzt,
kann die einzelnen BAUSTEINE in der Originalform verwenden.
Der Formulierung in MBASIC des CP/M wurde der Vorzug gegeben,
weil damit eine weitgehende Unabhängigkeit von den einzelnen
Computersystemen bezüglich der FLOPPY-DISK-Befehle möglich
war.
Eine Anpassung der FLOPPY-DISK-Befehle wird für nicht CP/M-
fähige Systeme notwendig. Im folgenden wird diese Anpassung
für APPLE-Computer(DOS 3.3) und COMMODORE-Computer(BASIC 4)
ausführlich beschrieben, so daß die Umstellung auch für 'Ein-
steiger' kein wesentliches Problem sein sollte. Für andere
Systeme dürften die dabei gemachten Hinweise bei genauem Beachten der jeweiligen Bedienungsanleitung der Hersteller auch
eine Anpassung an andere FLOPPY-DISK-Befehle möglich machen.
Es wird jedoch empfohlen, den grundsätzlichen Ablauf der
FLOPPY-DISK-Befehle an kleineren Programm-Beispielen zunächst
zu testen. Erst ein solcher Vortest wird die üblichen Detail-
probleme lösen helfen, die leider bei den einzelnen Systemen
üblich sind. Hier wirkt sich das Fehlen einer einheitlichen
DATEI-Sprache immer noch sehr nachteilig aus.
Das Verständnis für die FLOPPY-DISK-Befehle wird erleichtert,
wenn man sich die Struktur der behandelten DATEI deutlich vor
Augen führt. Deshalb wird in diesem Kapitel zunächst die
Struktur der beiden DATEI-Typen und ihre Versorgung mit CP/M
nochmals beschrieben. Mittels dieser Beschreibung sind dann
auch Änderungen der BAUSTEINE für CP/M-ungeübte Anwender in
den DATEI-Teilen leicht durchzuführen.
An die CP/M-Erläuterungen schließt sich die Beschreibung der
Anpassung an APPLESOFT(DOS 3.3) und COMMODORE BASIC 4 in ana-
logen Beispielen, aber getrennten Abschnitten, an.
Der Leser beachte von vorherein, daß es eine direkte Zuordnung 'Befehl zu Befehl' zwischen den beschriebenen FLOPPY-
DISK-Sprachvarianten leider nicht gibt.

1o.1 DATEI-Typen und CP/M-Version

Bezüglich ihrer Aufgaben und der Versorgung(LESEN/SCHREIBEN)
haben wir strikt zwischen zwei verschiedenen Typen von DATEIEN
zu unterscheiden.
Der eine Typ ist die <u>sequentielle</u> oder <u>serielle</u> DATEI. Sie
wird in unserem System nur zur Aufnahme der DATEI-Parameter
und im STATISTIK-BAUSTEIN für die Speicherung der Ergebnisse
verwendet. Ihr Charakteristikum besteht darin, daß die DATEN
nur der Reihe nach (ohne eine feste Länge) in die DATEI geschrieben und der Reihe nach (vom DATEI-Beginn) gelesen werden können. Es besteht also kein direkter Zugriff auf einzelne DATEN innerhalb einer sequentiellen/seriellen DATEI. Dieser
Nachteil wird einerseits durch Platzeinsparung (keine Lücken)
und durch einfachere FLOPPY-DISK-Befehle begleitet.
Der andere Typ ist die <u>Random-Access-</u> oder <u>relative</u> DATEI.
Sie dient in unserem System zur Aufnahme der DATENSÄTZE der
einzelnen PROBANDEN. Ihr Merkmal ist die feste Länge ihrer
DATEN. Jeder DATENSATZ besitzt gewissermaßen eine NUMMER oder
INDEX, unter dem er geschrieben oder gelesen werden kann. Der
Nachteil besteht im größeren Platzbedarf(Leerzeichen) und den
aufwendigeren FLOPPY-DISK-Befehlen.
Normalerweise braucht sich der Anwender um die interne DATEI-
Organisation nicht zu kümmern. Das nimmt ihm zum Glück das
Computer-System ab. Ein unangenehmes Detail tritt trotzdem
beim Arbeiten mit DATEIEN in einigen Systemen auf. Die einzelnen DATEN müssen für den LESE-Vorgang in der DATEI durch
ein Trennzeichen(delimiter) voneinander getrennt werden. In
CP/M wird die Trennung korrekt vom System ausgeführt, auch
wenn die DATEN beim SCHREIBEN nicht durch RETURN-Befehle getrennt wurden. Um die Übertragung in andere FLOPPY-DISK-Dia-
lekte zu erleichtern, bei denen die Trennzeichen vom Programm
des Benutzers geliefert werden müssen, verwenden wir in allen
Fällen(also auch bei CP/M) das Setzen der Trennzeichen durch
das Programm. Die Sicherheit bei einer notwendigen Umstellung
auf ein anderes FLOPPY-DISK-System soll also vor die Kürze
des Programms bzw. der erzeugten DATEIEN gesetzt werden.

Als erstes Beispiel der DATEI-Befehle in CP/M betrachten wir
jetzt das SCHREIBEN in eine sequentielle/serielle DATEI. Die
Aufgabe besteht darin, die Werte der einfachen Variablen RE,
P und M$ und die ITEM-Namen MN$(J) der Feldvariablen als
sequentielle/serielle DATEI anzulegen.

Beispiel 1 SS/MBASIC: Schreiben Sequentielle DATEI

```
730 OPEN "O", #1, "A:TEST"
740 PRINT #1, RE: PRINT #1, P: PRINT #1, M$
750  FOR J = 1 TO ML
760 PRINT #1, MN$(J)
770  NEXT J
780 CLOSE #1
```

Das Programmstück erzeugt eine sequentielle DATEI mit dem
Namen TEST auf der in DRIVE A befindlichen Diskette.
Das Gegenstück zum SCHREIBEN ist das LESEN einer DATEI. Wir
wollen dazu die abgespeicherten DATEN aud der DATEI TEST in
DRIVE A wieder in den Speicher des

Beispiel 2 LS/MBASIC: Lesen Sequentielle DATEI

```
800 OPEN "I", #1, "A:TEST"
810 INPUT #1, RE, P, M$
820 ML = LEN(M$)
830  FOR J = 1 TO ML
840 INPUT #1, MN$(J)
850  NEXT J
860 CLOSE #1
```

Das Programmstück liest aus der sequentiellen DATEI mit dem
Namen TEST von der in DRIVE A befindlichen Diskette die drei
Parameter RE, P, M$ und die ML ITEM-Namen MN$(1) bis MN$(ML).
 Der DATEI-Verkehr wird in beiden Fällen mit einem OPEN-Be-
fehl(Öffnen der DATEI) eröffnet und mit einem CLOSE-Befehl
(Schließen der DATEI) abgeschlossen. Der OPEN-Befehl enthält
zunächst ein Kennzeichen für LESEN "I"(INPUT) oder SCHREIBEN
"O"(OUTPUT). Man kann deshalb nicht gleichzeitig mit einem
OPEN-Befehl in eine DATEI schreiben und lesen. Die nächste
Angabe im OPEN-Befehl ist die logische DATEI-Nummer, in bei-
den Fällen #1. Damit wird für die DATEN-Übermittlung ein
eigener DATEN-Puffer bereitgestellt. Die logische DATEI-Nr.
liefert uns die Zuordnung der nachfolgenden DISK-Befehle

untereinander. Werden mehrere DATEIEN nebeneinander eröffnet,
so verbindet die logische DATEI-Nr. die zueinander gehörigen
DISK-Befehle.
Als nächste Information ist im OPEN-Befehl der Name der DATEI
und ggf. der gewünschte DRIVE angegeben. In beiden Beispielen
wurden dafür direkte Angaben, nämlich "A:TEST" gemacht. Man
kann dafür auch String-Variable verwenden. Ist der DATEI-Name
unter F$, das DRIVE-Zeichen unter D$ vorhanden, so wird mit
730 OPEN "O", #1, D$ + ":" + F$ 800 OPEN "I", #1, D$ + ":" + F$
die gewünschte gleiche Wirkung der OPEN-Befehle erreicht.
Der eigentliche SCHREIB-Befehl für sequentielle DATEIEN wird
mit PRINT eingeleitet. Es folgt dann die logische DATEI-Nr.
sowie der Name der Variablen, deren Inhalt man auf die Diskette schreiben will.
Dem PRINT-Befehl entspricht beim LESEN aus einer sequentiellen
DATEI der INPUT-Befehl. In Zeile 810 des Beispiels 1 LS folgt
wieder die logische DATEI-Nummer und dann die Liste der drei
Variablen Re, P, M$. Hier kann man, analog zum normalen INPUT
in BASIC, alle drei Variablen in einem Befehl zusammenfassen.
Wie man an den Beispielen sieht, kann eine indizierte Variable in einer Schleife geschrieben oder gelesen werden.
Im Falle des Beispiels 1 LS wird vor der Leseschleife noch
der Endwert ML der Laufvariablen J als Länge der Zeichenkette
M$ gesetzt. Man kann ganz allgemein normale BASIC-Befehle mit
DISK-Befehlen vermischen (Ausnahme APPLESOFT DOS 3.3, siehe
auch Kap. 10.2).
Der SCHREIB- bzw. LESE-Verkehr mit der Diskette wird immer
mit einem CLOSE-Befehl abgeschlossen. Wird dabei keine logische DATEI-Nummer angegeben, so werden alle offenen DATEIEN
geschlossen. Gibt man die logische DATEI-Nr. an, so wirkt der
CLOSE-Befehl nur auf die zugeordnete DATEI.
<u>Vorsicht!</u> Wird eine DATEI geöffnet, die bereits offen ist,
also nicht korrekt geschlossen wurde, so erfolgt eine Fehler-
Meldung mit Abbruch des Programmablaufes. In eine mit CLOSE
geschlossene sequentielle DATEI kann bei CP/M nicht mehr geschrieben werden! Will man dennoch DATEN anfügen, so müssen
die bisherigen DATEN erst wieder vollständig gelesen werden.

Jetzt kommen wir zu Random-Access- bzw. Relativen DATEIEN.
Der wichtigste Unterschied zu den sequentiellen DATEIEN ist
die feste Länge der DATENSÄTZE(Records), die nur als Zeichen-
ketten(strings) geschrieben und gelesen werden können.
Betrachten wir nun die Einzelheiten an einem einfachen Fall,
bei dem ein einzelner DATENSATZ in eine Random-Access-DATEI
geschrieben bzw. aus ihr gelesen werden soll.
Beispiel 3   SR/MBASIC: Schreiben Relative DATEI

```
2220 OPEN "R", #1, "A:TEST", 130+1
2230 FIELD #1, 130 AS B$
2240 LSET B$ = E$: PUT #1, 5
2250 CLOSE #1
```

Das Programmstück schreibt die Zeichenkette aus E$ als DATEN-
SATZ Nr. 5 in eine relative DATEI mit dem Namen TEST auf der
Diskette in DRIVE A.
Nun das Gegenstück zum LESEN aus der DATEI TEST in DRIVE A:

Beispiel 4   LR/MBASIC: Lesen Relative DATEI

```
2030 OPEN "R", #1, "A:TEST", 130+1
2040 FIELD #1, 130 AS B$
2050 GET #1, 5 : E$ = B$
2060 CLOSE #1
```

Als Gemeinsamkeit der beiden Beispiele fällt zunächst auf,
daß (anders als bei sequentiellen DATEIEN) der OPEN-Befehl
beim SCHREIBEN und LESEN gleich ist. Man kann nämlich in
eine relative DATEI unter dem gleichen OPEN-Befehl in die
DATEI sowohl schreiben als auch aus ihr lesen. Der OPEN-Befehl enthält neben der logischen DATEI-Nr. (hier #1) und
der Angabe des Namens und des DRIVES (hier "A:TEST") als
letzte Angabe die feste Länge des DATENSATZES (hier 130+1).
Jeder DATENSATZ der DATEI TEST hat also 131 Zeichen auf der
Diskette, wobei das 131.Zeichen für das Trennzeichen vorgesehen ist (wäre bei CP/M nicht erforderlich).
Für den abschließenden CLOSE-Befehl ist die Wirkung wie bei
sequentiellen DATEIEN. Allerdings kann nach jedem CLOSE-
Befehl in die zugehörige relative DATEI anders als bei den
sequentiellen DATEIEN stets auch wieder in einen beliebigen

DATENSATZ (nach einem OPEN-Befehl) geschrieben werden.
Jetzt kommen wir zu den DISK-Befehlen in Zeile 2040 bzw. 2230,
die mit FIELD beginnen. Dadurch wird ein PUFFER einer festen
Länge (hier 3Ø) vereinbart. Dieser Puffer wirkt wie eine Dreh-
scheibe. Auf die Diskette geschrieben bzw. von der Diskette
gelesen wird stets in den zugehörigen Puffer. Zum SCHREIBEN
muß der DATENSATZ als Ganzes oder auch stückweise in den
Puffer gesetzt werden. Beim LESEN muß umgekehrt der DATENSATZ
als Ganzes oder stückweise dem Puffer entnommen werden. Der
Puffer wird in der FIELD-Anweisung einer Stringvariablen
(hier BØ) zugeordnet. Die dafür verwendete Variable darf nicht
in einer normalen INPUT-Anweisung oder auf der linken Seite
einer LET-Anweisung/Zuordnung auftauchen. Die FIELD-Anweisung
muß nicht vor jedem SCHREIB- oder LESE-Vorgang erneuert werden. Sie muß jedoch vor den ersten SCHREIB- bzw. LESE-Vorgang
gesetzt werden, sie gilt dann sowohl für das SCHREIBEN wie
das LESEN der betr. relativen DATEI. Sie wird auch durch
einen CLOSE-Befehl nicht aufgehoben.
Der eigentliche SCHREIB- oder LESE-Vorgang besteht also aus
zwei Einzelschritten. Beim SCHREIBEN wird zunächst der Puffer
belegt, das geschieht im Beispiel 3 SR durch die Anweisung
LSET BØ = EØ. Damit wird der Puffer BØ mit der Zeichenkette
EØ belegt. EØ wird dabei auf die vereinbarte Pufferlänge mit
Leerzeichen aufgefüllt oder bei Überlänge abgeschnitten. Der
Transport des Pufferinhaltes auf die Diskette erfolgt durch
PUT#1, 5 im obigen Beispiel. Die logische DATEI-Nr. stellt
dabei die Zuordnung zu den vorhergehenden OPEN- und FIELD-
Befehlen her. Die letzte Angabe (hier Ziffer 5) gibt die
Nummer des DATENSATZES in der betr. DATEI an.
Der LESE-Vorgang beginnt mit dem Laden des PUFFERS durch
GET#1, 5 im Beispiel 4 LR. Der DATENSATZ Nr. 5 der DATEI
TEST wird damit in den PUFFER BØ geladen. Der Inhalt des
Puffers kann nun auf eine 'echte' Variable (hier EØ = BØ)
übertragen werden. Damit ist der LESE-Vorgang abgeschlossen.
Besteht der DATENSATZ aus mehreren Teilen, z.B. EØ und FØ,
so sind mehrere Übertragungen nötig. Die Aufteilung des
DATENSATZES erfolgt durch den FIELD-Befehl.

Zum Abschluß der Beschreibung unter CP/M-Einsatz geben wir
die beiden letzten Beispiele nun noch unter Verwendung von
Variablen an, soweit das zulässig ist. Dabei seien der Name
der DATEI wieder unter F$ und das DRIVE-Zeichen unter D$ verfügbar. Zusätzlich sei die Länge des DATENSATZES der Variablen I, die Nummer des DATENSATZES der Variablen PN zugeordnet. Dann ergeben sich folgende Formulierungen:

Beispiel 5 SR/MBASIC: Schreiben Relative DATEI

```
2220 OPEN "R", #1, "A:TEST", I + 1
2230 FIELD #1, I AS B$
2240 LSET B$ = E$: PUT #1, PN
2250 CLOSE #1
```

Beispiel 6 LR/MBASIC: Lesen Relative DATEI

```
2030 OPEN "R", #1, "A:TEST", I + 1
2040 FIELD #1, I AS B$
2050 GET #1, PN: E$ = B$
2060 CLOSE #1
```

Wie bei sequentiellen DATEIEN können SCHREIB- und LESE-Vorgänge auch in den üblichen BASIC-Schleifen erfolgen. Man muß
dann natürlich die Nummer des DATENSATZES in der jeweiligen
Schleife über eine numerische Variable verändern. Die einzige
Einschränkung besteht darin, daß eine als Puffer in einer
FIELD-Anweisung verwendete Stringvariable nicht gleichzeitig
als BASIC-Variable verändert werden darf.
Der Leser wird mit den Erläuterungen auch ohne CP/M-Erfahrung
die einzelnen SCHREIB- und LESE-Vorgänge in den BAUSTEINEN
interpretieren können. Notfalls können auch Testbeispiele
weiteren Aufschluß geben.
Obwohl in den DATEI-BAUSTEINEN davon kein Gebrauch gemacht
wird, sei noch erwähnt, daß indirekt auch die Speicherung
von numerischen Werten in relativen DATEIEN möglich ist.
Dazu muß die zugehörige Variable mit speziellen Umwandlungs-
Funktionen in eine Zeichenkette verwandelt werden. Die Ein-
zelheiten kann man einer CP/M-Beschreibung entnehmen.
Die DRUCKER-Ausgabe ist in MBASIC mit dem direkten LPRINT-
Befehl problemlos. Meist muß jedoch der DRUCKER nach dem
CP/M-Start erst direkt initialisiert werden.

1o.2 Anpassung an APPLE DOS 3.3

Die Formulierung von FLOPPY-DISK-Vorgängen führt gegenüber
MBASIC von CP/M zu zwei grundsätzlichen Änderungen. <u>Alle</u>
DISK-Befehle unter DOS 3.3 werden indirekt angegeben. Sie
werden werden gewissermaßen hinter einem normalen PRINT-Befehl
'versteckt'. Zur Unterscheidung von einem PRINT-Befehl muß
außerdem bei jedem DISK-Befehl ein CTRL-D (Taste CTRL <u>und</u>
Taste D gleichzeitig) angegeben werden. Es hat sich einge-
bürgert, die Ansteuerung mit CTRL D als CHR$(4) der Variablen
D$ zuzuordnen, also am Anfang eines Programmes

```
420 D$ = CHR$(4): REM CTRL-D
```

zu setzen. Natürlich darf D$ dann nicht anderweitig benutzt
werden. Mit dieser Vereinbarung beginnt dann jeder DISK-Befehl
in APPLE DOS 3.3. mit PRINT D$; so etwa

```
470 PRINT D$; "CATALOG, D2"
```

zum Auflisten aller DATEI-Namen in DRIVE 2.
Die zweite grundsätzliche Änderung betrifft die Wirkung der
normalen BASIC-Befehle PRINT und INPUT. Sie verlieren für die
Zeit eines aktivierten SCHREIB- bzw. LESE-Vorganges ihre bisherige Wirkung und werden als DISK-Befehle interpretiert. Das
Problem besteht darin, daß sie während dieser Zeit nicht mehr
ihre übliche Funktion ausüben können. BASIC- und DISK-Befehle
können also nicht mehr beliebig miteinander kombiniert werden.
Im Bedarfsfalle kann man natürlich durch korrektes Beenden
des SCHREIB- oder LESE-Vorganges die normale Wirkung von
PRINT bzw. INPUT wiederherstellen, z.B., um auf dem Bildschirm eine Fehlermeldung auszugeben. Innerhalb einer SCHREIB-
oder LESE-Schleife kann das aber nicht nur sehr umständlich
sein, sondern auch zu erheblichem Zeitaufwand führen. Das
Öffnen und Schließen einer DATEI führt ja stets zu einer Ansteuerung des Floppy.
Bei sequentiellen DATEIEN ist gegenüber CP/M zu beachten, daß
immer an das Ende der betr. DATEI beim SCHREIBEN angehängt
wird. Will man die DATEI vom Anfang beschreiben, so muß sie
vor dem SCHREIBEN insgesamt gelöscht werden. Der bloße OPEN-
Befehl bewirkt keine Löschung wie bei CP/M.

Jetzt werden alle Beispiele aus Kap. 10.1 der Reihe nach in
APPLE DOS 3.3. angegeben:

Beispiel 1   SS/DOS 3.3: Schreiben Sequentielle DATEI

```
725 PRINT D$; "OPEN TEST, D1": PRINT D$; "DELETE TEST"
730 PRINT D$; "OPEN TEST, D1": PRINT D$; "WRITE TEST"
740 PRINT RE: PRINT P: PRINT M$
750  FOR J = 1 TO ML
760 PRINT MN$(J)
770  NEXT J
780 PRINT D$; "CLOSE TEST"
```

Die Zeile 725 dient der schon erwähnten Löschung der DATEI,
um sie in jedem Fall vom Anfang her zu beschreiben. Gibt es
auf der Diskette in DRIVE 1 noch keine DATEI mit dem Namen
TEST, so ist die Zeile 725 wirkungslos, aber zulässig.
Anders als bei CP/M enthält der OPEN-Befehl noch keine Information, ob in die geöffnete DATEI geschrieben oder aus
ihr gelesen werden soll. Diese Information liefert der zusätzliche DISK-Befehl in Zeile 730
                    PRINT D$; "WRITE TEST"
Der eigentliche SCHREIB-Vorgang wird durch die PRINT-Befehle
in Zeile 740 bzw. Zeile 760 bewirkt.
Nun wollen wir die in der DATEI TEST gespeicherten DATEN
wieder von der Diskette lesen:

Beispiel 2   LS/DOS 3.3: Lesen Sequentielle DATEI

```
800 PRINT D$; "OPEN TEST, D1": PRINT D$; "READ TEST"
810 INPUT RE, P, M$
820  FOR J = 1 TO ML
830 INPUT MN$(J)
840  NEXT J
850 PRINT D$; "CLOSE TEST"
```

Das Gegenstück zum WRITE-Befehl in Beispiel 1 ist der zusätzliche READ-Befehl in Zeile 800:
                    PRINT D$; "READ TEST"
Der eigentliche LESE-Vorgang wird durch die INPUT-Befehle
in Zeile 810 bzw. 840 bewirkt.
Wie beim MBASIC von CP/M können die Angaben in den DISK-Befehlen als Variable angegeben werden. Die Formulierung in
DOS 3.3 ist aber etwas schwieriger, weil die Variablen aus
den Anführungszeichen herausgenommen werden müssen. Der Name

TEST der DATEI sei wieder unter F$, das Drive-Zeichen unter
D als numerische Variable verfügbar. Dann lauten die Formulierungen so:

Beispiel 1   SS/DOS 3.3: Schreiben Sequentielle DATEI

```
725 PRINT D$;" F$ ",D" D: PRINT D$; "DELETE" F$
730 PRINT D$; "OPEN" F$ ",D" D: PRINT D$; "WRITE" F$
740 PRINT RE: PRINT P: PRINT M$
750  FOR J = 1 TO ML
760 PRINT MN$(J)
770  NEXT J
780 PRINT D$; "CLOSE" F$
```

Beispiel 2   LS/DOS 3.3: Lesen Sequentielle DATEI

```
800 PRINT D$; "OPEN" F$ ",D" D: PRINT D$; "READ" F$
810 INPUT RE, P, M$
820 ML = LEN(M$)
830  FOR J = 1 TO ML
840 INPUT MN$(J)
850  NEXT J
860 PRINT D$; "CLOSE" F$
```

Dem Leser fällt sicher auf, daß, daß die DISK-Befehle in der
APPLE-DOS 3.3-Version keine logische DATEI-Nummer wie in CP/M
aufweisen. Die erforderliche Zuordnung der DISK-Befehle wird
untereinander durch die Angabe des DATEI-Namens hergestellt.
Eine Schwierigkeit tritt dennoch auf, weil die eigentlichen
SCHREIB- und LESE-Anweisungen PRINT bzw. INPUT keine Zuordnung aufweisen (siehe Zeile 740 bzw. 810). Der jeweilige
PRINT-Befehl wirkt stets auf die DATEI ein, die im zuletzt
durchlaufenen WRITE-Befehl angegeben ist. Will man in zwei
verschiedene sequentielle DATEIEN schreiben, so muß man die
zugehörigen WRITE-Befehle richtig setzen. Hat man es jedoch
nur mit einer DATEI zu tun (nur ein OPEN-Befehl aktiv), so
muß man den WRITE-Befehl nicht vor jedem PRINT-Befehl wiederholen. Dasselbe gilt entsprechend für READ- und INPUT-Befehle.
Es sei nochmals daran erinnert, daß nach einem ausgeführten
WRITE-Befehl jeder PRINT-Befehl auf die betr. DATEI, aber
nicht auf den Bildschirm wirkt. Nach einem ausgeführten READ-
Befehl wirkt INPUT auf die betr. DATEI,nicht jedoch auf den
Eingabepuffer der Tastatur. Die normale Wirkung der BASIC-
Befehle wird erst nach dem betr. CLOSE-Befehl möglich.

Bei der Formulierung der DISK-Befehle in APPLE DOS 3.3 für
Random-Access- bzw. Relative DATEIEN ergibt sich eine unkom-
plizierte Situation. Die Beispiele 3 und 4 lauten:

Beispiel 3 SR/DOS 3.3:   Schreiben Relative DATEI

```
2220 PRINT D$; "OPEN TEST, L 130+1, D1"
2230 PRINT D$; "WRITE TEST, R 5"
2240 PRINT E$
2250 PRINT D$; "CLOSE TEST"
```

Beispiel 4 LR/DOS 3.3:   Lesen Relative DATEI

```
2030 PRINT D$; "OPEN TEST, L 130+1, D1"
2040 PRINT D$; "READ TEST, R 5"
2050 INPUT E$
2060 PRINT D$; "CLOSE TEST"
```

Die Formulierung erscheint ohne Kommentierung durchsichtig.
Gegenüber der CP/M-Version ergibt sich sogar eine Verein-
fachung, da die Organisation des Übertragungspuffers vom
System übernommen wird. Nachdem im OPEN-Befehl die Länge des
DATENSATZES vereibart ist, besteht ein SCHREIB- bzw. LESE-
Vorgang aus einem WRITE-Befehl mit der Angabe der DATENSATZ-
Nummer (hier 5) und dem PRINT-Befehl mit der jeweiligen Vari-
ablen, beim LESEN einem READ-Befehl und einem INPUT-Befehl.
Zum Abschluß noch die DOS 3.3-Form mit variablen Angaben:

Beispiel 5 SR/DOS 3.3:   Schreiben Relative DATEI

```
2220 PRINT D$; "OPEN" F$ ",L" I + 1 ",D" D
2230 PRINT D$; "WRITE" F$ ",R" I
2240 PRINT E$
2250 PRINT D$; "CLOSE" F$
```

Beispiel 6 LR/DOS 3.3:   Lesen Relative DATEI

```
2030 PRINT D$; "OPEN" F$ ", L" I + 1 ",D" D
2040 PRINT D$; "READ" F$ ",R" I
2050 INPUT E$
2060 PRINT D$; "CLOSE" F$
```

Die Erhöhung der Länge des DATENSATZES um ein Zeichen (I + 1)
ist in APPLE DOS 3.3 zwingend, weil das erforderliche Trennzeichen nicht automatisch vom System eingefügt wird. Falls
die Stringvariable in einem PRINT-Befehl mehr Zeichen enthält
als der betr. OPEN-Befehl vorsieht, wird die DATEI fehlerhaft.

<u>DRUCKER-Ausgabe in APLLE DOS 3.3:</u>

Die in der MBASIC-Version von CP/M verwendeten LPRINT-Zeilen
führen bei APPLESOFT zur Fehlermeldung SYNTAX ERROR. Da es
jedoch zu jeder LPRINT-Zeile eine 'normale' PRINT-Zeile in
der MBASIC-Version gibt, können unter APPLESOFT die LPRINT-
Zeilen einfach weggelassen werden.
Um nun doch zu der ggf. gewünschten Ausgabe auf einem DRUCKER
zu kommen, kann man wie folgt vorgehen:
Nach der Abfrage der gewünschten AUSGABE-Art

   AUSGABE: TV=0 DRUCKER=1 ENDE=2:

und der Zuweisung der eingegebenen Ziffer an die Variable OU
kann man die Zuschaltung eines DRUCKERS vor dem Beginn der
AUSGABE mit dem gewohnten PRINT D$;-Befehl erreichen. Das
DRUCKER-Interface(Steckkarte) befinde sich -wie üblich- im
SLOT 1 des APPLE-Gerätes. Dann erfolgt die Ansteuerung des
DRUCKERS mit der Ausführung von

   (Z-Nr.) PRINT D$;"PR#";OU

Diese Anweisung muß also vor dem Beginn des AUSGABE-Vorganges
in das Programm eingefügt werden.
Ist die gewählte AUSGABE-Art TV(= $\emptyset$),so hat die Variable OU
den Wert $\emptyset$ und es erfolgt die AUSGABE aller nachfolgenden
PRINT-Anweisungen nur auf dem Bildschirm.
Ist die gewählte AUSGABE-Art DRUCKER(= 1), hat also OU den
Wert 1, so wird der DRUCKER angesteuert und alle nachfolgen-
den PRINT-Anweisungen führen sowohl zur BILDSCHIRM-AUSGABE
wie auch zur DRUCKER-AUSGABE.
Die DRUCKER-Ausgabe wird wieder aufgehoben durch

   (Z-Nr.) PRINT D$;"PR#0"

<u>Hinweis.</u> Bei manchen DRUCKER-Interfaces wird die TAB(X)-
Funktion nicht korrekt ausgeführt. Man vermeide insbesondere
zusätliche CTRL-I- oder POKE-Kommandos, wie sie beim LISTEN
von Programmen zur Erweiterung der DRUCK-Breite verwendet
werden.

1o.3 Anpassung an COMMODORE BASIC 4

Die Formulierung der FLOPPY-DISK-Befehle in BASIC 4 für die
CBM-Microcomputer muß eine unangenehme Hardware-Vorgabe bewältigen. Während uns bei CP/M für einen LESE-Vorgang mit
INPUT 255 Zeichen, bei APPLESOFT noch 239 Zeichen zur Verfügung stehen, sind es bei CBM-Systemen nur noch 80 Zeichen,
die mit einem INPUT-Befehl gelesen werden können. Eine Länge
von nur 80 Zeichen wird aber häufig auch für einfache Anwendungen nicht mehr ausreichen. Es wird deshalb notwendig,
einen 'Trick' anzuwenden, um die maximale SCHREIB-Länge des
PRINT-Befehls von 254 Zeichen auszunutzen. Wir teilen dazu
den jeweiligen DATENSATZ in Teilsätze zu 80 Zeichen auf, in
dem wir vor dem SCHREIBEN nach je 80 Zeichen ein RETURN einfügen. Dann können wir die Teilsätze mit dem INPUT-Befehl
nacheinander lesen und wieder zusammenfügen. Damit erreichen
wir eine maximale Länge von 240 Zeichen je DATENSATZ, die
für viele Anwendungen ausreichend sein wird.
Im übrigen weist BASIC 4 wie das MBASIC von CP/M direkte
DISK-Befehle auf. Die Zuordnung der DISK-Befehle untereinander erfolgt wie bei CP/M mit logischen DATEI-Nummern.
Der Ein- und Ausgabepuffer tritt dagegen anders als bei CP/M
in der Befehlsstruktur nicht auf. Man muß jedoch die Puffer-
längen für PRINT- bzw. INPUT-Befehle beachten. Ebenso muß
man das Setzen von Trennzeichen in einer DATEI genau beachten, um keine fehlerhaften DATEIEN zu erhalten.
Bei sequentiellen DATEIEN muß wie bei APPLE DOS 3.3. beachtet
werden, daß in eine bestehende DATEI vom Anfang aus nur geschrieben werden kann, wenn die DATEI mit einem SCRATCH-Befehl vorher gelöscht wurde. Dieser SCRATCH-Befehl ist auch
zulässig, falls die zugehörige DATEI garnicht auf der Diskette existiert.
Die normalen BASIC-Befehle PRINT bzw. INPUT können neben den
PRINT- bzw. INPUT-Befehlen mit logischer DATEI-Nummer unbe-
schadet verwendet werden.
Vorsicht! Der Abbruch einer DISK-Befehlsfolge ohne das Schließen der DATEI kann zum Verlust aller DATEN führen!

Hier nun die Formulierung der Beispiele zum SCHREIBEN bzw.
LESEN einer sequentiellen DATEI in COMMODORE BASIC 4:

Beispiel 1 SS/BSIC 4: Schreiben Sequentielle DATEI

```
725 SCRATCH  "TEST", DO
730 DOPEN#1, "TEST", DO
740 PRINT#1, RE: PRINT#1, P: PRINT#1, M$
750  FOR J = 1 TO ML
760 PRINT#1, MN$(J)
770  NEXT J
780 DCLOSE#1
```

Die Anweisung in Zeile 725 löscht die DATEI (auch falls nicht
vorhanden). Würde man in Zeile 730 eine vorhandene DATEI öffnen, so ergibt sich Abbruch mit FILE EXISTS. Die weiteren Anweisungen verstehen sich ohne weiteres (D bedeutet DISK).
Vorsicht! Leerstellen zwischen PRINT und #1 oder ? anstatt
PRINT werden bei der Ausführung als SYNTAX ERROR betrachtet!

Beispiel 2 LS/BASIC 4: Lesen Sequentielle DATEI

```
800 DOPEN #1, "TEST", DO
810 INPUT#1, RE: INPUT#1, P: INPUT#1, M$
820 ML = LEN(M$)
830  FOR J = 1 TO ML
840 INPUT#1, MN$(J)
850  NEXT J
860 DCLOSE #1
```

Wie vorher die Variablen RE, P und M$, sowie das Feld der
ITEM-Namen als DATEI TEST auf die Diskette in DRIVE Ø geschrieben wurden, so werden sie durch das letzte Programmstück wieder geladen. In Zeile 810 werden drei getrennte
INPUT-Befehle statt der bisherigen INPUT-Liste verwendet,
um für die DATENMASKE M$ die volle Pufferlänge von 80 Zeichen
ausnutzen zu können. Für die Parameter-DATEI verzichten wir
also auf die angekündigte Ausdehnung auf maximal 240 Zeichen.
Normalerweise wird man mit 80 ITEMS (mit mehreren Stellen je
ITEM) auskommen. Falls eine DATENMASKE mit mehr als 80 Zeichen erforderlich wird, muß der Anwender den 'Trick' übertragen, der für die Random-DATEIEN verwendet wird.
Will man variable Angaben in den DISK-Befehlen einsetzen, so
ändern sich lediglich der SCRATCH- und die (identischen)
OPEN-Befehle (Variable müssen immer in Klammer gesetzt sein):

```
725 SCRATCH  (F$), D(D)   730 DOPEN#1, (F$), D(D)   800 DOPEN#1, (F$), D(D)
```

Für die Random Access- bzw. Relativen DATEIEN muß nun die
jeweilige Zeichenkette in Teile zu 80 Zeichen zerlegt werden.
Nach Einfügen der Trennzeichen(RETURN) muß dann der DATENSATZ
mit einem PRINT-Befehl in die DATEI geschrieben werden, weil
sonst die DATENSATZ-Nummer vom System automatisch nach jedem
PRINT-Befehl um 1 erhöht würde. Das Beispiel 3 lautet dann:

Beispiel 3 SR/BASIC 4: Schreiben Relative DATEI

```
2215 R$ = CHR$(13)
2220 DOPEN#1, "TEST", L 130+3, D0
2230 RECORD#1, 5
2240 PRINT#1, LEFT$(E$,80) R$ MID$(E$,81,80) R$ MID$(E$,161,80)
2250 DCLOSE#1
```

Dem eigentlichen SCHREIB-Vorgang ist das Setzen des Trenn-
zeichens CHR$(13) in Zeile 2215 vorangestellt. Natürlich kann
das auch gleich bei Programmbeginn erfolgen, wenn die Variable
R$ nicht anderweitig belegt wird. In Zeile 2230 wird die Nr.
des DATENSATZES (hier 5) vorgegeben. In Zeile 2240 wird die
Zeichenkette E$ mit einem PRINT-Befehl in drei durch CHR$(13)
getrennten Teilen in die DATEI TEST auf die Diskette in DRIVE
0 geschrieben. Die Länge des gesamten DATENSATZES ist im
OPEN-Befehl mit L 130+3 angegeben. Die ursprüngliche Zeichenkette E$ hat 130 Zeichen, dazu kommen zwei Trennzeichen im
PRINT-Befehl und ein Trennzeichen im Anschluß an den PRINT-
Befehl. In Zeile 2240 enthält der Abschnitt MID$(E$,81,80)
also nur 50 Zeichen und der Abschnitt MID$(E$,161,80) überhaupt kein Zeichen! Auf die DATEI werden also tatsächlich
133 Zeichen geschrieben. Jetzt können wir mit dem auf 80 Zeichen beschränkten INPUT-Befehl E$ wiedergewinnen:

Beispiel 4 LR/BASIC 4: Lesen Relative DATEI

```
2025 W = 1 + INT(129/80)
2030 DOPEN#1, "TEST", L 130+3, D0
2040 RECORD#1, 5
2050 E$ = "": FOR J = 1 TO W: INPUT#1, B$: E$ = E$ + B$: NEXT
2060 DCLOSE#1
```

In Zeile 2025 wird die Anzahl der Teilsätze zu 80 Zeichen auf
W übertragen. In Zeile 2050 werden die W Teilsätze nacheinan-
der von der Diskette auf B$ übertragen(Pufferfunktion) und an
E$ dann angehängt. So erhält man E$ in der alten Form zurück.

Die Länge des DATENSATZES im OPEN-Befehl und die Nummer des
DATENSATZES im RECORD-Befehl können wieder als Variable angegeben werden. Die Variablen müssen dabei immer in Klammern
gesetzt werden. Mit F$ als Variable für den DATEI-Namen,
I für die Länge des (ursprünglichen) DATENSATZES und PN für
die Nummer des DATENSATZES erhalten wir dann:

Beispiel 5 SR/BASIC 4: Schreiben Relative DATEI

```
2215 R$ = CHR$(13)
2220 DOPEN#1, (F$), L(I+3), D(D)
2230 RECORD#1, (PN)
2240 PRINT#1, LEFT$(E$,80) R$ MID$(E$,81,80) R$ MID$(E$,161,80)
2250 DCLOSE#1
```

Der numerische Wert von D im OPEN-Befehl gibt den gewünschten
DRIVE an.

Beispiel 6 LR/BASIC 4: Lesen Relative DATEI

```
2025 W = 1 + INT((I - 1)/80)
2030 DOPEN#1, (F$), L(I+3), D(D)
2040 RECORD#1, (PN)
2050 E$ = "": FOR J = 1 TO W: INPUT#1, B$: E$ = E$ + B$: NEXT
2060 DCLOSE#1
```

Die variable Angabe der Nummer des DATENSATZES (hier PN) ge-
stattet uns das SCHREIBEN bzw. LESEN in oder aus einer Relativen DATEI in einer Schleife.

DRUCKEN mit COMMODORE BASIC 4:
Der DRUCKER wird unter BASIC 4 wie eine DATEI behandelt. Ein
DRUCK-Vorgang muß deshalb durch den OPEN-Befehl

```
                OPEN 1, 4
```

eröffnet werden. Die logische DATEI-Nummer #1 darf dann nicht
gerade von einer andren DATEI belegt sein. Die Ziffer 4 ist
fest für den DRUCKER vergeben. Jeder DRUCK-Zeile entspricht
jetzt ein PRINT # -Befehl, also z.B.

```
3130  PRINT#1, "DATEI: "F$ TAB(25)"PROBAND "A" BIS "A + ZL
```

Der DRUCK-Vorgang wird korrekt durch den CLOSE-Befehl

```
                CLOSE 1
```

abgeschlossen. Der Benutzer muß also in der CP/M-Version in
den AUSGABE-Teilen einen OPEN- bzw. CLOSE-Befehl einfügen
und jeden LPRINT-Befehl durch einen PRINT -Befehl ersetzen.

Literaturhinweise

A. DATEIVERARBEITUNG / DATENSTRUKTUREN / DATENBANKSYSTEME

Kaier,E.: Allgemeine Grundlagen der DATEIVERARBEITUNG
            Winklers Verlag, Darmstadt 1982

Martin,J.: Einführung in die DATENBANKTECHNIK
            Carl Hanser Verlag, München 1981

Maurer,H.: DATENSTRUKTUREN und Programmierverfahren
            Leitfäden der angew. Math. und Mech., Bd. 25
            B.G.Teubner, Stuttgart 1974

Noltemeier,H.: Informatik III, Einführung in DATENSTRUKTUREN
            Carl Hanser Verlag, München 1982

Schlageter,G.; Stucky,W.: DATENBANKSYSTEME:
                          Konzepte und Modelle, 2.Auflage
                          B.G.Teubner, Stuttgart 1983

Vetter,M.: Aufbau betrieblicher Informationssysteme
            Leitfäden der angewandten Informatik
            B.G.Teubner, Stuttgart 1982

Wedekind,H.: DATENBANKSYSTEME I, 2.Auflage
            BI-Reihe Informatik, Bd. 16
            Bibliographisches Institut, Mannheim 1981

Wedekind,H.: DATENBANKSYSTEME II
            BI-Reihe Informatik, Bd. 18
            Bibliographisches Institut, Mannheim 1976

Wirth,N.: Algorithmen und DATENSTRUKTUREN
            3.Auflage
            B.G.Teubner, Stuttgart 1983

B. Einführung in die Programmierung mit BASIC

Baumann,R.: BASIC: Eine Einführung in das Programmieren
            Klett Verlag, Stuttgart 1980

Brauch,W.: Programmierung mit BASIC, 2.Auflage
            Teubner Studienskripten, Bd. 86
            B.G.Teubner, Stuttgart 1982

Löthe,H.; Quehl,W.: Systematisches Arbeiten mit BASIC
                    Teubner-Reihe Mikro-Computer-Praxis
                    B.G.Teubner, Stuttgart 1982

Menzel,K.: BASIC in 100 Beispielen, 3.Auflage
            Teubner-Reihe Mikro-Computer-Praxis
            B.G.Teubner, Stuttgart 1983

B. Einführung in die DATENVERARBEITUNG/INFORMATIK

Bauknecht,K.; Zehnder,C.A.: Grundzüge der DATENVERARBEITUNG
                            2.Auflage
                            Leitfäden der angew. Informatik
                            B.G.Teubner, Stuttgart 1983

Claus,V.: Einführung in die INFORMATIK
          Teubner-Reihe für das Lehramt an Gymnasien(MLG)
          B.G.Teubner, Stuttgart 1975

Dworatschek,S.: Grundlagen der DATENVERARBEITUNG, 6.Auflage
                Walter des Gruyter, Berlin - New York 1977

Haase,V.; Stucky,W.; Wegener,L.: DATENVERARBEITUNG heute
                                 Reihe Mikro-Computer-Praxis
                                 B.G.Teubner, Stuttgart 1981

Kaier,E.: Allgemeine Grundlagen der DATENVERARBEITUNG,
          mit Abläufen in BASIC
          Winklers Verlag, Darmstadt 1982

Menzel,K.: Elemente der INFORMATIK
           Algorithmen für die Sekundarstufe I
           Teubner-Reihe Mathematik für die Lehrerausbildung
           B.G.Teubner, Stuttgart 1978

D. Wörterbuch der DATENVERARBEITUNG

Müller,P.: EDV-Taschenlexikon, 8.Auflage
           Verlag Moderne Industrie, Landsberg/Lech 1981

Sachverzeichnis

Vermes data (= Datenwurm)

Hinweise zur DISKETTEN-Version

Zu dem in diesem Buch beschriebenen Programm-System wird
vorerst eine DISKETTEN-Version für die Systemfamilie <u>APPLE</u>
in APPLE DOS 3.3 und <u>COMMODORE</u> in BASIC 4 für die Laufwerke
8050 und 8250 angeboten.
Bekanntlich ist es leider (noch) nicht möglich, universell
lesbare DISKETTEN-Versionen, ja nicht einmal innerhalb einer
Systemfamilie, anzubieten. Daß überhaupt DISKETTEN-Versionen
angeboten werden, hat seinen Grund weniger darin, dem Benutzer
die Eingabe der umfangreichen Programme zu ersparen. Vielmehr
soll die Suche nach den unvermeidlichen Codierungsfehlern bei
der Eingabe wegfallen. Der Zeitaufwand für die Suche solcher
Fehler in einem unbekannten Programm kann beträchtlich sein.
Hinzu kommt das Problem der Anpassung an die FLOPPY-DISK-Befehle des jeweiligen Systems. In Kap. 10 wurde schon angeregt,
die verwendeten Befehlsfolgen in unabhängigen Test-Programmen
zu erproben. Bei einer DISKETTEN-Version fällt die mühevolle
Anpassung natürlich weg, weil die jeweilige Version an das
Computer-System angepasst wurde.
Der Käufer einer DISKETTEN-Version findet auf der Diskette
alle Programmteile in seiner BASIC-Form vor. Für die APPLE
DOS 3.3-Version wird zusätzlich die in diesem Buch verwendete
CP/M-Form der Programme als APPLE-TEXTFILE angegeben. Damit
läßt sich das DATEIVERARBEITUNGSSYSTEM zusammen mit den Mög-
lichkeiten von CP/M-BASIC einsetzen. Es ist jedoch zu beach-
ten, daß der Speicherumfang in der CP/M-Form deutlich kleiner
ist. Falls man speicherplatzkritische Aufgaben bearbeiten muß,
sollte man die 'normale' BASIC-Form vorziehen.
Die DISKETTEN-Version enthält einen Programm-FILE mit dem
Namen HINWEISE, in dem das Operieren mit dem Programm-System
erläutert wird. Auch für das Umsetzen auf eine compilierende
BASIC-Version, die wegen des Zeitgewinnes für einen häufigen
Einsatz des Systems sehr zu empfehlen ist, werden dort Hin-
weise gegeben.
Als TESTDATEI findet man auf der Diskette eine Liste aller
TEUBNER-Bücher zum Fachgebiet Informatik/Datenverarbeitung.

Teubner Studienbücher

Informatik

Berstel: **Transductions and Context-Free Languages**
278 Seiten. DM 38,– (LAMM)

Bolch/Akyildiz: **Analyse von Rechensystemen**
Analytische Methoden zur Leistungsbewertung und Leistungsvorhersage
269 Seiten. DM 28,80

Dal Cin: **Fehlertolerante Systeme**
206 Seiten. DM 24,80 (LAMM)

Ehrig et al.: **Universal Theory of Automata**
A Categorical Approach. 240 Seiten. DM 24,80

Giloi: **Principles of Continuous System Simulation**
Analog, Digital and Hybrid Simulation in a Computer Science Perspective
172 Seiten. DM 25,80 (LAMM)

Hotz: **Informatik: Rechenanlagen**
Struktur und Entwurf. 136 Seiten. DM 17,80 (LAMM)

Kandzia/Langmaack: **Informatik: Programmierung**
234 Seiten. DM 24,80 (LAMM)

Kupka/Wilsing: **Dialogsprachen**
168 Seiten. DM 21,80 (LAMM)

Maurer: **Datenstrukturen und Programmierverfahren**
222 Seiten. DM 26,80 (LAMM)

Mehlhorn: **Effiziente Algorithmen**
240 Seiten. DM 26,80 (LAMM)

Oberschelp/Wille: **Mathematischer Einführungskurs für Informatiker**
Diskrete Strukturen. 236 Seiten. DM 24,80 (LAMM)

Paul: **Komplexitätstheorie**
247 Seiten. DM 26,80 (LAMM)

Richter: **Betriebssysteme**
Eine Einführung. 152 Seiten. DM 24,80 (LAMM)

Richter: **Logikkalküle**
232 Seiten. DM 24,80 (LAMM)

Schlageter/Stucky: **Datenbanksysteme: Konzepte und Modelle**
2. Aufl. 368 Seiten. DM 29,80 (LAMM)

Schnorr: **Rekursive Funktionen und ihre Komplexität**
191 Seiten. DM 25,80 (LAMM)

Spaniol: **Arithmetik in Rechenanlagen**
Logik und Entwurf. 208 Seiten. DM 24,80 (LAMM)

Vollmar: **Algorithmen in Zellularautomaten**
Eine Einführung. 192 Seiten. DM 23,80 (LAMM)

Weck: **Prinzipien und Realisierung von Betriebssystemen**
299 Seiten. DM 29,80 (LAMM)

Wirth: **Compilerbau**
Eine Einführung. 2. Aufl. 94 Seiten. DM 16,80 (LAMM)

Wirth: **Systematisches Programmieren**
Eine Einführung. 4. Aufl. 160 Seiten. DM 22,80 (LAMM)

Preisänderungen vorbehalten

Leitfäden der angewandten Informatik

Bauknecht / Zehnder: **Grundzüge der Datenverarbeitung**
Methoden und Konzepte für die Anwendungen
2. Aufl. 344 Seiten. Kart. DM 26,80

Beth / Heß / Wirl: **Kryptographie**
205 Seiten. Kart. DM 24,80

Hultzsch: **Prozeßdatenverarbeitung**
216 Seiten. Kart. DM 22,80

Kästner: **Architektur und Organisation digitaler Rechenanlagen**
224 Seiten. Kart. DM 23,80

Lausen / Schlageter / Stucky: **Datenbanksysteme: Eine Einführung**
In Vorbereitung

Müller: **Entscheidungsunterstützende Endbenutzersysteme**
253 Seiten. Kart. DM 26,80

Mußtopf / Winter: **Mikroprozessor-Systeme**
Trends in Hardware und Software
302 Seiten. Kart. DM 28,80

Schicker: **Datenübertragung und Rechnernetze**
222 Seiten. Kart. DM 25,80

Schmidt et al.: **Digitalschaltungen mit Mikroprozessoren**
2. Aufl. 208 Seiten. Kart. DM 23,80

Schneider: **Problemorientierte Programmiersprachen**
226 Seiten. Kart. DM 23,80

Singer: **Programmieren in der Praxis**
176 Seiten. Kart. DM 19,80

Specht: **APL-Praxis**
192 Seiten. Kart. DM 22,80

Vetter: **Aufbau betrieblicher Informationssysteme**
300 Seiten. Kart. DM 28,80

Wingert: **Medizinische Informatik**
272 Seiten. Kart. DM 23,80

Wißkirchen et al.: **Informationstechnik und Bürosysteme**
255 Seiten. Kart. DM 26,80

Preisänderungen vorbehalten

 B. G. Teubner Stuttgart

MikroComputer–Praxis

Die Teubner-Buchreihe für Ausbildung, Beruf, Freizeit und Hobby

Duenbostl/Oudin: **BASIC-Physikprogramme**
152 Seiten. DM 23,80

Erbs: **Spiele mit PASCAL**
... und wie man sie (auch in BASIC) programmiert
In Vorbereitung

Erbs/Stolz: **Einführung in die Programmierung mit PASCAL**
232 Seiten. DM 22,80

Haase/Stucky/Wegner: **Datenverarbeitung heute**
284 Seiten. DM 21,80

Hainer: **Numerik mit BASIC-Tischrechnern**
251 Seiten. DM 26,80

Klingen/Liedtke: **Programmieren mit ELAN**
207 Seiten. DM 22,80

Lehmann: **Lineare Algebra mit dem Computer**
285 Seiten. DM 23,80

Löthe/Quehl: **Systematisches Arbeiten mit BASIC**
188 Seiten. DM 19,80

Menzel: **BASIC in 100 Beispielen**
3. Aufl. 214 Seiten. DM 22,80

— **mit Diskette:** Alle BASIC-Programme in APPLESOFT
DM 62,—

— **mit Diskette:** Alle BASIC-Programme für CBM 8050/8250 Floppy
DM 62,—

Menzel: **Dateiverarbeitung mit BASIC**
237 Seiten. DM 28,80

— **mit Diskette:** Alle BASIC-Programme in CP/M-Version und APPLE-DOS
3.3-Version sowie eine Testdatei
DM 62,—

Nievergelt/Ventura: **Die Gestaltung interaktiver Programme**
124 Seiten. DM 21,80

— **mit Diskette:** UCSD-Pascal-Programme für den Apple II Computer
DM 59,80

Ottmann/Schrapp/Widmayer: **PASCAL in 100 Beispielen**
258 Seiten. DM 24,80

— **mit Diskette:** UCSD-Pascal-Programme für den Apple II Computer
DM 72,—

Die Reihe wird durch weitere Bände fortgesetzt.

Preisänderungen vorbehalten

⊞ B. G. Teubner Stuttgart